Holzbau-Projekte

Jetzt diesen Titel zusätzlich als E-Book downloaden und 70 % sparen!

Als Käufer dieses Buchtitels haben Sie Anspruch auf ein besonderes Kombi-Angebot: Sie können den Titel zusätzlich zum Ihnen vorliegenden gedruckten Exemplar für nur 30 % des Normalpreises als E-Book beziehen.

Der BESONDERE VORTEIL: Im E-Book recherchieren Sie in Sekundenschnelle die gewünschten Themen und Textpassagen. Denn die E-Book-Variante ist mit einer komfortablen Volltextsuche ausgestattet!

Deshalb: Zögern Sie nicht. Laden Sie sich am besten gleich Ihre persönliche E-Book-Ausgabe dieses Titels herunter.

In 3 einfachen Schritten zum E-Book:

❶ Rufen Sie die Website **www.beuth.de/e-book** auf.

❷ Geben Sie hier Ihren persönlichen, nur einmal verwendbaren E-Book-Code ein:

276258D275K21F0

❸ Klicken Sie das „Download-Feld“ an und gehen dann weiter zum Warenkorb. Führen Sie den normalen Bestellprozess aus.

Hinweis: Der E-Book-Code wurde individuell für Sie als Erwerber dieses Buches erzeugt und darf nicht an Dritte weitergegeben werden. Mit Zurückziehung dieses Buches wird auch der damit verbundene E-Book-Code für den Download ungültig.

Prof. Dipl.-Ing. Nikolaus Nebgen
Dipl.-Ing. Detlef Böttcher
M. Sc. Falk Hoffmann-Berling
Dipl.-Ing. Burkard Walter

Holzbau-Projekte

Berechnung und Konstruktion nach Eurocode 5

2., aktualisierte und erweiterte Auflage

Beuth Verlag GmbH · Berlin · Wien · Zürich

Bauwerk

Berlin · Wien · Zürich
Am DIN-Platz
Burggrafenstraße 6
10787 Berlin

Telefon: +49 30 2601-0
Telefax: +49 30 2601-1260
Internet: www.beuth.de
E-Mail: kundenservice@beuth.de

Druck und Bindung:
Print Group, Szczecin

Gedruckt auf säurefreiem, alterungsbeständigem Papier nach DIN EN ISO 9706.

ISBN 978-3-410-27625-8

Vorwort zur 2. Auflage

„Holzbau Projekte“ ist mit dieser neuen, zweiten Auflage auf dem aktuellen Stand der Europäischen Normung und der zugehörigen Nationalen Anwendungsdokumente. Somit bleiben die Projekte weiterhin gute Beispiele an denen sich sowohl in der Praxis tätige Ingenieurinnen und Ingenieure als auch Studierende orientieren können.

Das erste Beispielprojekt, ein dreigeschossiges Gebäude mit Wohnnutzung, wurde abgesehen von geringfügigen Anpassungen der Dachform aus der ersten Auflage übernommen. Die statischen Nachweise für einfache Bauteile, wie beispielsweise Sparren, Pfetten, Deckenbalken und Unterzüge wurden auf die Nachweisformate und Bezeichnungen der aktuellen Europäischen Normung angepasst und aktualisiert. Ergänzt wurden in der zweiten Auflage Detailnachweise u. a. für den Auflagerpunkt des Sparrens und die Gelenkausbildung der Pfetten. Weiter sind in nachvollziehbarer Form für verschiedene Deckenkonstruktionen die Nachweise im Grenzzustand der Gebrauchstauglichkeit einschließlich des, gegenüber der DIN 1052 geänderten Schwingungsnachweises, aufgeführt. Am Beispiel einer Brettsperrholzdecke wird auf die Besonderheit der Bemessung eingegangen. Da insbesondere im mehrgeschossigen Holzbau die Massivholzbauweise mit Brettsperrholz weiter an Bedeutung gewinnen wird, ist hier ein erster Einblick in die Berechnung gegeben.

Für die räumliche Aussteifung, bzw. die Abtragung sämtlicher auftretenden Horizontallasten, sind alle für die statische Berechnung erforderlichen Nachweise vorgestellt und die Bemessung einer Wandtafel dargestellt. In der außergewöhnlichen Bemessungssituation sind neben dem Erdbebennachweis Nachweise für den Brandfall ergänzt worden. Dabei werden sowohl die Heißbemessung am Beispiel einer Stütze als auch der Nachweis des Raumabschlusses aufgeführt.

Besonderer Dank gilt Eike Mosbach für die Mitarbeit und Unterstützung bei der Aktualisierung des ersten Beispielprojekts.

Beim zweiten Beispielprojekt mussten fast alle Nachweise neu erstellt werden. Vergleicht man jedoch die Ergebnisse für die Konstruktion, so kann man feststellen, dass sich kaum etwas geändert hat. Die marginalen Unterschiede treten nur bei wenigen Stabdübel-Verbindungen auf, bei denen die Berechnung schon mal 1 oder 2 Stabdübel mehr ergeben hat.

Für die mit viel Sachverstand und Sorgfalt „angepackte“ kritische Durchsicht bedankt sich Nikolaus Nebgen bei Alexander Kühl.

Die für das zweite Beispielprojekt getroffenen Aussagen treffen auch für die Beispiele 4 und 5 zu.

Wie schon in der ersten Auflage kennzeichnen graue Unterlegungen Passagen, die Erklärungen, Hinweise und Verweise enthalten, welche über das übliche Maß in einer Tragwerksplanung in der Praxis hinausgehen, hier aber zum besseren und schnelleren Verständnis beitragen sollen.

Hinweise auf Fehler nehmen die Verfasser gern entgegen.

Reutlingen/Hinte/Hannover, im November 2017

Nikolaus Nebgen/Detlef Böttcher/Falk Hoffmann-Berling

Vorwort zur 2. Auflage

Inhaltsverzeichnis

1 Tragwerksbemessung im Holzbau ... 1

1.1 Einführung ... 1

1.1.1 Inhalt und Anwendungsbereich der DIN EN1995-1-1 (EC 5) ... 1

1.1.2 Hinweise zur Tragwerksbemessung für den Brandfall nach DIN EN 1995-1-2 ... 8

1.1.3 Symbole und Abkürzungen (Auswahl) ... 9

2 Beispiel Wohngebäude ... 11

2.1 Beispielprojekt ... 11

2.1.1 Baubeschreibung ... 11

2.1.2 Konstruktiver Brandschutz ... 11

2.1.3 Grundriss und Schnitt des Gebäudes ... 12

2.1.4 Details ... 13

2.1.5 Wesentliche Nachweise in den einzelnen Abschnitten ... 14

2.2 Dachkonstruktion ... 16

2.2.1 Sparren ... 16

2.2.2 Mittelpfette ... 24

2.2.3 Stütze ... 29

2.3 Deckenkonstruktionen ... 31

2.3.1 Holzbalkendecke ... 31

2.3.2 Brettsperrholzdecke ... 36

2.3.3 Brettschichtholz-Unterzug ... 50

2.4 Aussteifungskonzept ... 59

2.4.1 Aussteifung durch Holztafeln ... 59

2.5 Außergewöhnliche Bemessungssituationen ... 84

2.5.1 Bemessung im Brandfall ... 84

2.5.2 Erdbebenbemessung ... 88

2.6 Literatur ... 93

3 Beispiel Hallentragwerk ... 97

Beschreibung der Ausgangssituation ... 97

3.1 Die Koppelpfetten ... 100

3.2 Die Fachwerkrahmen ... 107

3.2.1 Die Untergurthalterung am Fachwerkrahmen ... 122

3.3 Die Wandstiele in der Giebelwand ... 125

3.4 Die Verbände in Dachebene ... 127

3.5 Wandverbände in den Längswänden ... 150

3.6 Literatur ... 170

4 Beispiel Glockenturm ... 171

4.1 Auszüge aus DIN 4178 ... 171
4.1.1 Belastung ... 171
4.1.2 Berechnungen ... 174

4.2 Beispiel ... 176
4.2.1 System ... 176
4.2.2 Belastung ... 179
4.2.3 Schnittgrößen ... 184
4.2.4 Bemessung ... 186

Literatur ... 197

5 Beispiel Gratsparren ... 199

5.1 Allgemeines ... 199

5.2 Gratsparren im rechtwinkligen Walmbereich ... 200
5.2.1 System ... 200
5.2.2 Belastung ... 201
5.2.3 Schnittgrößen ... 203

5.3 Berechnung ... 209
5.3.1 System ... 209
5.3.2 Belastung ... 210
5.3.3 Schnittgrößen ... 211
5.3.4 Bemessung ... 214

Literatur ... 216

1 Tragwerksbemessung im Holzbau

1.1 Einführung

Die in diesem Buch behandelten Beispielprojekte beruhen auf der Bemessung nach DIN EN 1995-1-1.

Nachfolgend wird der wesentliche Inhalt der DIN EN 1995-1-1 nur stichpunktartig angegeben, denn die neue Norm im Holzbau, welche die DIN 1052:2008 ersetzt, wurde bereits in zahlreichen Lehrbüchern behandelt.

1.1.1 Inhalt und Anwendungsbereich der DIN EN1995-1-1 (EC 5)

Die DIN EN 1995-1-1 – Berechnung und Konstruktion von Holzbauten – Allgemeine Regeln und Regeln für den Hochbau basiert auf der DIN EN 1990 – Grundlagen der Tragwerksplanung, Sicherheitskonzept und Bemessungsregeln.

Bei der Planung sind weitere Normen zu berücksichtigen, z. B.:

DIN EN 1991-1 – Einwirkungen auf Tragwerke

DIN EN 1991-1-1:2010-12 – Wichten, Eigengewicht und Nutzlasten im Hochbau

DIN EN 1991-1-3:2010-12 – Schneelasten

DIN EN 1991-1-4:2010-12 – Windlasten

DIN EN 1995-1-2 – (Holz-)Tragwerksbemessung für den Brandfall

DIN EN 338:2016-08 – Festigkeitsklassen für Bauholz

DIN EN 14080:2013-09 – Brettschichtholz und Balkenschichtholz

DIN EN 335:2013-06 – Dauerhaftigkeit von Holz und Holzprodukten

DIN EN 15497:2014-07 – Keilgezinktes Vollholz für tragende Zwecke

DIN 68800 Teil 1–3 – Holzschutz, Gebrauchsklassen 0–3

DIN 4102-4:2016-05 – Zusammenstellung klassifizierter Baustoffe, Bauteile

DIN 4108 – Wärmeschutz und Energieeinsparung in Gebäuden

DIN 4109 – Schallschutz im Hochbau

Zusätzlich sind bei europäisch harmonisierten Normen (DIN EN) die jeweiligen nationalen Anhänge einzubeziehen.

1.1.1.1 Einwirkungen

Aus den charakteristischen Einwirkungen (E_k) werden, für den Nachweis im Grenzzustand der Tragfähigkeit, Bemessungswerte (E_d) durch Multiplikation mit den Teilsicherheitsbeiwerten (γ_i) ermittelt. Die Kombinationsregeln für ständige und vorübergehende Bemessungssituationen sind nachfolgend dargestellt; diese gelten nicht für außergewöhnliche Bemessungssituationen.

Kombinationsregeln für Tragfähigkeitsnachweis

Nach DIN EN 1990, Abschnitt 6.4.3.2 werden die Lastfallkombinationen (LK) ermittelt mit

$$E_\mathrm{d} = E\left\{ \sum_{j\geq 1} \gamma_{\mathrm{G,j}} \cdot G_{\mathrm{k,j}} \oplus \gamma_{\mathrm{Q,1}} \cdot Q_{\mathrm{k,1}} \oplus \sum_{i>1} \gamma_{\mathrm{Q,i}} \cdot \psi_{0,\mathrm{i}} \cdot Q_{\mathrm{k,i}} \right\}$$

Kombinationsregeln für die Gebrauchstauglichkeit

Die Lastfallkombinationen für den GZG werden nach DIN EN 1990, Abschnitt 6.5.3 ermittelt.

Seltene Bemessungssituation:

$$E_\mathrm{d} = E\left\{ \sum_{j\geq 1} G_{\mathrm{k,j}} \oplus Q_{\mathrm{k,1}} \oplus \sum_{i>1} \psi_{0,\mathrm{i}} \cdot Q_{\mathrm{k,i}} \right\}$$

Quasi-ständige Bemessungssituation:

$$E_\mathrm{d} = E\left\{ \sum_{j\geq 1} G_{\mathrm{k,j}} \oplus \sum_{i\geq 1} \psi_{2,\mathrm{i}} \cdot Q_{\mathrm{k,i}} \right\}$$

$\gamma_{\mathrm{G,j}}, \gamma_{\mathrm{Q,i}}$ Teilsicherheitsbeiwert der Einwirkung (DIN EN 1990 und NA)

$\psi_{0,\mathrm{i}}, \psi_{2,\mathrm{i}}$ Beiwert (DIN EN 1990 und NA)

$G_{\mathrm{k,j}}$ charakteristischer Wert ständiger Einwirkung

$Q_{\mathrm{k,i}}$ charakteristischer Wert veränderlicher Einwirkung

1.1.1.2 Nutzungsklassen (NKL)

Holz gleicht seinen Feuchtegehalt dem Umgebungsklima an. Unterhalb des Fasersättigungspunktes ändert das Holz nicht nur sein Volumen, sondern es ändern sich auch die mechanischen Eigenschaften und das Kriechverhalten. Vereinfachend wird das Umgebungsklima während der Nutzungsdauer in drei Nutzungsklassen eingeteilt.

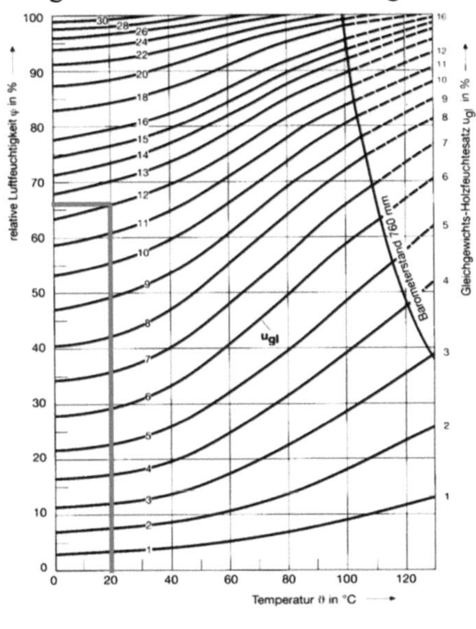

Bsp.: Bei einer Temperatur von 20 °C und einer relativen Luftfeuchtigkeit von 20 % ergibt sich eine Ausgleichsfeuchte im Holz von 12 %.

Abbildung 1.1:
Gleichgewichts-Holzfeuchte
Interaktionsdiagramm

Nutzungsklasse 1:
- Temperatur von 20 °C und Luftfeuchte von 65 %
- Gleichgewichtsfeuchte von 5 bis 15 % (DIN EN 1995-1-1 NA; Tabelle NA.6)
- z. B. allseitig geschlossene und beheizte Räume

Nutzungsklasse 2:
- Temperatur von 20 °C und Luftfeuchte von 85 %
- Ausgleichsfeuchte von 10 bis 20 % (DIN EN 1995-1-1 NA; Tabelle NA.6)
- z. B. überdachte offene Bauwerke

Nutzungsklasse 3:
- höhere Holzfeuchte als NKL 2
- Ausgleichsfeuchte von 12 bis 24 % (DIN EN 1995-1-1 NA; Tabelle NA.6)
- z. B. Konstruktionen, die der Witterung ausgesetzt sind

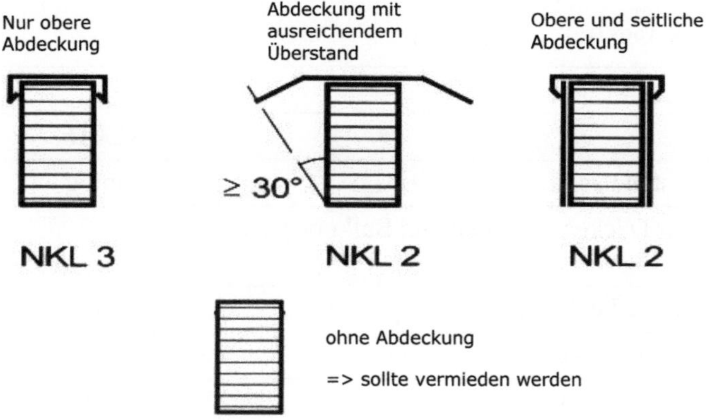

Abbildung 1.2: Einordnung in die Nutzungsklassen

1.1.1.3 Klassen der Lasteinwirkungsdauer (KLED)

Holz besitzt unter Dauerlast nur etwa 60 % der Kurzzeitfestigkeit. Vereinfachend wurden fünf Klassen der Lasteinwirkungsdauer festgelegt. Werden Einwirkungen unterschiedlicher Dauer kombiniert, wird die kürzeste Einwirkungsdauer maßgebend.

Tabelle 1.1: DIN EN 1995-1-1; Tabelle 2.1 – Klassen der Lasteinwirkungsdauer

	1	2
1	Klasse der Lasteinwirkungsdauer	Größenordnung der akkumulierten Dauer der charakteristischen Lasteinwirkung
2	ständig	länger als 10 Jahre
3	lang	6 Monate bis 10 Jahre
4	mittel	1 Woche bis 6 Monate
5	kurz	kürzer als eine Woche
6	sehr kurz	kürzer als 1 Minute

Tabelle 1.2: Auszug aus DIN EN 1995-1-1; Tabelle NA.1

	1	2
1	Einwirkung	KLED
2	Wichten und Flächenlasten nach DIN EN 1991-1-1	ständig
3	Lotrechte Nutzlasten für Decken, Treppen und Balkone nach DIN EN 1991-1-1	
4	B Bürofläche, Arbeitsfläche, Flure	mittel
5	T Treppen und Treppenpodeste	kurz
6	Windlasten nach DIN EN 1991-1-4	kurz/sehr kurz
7	Schneelast und Eislast nach DIN EN1991-1-3	kurz
8	Geländehöhe des Bauwerksstandortes über NN ≤ 1000 m Geländehöhe des Bauwerksstandortes über NN > 1000 m	kurz mittel

1.1.1.4 Tragwiderstand

$$X_\mathrm{d} = \frac{k_\mathrm{mod} \cdot X_\mathrm{k}}{\gamma_\mathrm{m}}$$

X_d Bemessungswert einer Festigkeitseigenschaft

k_mod Modifikationsbeiwert für Einfluss der Nutzungsklasse und der Lasteinwirkungsdauer (DIN EN 1995-1-1, Tabelle 3.1)

X_k charakteristischer Wert einer Festigkeitseigenschaft

γ_m Teilsicherheitsbeiwert (DIN EN 1995-1-1, Tabelle 2.3)

γ_m = 1,30 für Holz und Holzwerkstoffe

Tabelle 1.3: Auszug aus DIN EN 1991-1-1 Tabelle 3.1 – Rechenwerte für die Modifikationsbeiwerte k_{mod}

	1	2		
1	Baustoff und Klasse der Leistungseinwirkung	Nutzungsklasse		
2		1	2	3
3	Vollholz Brettschichtholz Balkenschichtholz Furnierschichtholz Brettsperrholz Sperrholz			
4	ständig	0,60	0,60	0,50
5	lang	0,70	0,70	0,55
6	mittel	0,80	0,80	0,65
7	kurz	0,90	0,90	0,70
8	sehr kurz	1,10	1,10	0,90

Der Eurocode 5 enthält keine Festigkeitswerte für Bau- und Brettschichtholz. Diese sind weiteren Normen zu entnehmen. Dabei ist zu beachten welche Materialnorm im jeweiligen Bundesland bauaufsichtlich eingeführt ist.

Die DIN EN 14080:2013-09 enthält Materialeigenschaften von Brettschicht- und Balkenschichtholz.

Tabelle 1.4: Auszug aus DIN EN 14080:2013-09; Tabelle 4: Charakteristische Festigkeiten für Brettschichtholz

		Festigkeitsklasse von Brettschichtholz						
Eigenschaft	Symbol	GL 20h	GL 22h	GL 24h	GL 26h	GL 28h	GL 30h	GL 32h
Biegefestigkeit	$f_{m,g,k}$	20	22	24	26	28	30	32
Zugfestigkeit	$f_{t,0,g,k}$	16	17,5	19,2	20,8	22,3	24	25,6
	$f_{t,90,g,k}$	0,5						
Druckfestigkeit	$f_{c,0,g,k}$	20	22	24	26	28	30	32
	$f_{c,90,g,k}$	2,5						
Schubfestigkeit (Schub und Torsion)	$f_{v,g,k}$	3,5						
Rollschubfestigkeit	$f_{r,g,k}$	1,2						
Elastizitätsmodul	$E_{0,g,mean}$	8400	10 500	11 500	12 100	12 600	13 600	14 200
	$E_{0,g,05}$	7000	8800	9600	10 100	10 500	11 300	11 800
	$E_{90,g,mean}$	300						
	$E_{90,g,05}$	250						
Schubmodul	$G_{g,mean}$	650						
	$G_{g,05}$	540						
Rollschubmodul	$G_{r,g,mean}$	65						
	$G_{r,g,05}$	54						
Rohdichte	$\rho_{g,k}$	340	370	385	405	425	430	440
	$\rho_{g,mean}$	370	410	420	445	460	480	490

Kombiniertes Brettschichtholz

Der Zusatz „c“ (combined) bezeichnet Brettschichtholz, welches innere Lamellen mit geringerer Festigkeit besitzt. Die Biegefestigkeit von kombiniertem und homogenem Brettschichtholz ist gleich, die Zug- und Druckfestigkeit aber ist unterschiedlich!

Tabelle 1.5: Beispielvergleich der Festigkeiten von homogenem und kombiniertem Brettschichtholz

	GL 28h	GL 28c
$f_{m,k}$ [N/mm^2]	28	28
$f_{t,o,k}$ [N/mm^2]	22,3	19,5
$f_{c,o,k}$ [N/mm^2]	28	24

Tabelle 1.6: Nach DIN EN 14080:2013-09; Tabelle 2 – Balkenaufbau bei kombiniertem Brettschichtholz und Mindestwerte für die Keilzinkenbiegefestigkeit in Lamellen, in N/mm^2

Kombiniertes Brettschichtholz			
Lamellen des Randbereichs Lamellen des Zwischenbereichs Lamellen des Kerns Lamellen des Zwischenbereichs Lamellen des Randbereichs	Festigkeitsklasse des Brettschichtholzes	Festigkeitsklasse der Lamellen des Randbereiches	Festigkeitsklasse der Lamellen im Kern
	GL24c	T14 (C24)	T9 (< C14)
	GL28c	T21 (C30)	T14 (C24)
	GL32c	T24 (C40)	T18 (C30)

1.1.1.5 Grenzzustände

Grenzzustand der Tragfähigkeit (GZT)

Der Grenzzustand der Tragfähigkeit wird meist als Ausnutzungsgrad dargestellt.

$$\eta = \frac{E_d}{R_d} \leq 1$$

Eine Überschreitung führt zu einem rechnerischen Einsturz, unzulässig großen Verformungen oder ähnlichem Versagen des Gebäudes bzw. einem Teil des Bauwerkes.

Grenzzustand der Gebrauchstauglichkeit (GZG)

Hierfür werden die Verformungen, resultierend aus den charakteristischen Einwirkungen, verglichen mit empfohlenen oder selbst gewählten Grenzwerten.

- Die seltene Bemessungssituation soll dabei Schäden an nichttragenden Bauteilen und Einbauten verhindern.
- Die quasi-ständige Bemessungssituation sichert die allgemeine Benutzbarkeit und das Erscheinungsbild.

1.1.1.6 Maßtoleranzen für Vollholz (VH) und Brettschichtholz (BSH)

Vollholz: gemäß DIN EN 336:2013-12
Brettschichtholz: gemäß DIN EN 14080:2013-09

Tabelle 1.7: Maßtoleranzen für VH und BSH

Querschnittsbreite	Alle Breiten		
Breitentoleranz	± 2 mm		
Querschnittshöhe	$h \leq 400$ mm	$h > 400$ mm	
Höhentoleranz	+ 4 mm – 2 mm	+ 1 % – 0,5 %	
Trägerlängen	$l \leq 2{,}0$ m	$2{,}0 \text{ m} < l \leq 20$ m	$l > 20$ m
Längentoleranz	± 2 mm	± 0,1 %	± 20 mm

1.1.2 Hinweise zur Tragwerksbemessung für den Brandfall nach DIN EN 1995-1-2

Im Gegensatz zu einem Nachweis von Holzbauteilen unter Normaltemperatur nach DIN EN1995-1-1 erfordert eine Bemessung im Brandfall einen Nachweis nach DIN EN1995-1-2 und ersetzt damit die Nachweise nach DIN 4102-4 bzw. DIN 4102-22.

Die Lastfallkombination für die außergewöhnliche Bemessungssituation lautet:

$$E_{dA} = \gamma_{G,A,j} \cdot G_{k,j} \oplus \psi_{1,1} \cdot Q_1 \oplus \psi_2 \cdot Q_{k,i}$$

Im Holzbau darf an Stelle der Kombinationsregeln für außergewöhnliche Bemessungssituationen nach DIN EN 1995-1-2 2.4.2 Anmerkung 2 der Bemessungswert der Einwirkungen im Brandfall vereinfachend angenommen werden zu

$$E_{dA} = \eta_{fi} \cdot E_d = 0{,}6 \cdot E_d$$

E_{dA} Bemessungswert der Einwirkungen im Brandfall

E_d Bemessungswert der Einwirkungen für den Nachweis im GZT

η_{fi} Faktor zur Berücksichtigung verminderter Sicherheitsbeiwerte im Brandfall

Die Berechnung des Feuerwiderstandes unbekleideter Holzbauteile kann entweder mit dem vereinfachten Verfahren durch die Berechnung eines ideellen Restquerschnittes oder durch das genauere Verfahren mit der Reduzierung der Steifigkeiten und Festigkeiten erfolgen. Das vereinfachte Berechnungsverfahren berücksichtigt die verminderten Steifigkeiten und Festigkeiten durch eine erhöhte ideelle Abbrandtiefe um $d_0 = 7$ mm.

$$d_{ef} = \beta_n \cdot t_f + d_0$$

d_{ef} ideelle Abbrandtiefe

t_f geforderte Feuerwiderstandsdauer in min

β_n Abbrandrate in mm/min nach Tabelle 1.8

Tabelle 1.8: Bemessungswert der Abbrandraten β_0 und β_n für Bauholz, Furnierschichtholz, Holzbekleidungen und Holzwerkstoffe nach DIN EN 1995-1-2, Tabelle 3.1

Baustoff	β_0 in mm/min	β_n in mm/min
Vollholz aus NH und Buche mit $\rho_k \geq 290\ kg/m^3$	0,65	0,8
BSH aus NH mit $\rho_k \geq 290\ kg/m^3$	0,65	0,7
Vollholz aus LH mit $290\ kg/m^3 \leq \rho_k \leq 4500\ kg/m^3$	0,65	0,7
Vollholz aus LH $\rho_k \geq 450\ kg/m^3$ und Eiche	0,50	0,55
Furnierschichtholz mit $\rho_k \geq 480\ kg/m^3$	0,65	0,7
Holzbekleidungen[1)]	0,9	–
Sperrholz[1)]	1,0	–
Holzwerkstoffplatten außer Sperrholz[1)]	0,9	–
[1)] Die Werte beziehen sich auf eine Plattendicke von $t = 20\ mm$ und eine charakteristische Rohdichte von $450\ kg/m^3$. Für andere Rohdichten und Plattendicken von $t < 20\ mm$ ist die Abbrandrate zu ermitteln nach DIN EN 1995-1-2, Abschn. 3.4.2 (9) $\beta_{0,\rho,t} = \beta_n \cdot k_\rho \cdot k_t$ $\quad k_\rho = \sqrt{450/\rho_k}$ $\quad k_h = \sqrt{20/h_p} \leq 1$		

1.1.3 Symbole und Abkürzungen (Auswahl)

Große lateinische Buchstaben

A	Fläche	C	Symbol für die Festigkeitsklasse
E	Elastizitätsmodul	E	Einwirkung; Beanspruchung
F	Einwirkung	G	Ständige Einwirkung
I	Flächenmoment 2. Grades	M	Biegemoment
N	Normalkraft	Q	Veränderliche Einwirkung
R	Widerstand; Tragfähigkeit	V	Querkraft

Kleine lateinische Buchstaben

a_1	Versatzmaß	b	Breite
f	Festigkeit eines Materials	g	Ständige Einwirkung
h	Bauteilhöhe	q	Veränderliche Einwirkung

Griechische Buchstaben

γ	Teilsicherheitsbeiwert	ε	Dehnung
λ	Schlankheitsgrad	σ	Spannung
ρ	Rohdichte	ψ	Kombinationsbeiwert
τ	Schubspannung	Δ	Differenz

Indizes

b	Verbund	c	Beton; Druck; Kriechen
cal	Rechenwert	col	Stütze
d	Bemessungswert	dir	unmittelbar
E	Beanspruchung	eff	effektiv; wirksam
erf	erforderlich	inst	anfangs
g,G	ständige Einwirkung	fin	endgültig
k	charakteristisch	nom	Nennwert
q,Q	veränderliche Einwirkung	R	Systemwiderstand
t	Zug	90	rechtwinklig zur Faser
0	parallel zur Faser		

2 Beispiel Wohngebäude

2.1 Beispielprojekt

2.1.1 Baubeschreibung

Das Beispielprojekt umfasst den Neubau eines dreigeschossigen Gebäudes mit Wohnnutzungen (z. B. ein Studentenwohnheim). Die Geschosse sind durch einen langen Flur geprägt, von dem aus sich alle weiteren Zimmer erschließen.

Die Abmessungen des Bauwerkes betragen ca. 14,5/30/10,6 m (*l/b/h*). Das Gebäude wird in Holztafel- und Massivholzbauweise erstellt.

Die aussteifenden Wände sind Holztafelkonstruktionen, während die Decken unterschiedlich ausgebildet werden. Es werden sowohl Massivholzdecken in Form von Brettsperrholzdecken eingesetzt als auch Holzbalkendecken.

Die Fassade besteht zum einen aus einer Pfosten-Riegel-Konstruktion im Bereich der Längsaußenwände und zum anderen aus Holztafelwänden mit einer hinterlüfteten Vorhangfassade aus wetterfest verleimten Holzwerkstoffplatten.

Die Innenwände sind ebenfalls Holztafelwände. Diese sind auf der einen Seite direkt mit Gipsfaserplatten beplankt und auf der anderen Seite sind aus Schallschutzgründen die Gipsfaserplatten auf einer Federschiene angebracht.

2.1.2 Konstruktiver Brandschutz

Nach Musterbauordnung (MBO) wird das Beispielgebäude in die Gebäudeklasse 3 eingestuft. Grundlage dafür ist die Gebäudehöhe von $< 7{,}0$ m. Gebäudehöhe meint im Sinne des Brandschutzes die Fußbodenoberkante des höchstgelegenen Aufenthaltsraumes.

Es ist die Bauordnung des jeweiligen Bundeslandes bei der Planung zu berücksichtigen.

Für die Gebäudeklasse 3 gelten nach MBO folgende Anforderungen:

- Tragende Wände und Stützen – feuerhemmend (R30), nach § 27
- Trennwände zwischen Nutzungseinheiten – feuerhemmend (EI30), nach § 29
- Decken (allgemein) – feuerhemmend (REI30), nach § 31
- Dächer – harte Bedachung, nach § 32

2.1.3 Grundriss und Schnitt des Gebäudes

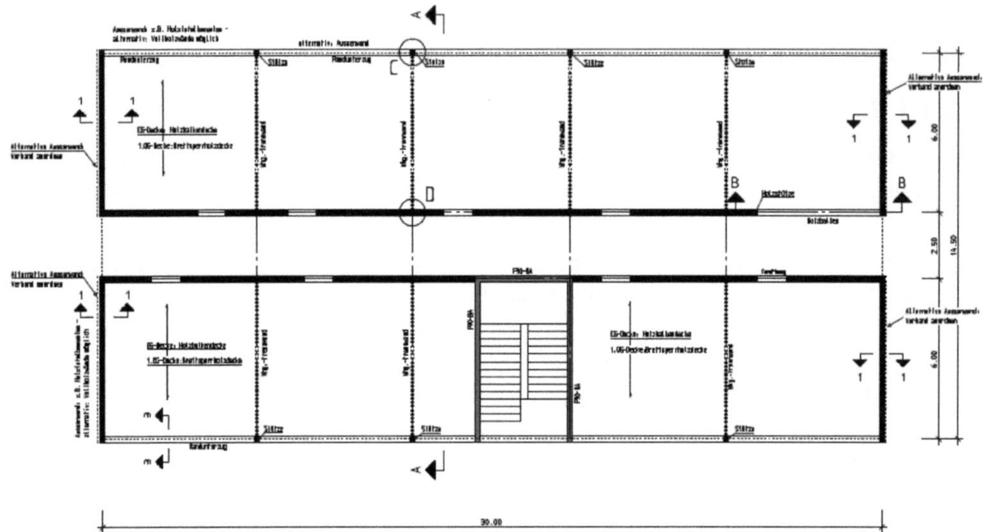

Abbildung 2.1: Grundriss

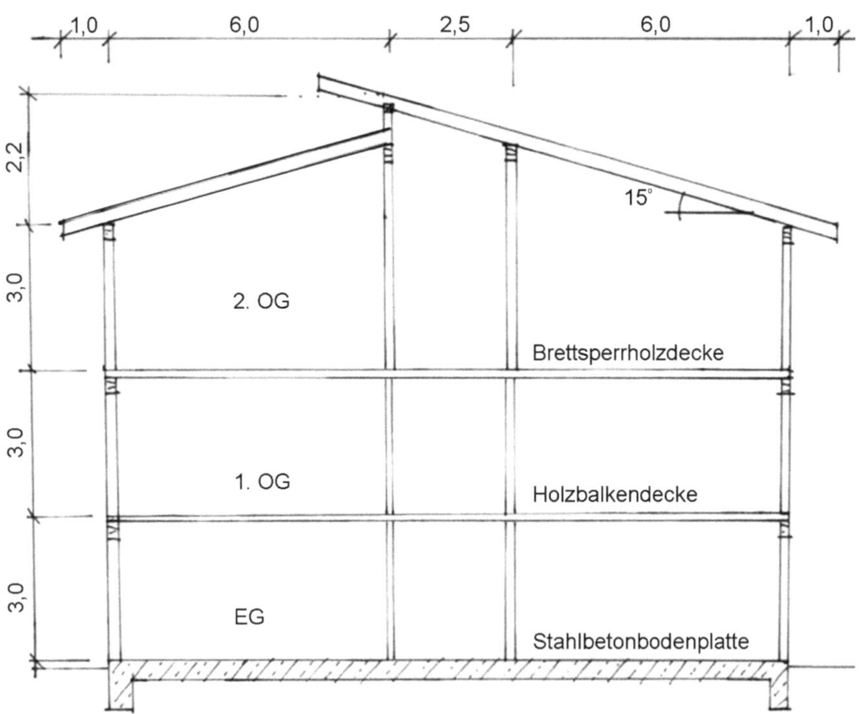

Abbildung 2.2: Schnitt A-A

2.1.4 Details

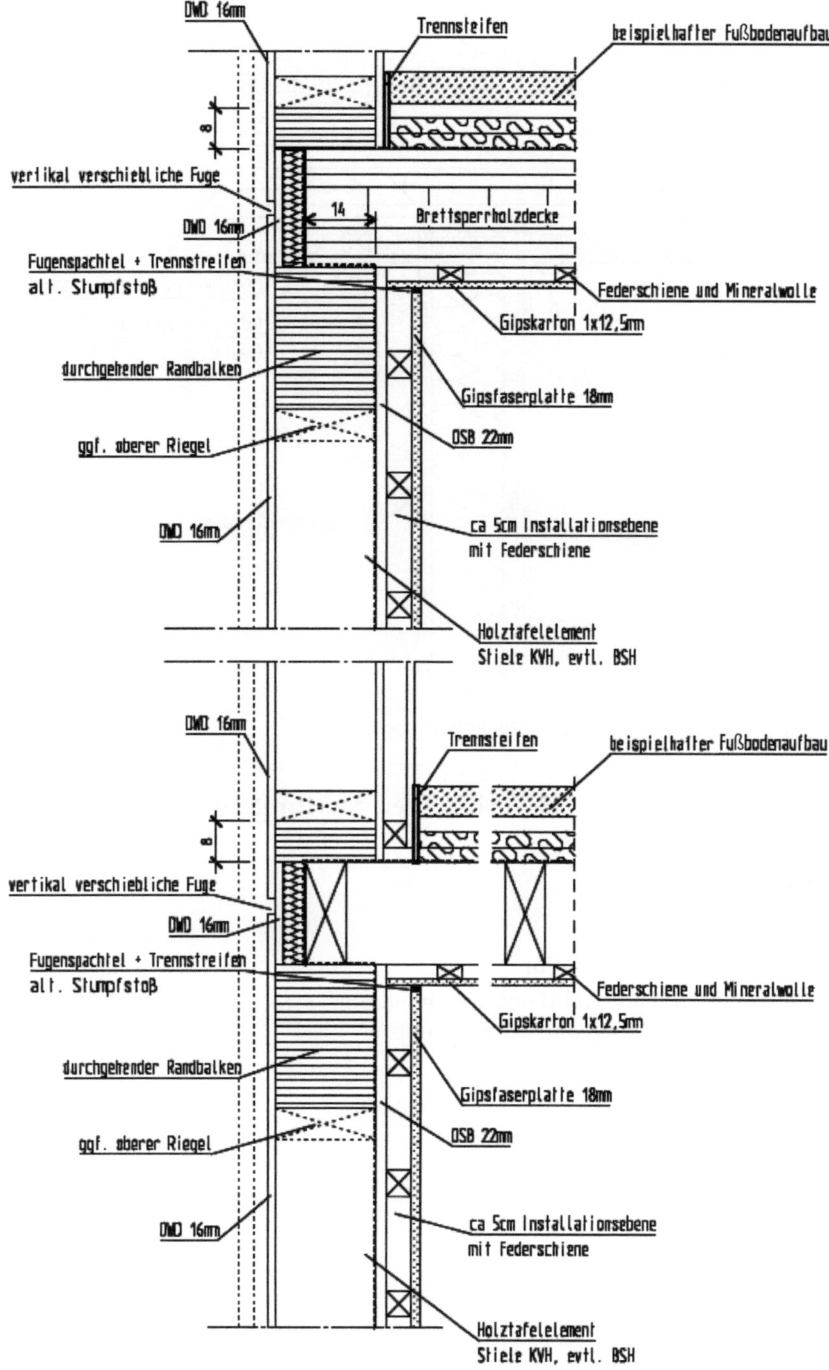

Abbildung 2.3: Detailschnitt; Randunterzug – Deckenauflager

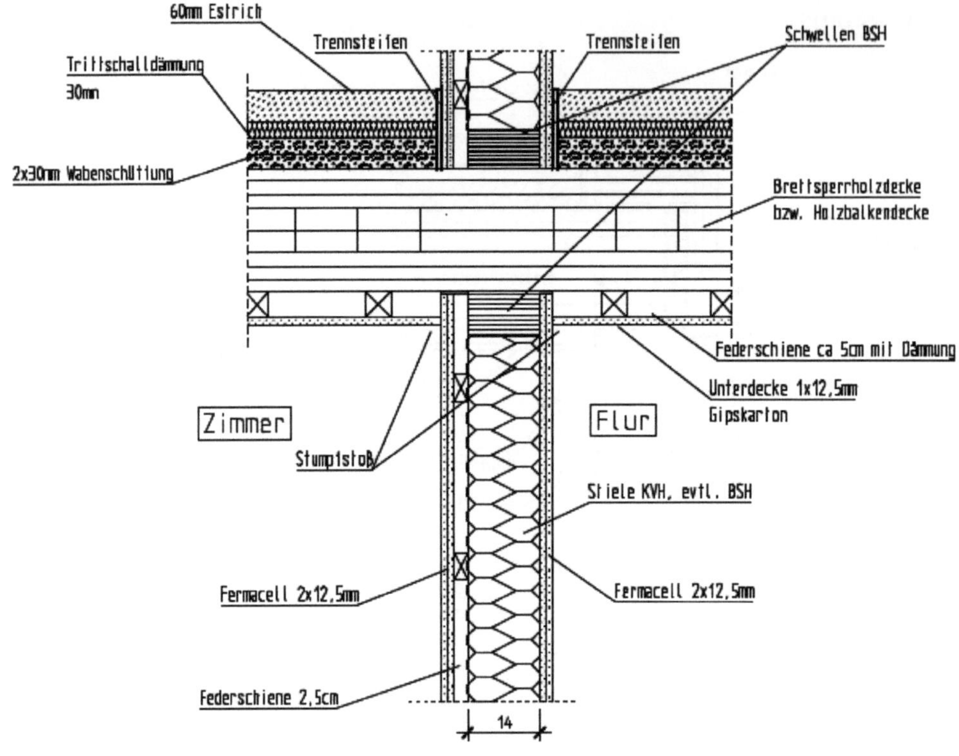

Abbildung 2.4: Detailschnitt; Innenwand – Deckenauflager

2.1.5 Wesentliche Nachweise in den einzelnen Abschnitten

Dachkonstruktion (Kapitel 2.2)

- Sparren
  - Lastermittlung/Lastfallkombination
  - Nachweis der Tragfähigkeit/Gebrauchstauglichkeit
  - Detailnachweise der Pressung und Verankerung
- Mittelpfette
  - Nachweis der Tragfähigkeit/Gebrauchstauglichkeit
  - Nachweis eines Stoßes/Gelenkknotens
- Stütze
  - Nachweis nach dem Ersatzstabverfahren

Deckenkonstruktionen (Kapitel 2.3)

- Holzbalkendecke
  - Nachweis der Tragfähigkeit
  - Nachweis der Gebrauchstauglichkeit: Verformung und Schwingungsverhalten

- Brettsperrholzdecke
  - Berechnung nach dem Gamma-Verfahren
  - Berechnung nach dem Modell „BSP-Graz“[1)]
  - Nachweis der Gebrauchstauglichkeit: Verformungs- und Schwingungsnachweis
- BSH-Unterzug
  - Nachweis der Tragfähigkeit/Gebrauchstauglichkeit
  - Nachweis der Querdruckpressung eines mit Vollgewindeschrauben verstärkten Auflagers
  - Nachweis eines verstärkten Durchbruches
  - Schwingungsnachweis von auf Unterzügen aufgelagerten Decken

Aussteifungskonzept (Kapitel 5)

- Holztafeln
  - Ideales Schubfeldmodell
  - Wandtafeln
    - Verteilung von Horizontallasten
    - Nachweis der Tragfähigkeit einer Wandtafel
    - Verformung von Wandtafeln

Außergewöhnliche Bemessungssituationen (Kapitel 6)

- Bemessung im Brandfall
  - Vereinfachtes/genaueres Berechnungsverfahren
  - „Heißbemessung“ einer Stütze
  - Nachweis des Raumabschlusses
- Erdbebenbemessung
  - Elastisches Antwortspektrum
  - Ermittlung der statischen Erdbebenersatzkraft

[1)] Mit dem Modell „BSP-Graz“ wird nachfolgend die Berechnungsmethode bezeichnet, die an der TU Graz zur Berechnung von Brettsperrholz entwickelt wurde.

2.2 Dachkonstruktion

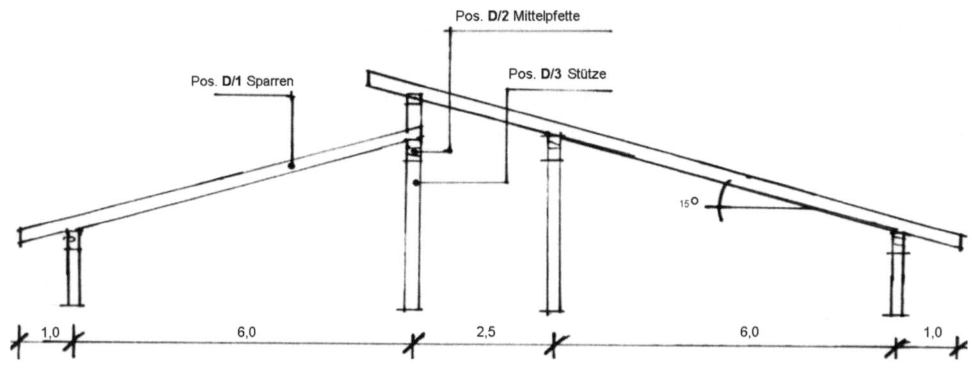

Abbildung 2.5: Systemskizze der Dachkonstruktion

2.2.1 Sparren

System: Position D/1 Sparren

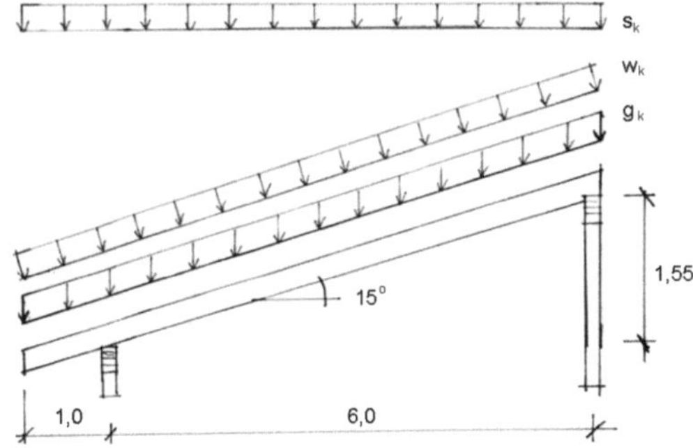

Einwirkungen:

Ständige Einwirkungen

(nach DIN EN 1991-1-1/NA, Wichten und Flächenlasten)

Dacheindeckung einschl. Lattung		= 0,55 kN/m²
Eigengewicht Sparren		= 0,15 kN/m²
Dachausbau		= 0,35 kN/m²
Summe der ständigen Einwirkungen	G_k	= 1,05 kN/m²
auf Projektion bezogen	$G'_k = G_k / \cos 15°$	= 1,09 kN/m²

Veränderliche Einwirkungen

Standort: Aachen

Schneelast — nach DIN EN 1991-1-3/NA, Schneelasten

Schneelastzone: 2

Höhe über NN: 200 m

Bodenschneelast: — nach DIN EN 1991-1-3/NA, 4.1 Gl. (2)

$$s_k = 0{,}25 + 1{,}91 \cdot \left(\frac{A + 140}{760}\right)^2 = 0{,}25 + 1{,}91 \cdot \left(\frac{200 + 140}{760}\right)^2 = 0{,}63\ \text{kN/m}^2$$

Mindestwert: $s_k = 0{,}85\ \text{kN/m}^2$

Formbeiwert: $\mu_1 = 0{,}8$ — nach DIN EN 1991-1-3, Tab. 5.2, Gl. (5.3)

Schneelast auf dem Dach: $s = \mu_1 \cdot s_k = 0{,}8 \cdot 0{,}85 = 0{,}68\ \text{kN/m}^2$

Windlasten — nach DIN EN 1991-1-4/NA-Windlasten

Windlastzone: 2

Geländekategorie: Binnenland

Gebäudehöhe: $z = 10{,}88$ m

$q_{b,0} = 0{,}38\ \text{kN/m}^2$ — nach DIN EN 1991-1-4 NA, A.1

Windstaudruck: — nach DIN EN 1991-1-4 NA, Gl. B.2

$$q_p(z) = 1{,}7 \cdot q_b \cdot \left(\frac{z}{10}\right)^{0{,}37} = 1{,}7 \cdot 0{,}39 \cdot \left(\frac{10{,}80}{10}\right)^{0{,}37} = 0{,}69\ \text{kN/m}^2$$

Winddruck: — nach DIN EN 1991-1-4, Tab. 7.4a

$c_{pe,F} = 0{,}20 \quad w_F = 0{,}2 \cdot 0{,}69 = 0{,}14\ \text{kN/m}^2$

$c_{pe,G} = 0{,}20 \quad w_G = 0{,}2 \cdot 0{,}69 = 0{,}14\ \text{kN/m}^2$

$c_{pe,H} = 0{,}20 \quad w_H = 0{,}2 \cdot 0{,}69 = 0{,}14\ \text{kN/m}^2$

Windsog: nach DIN EN 1991-1-4, Tab. 7.4a

Anströmrichtung $\Theta = 0°$

$c_{pe,F} = -0{,}90 \quad w_F = -0{,}9 \cdot 0{,}69 = -0{,}62\ \text{kN/m}^2$

$c_{pe,G} = -0{,}80 \quad w_G = -0{,}8 \cdot 0{,}69 = -0{,}55\ \text{kN/m}^2$

$c_{pe,H} = -0{,}30 \quad w_H = -0{,}3 \cdot 0{,}69 = -0{,}21\ \text{kN/m}^2$

$c_{pe,I} = -0{,}40 \quad w_I = -0{,}4 \cdot 0{,}69 = -0{,}28\ \text{kN/m}^2$

$c_{pe,J} = -1{,}00 \quad w_J = -1{,}0 \cdot 0{,}69 = -0{,}69\ \text{kN/m}^2$

Anströmrichtung $\Theta = 90°$

$c_{pe,F} = -1{,}30 \quad w_F = -1{,}30 \cdot 0{,}69 = -0{,}90\ \text{kN/m}^2$

$c_{pe,G} = -1{,}30 \quad w_G = -1{,}30 \cdot 0{,}69 = -0{,}90\ \text{kN/m}^2$

$c_{pe,H} = -0{,}60 \quad w_F = -0{,}6 \cdot 0{,}69 = -0{,}41\ \text{kN/m}^2$

$c_{pe,I} = -0{,}50 \quad w_I = -0{,}5 \cdot 0{,}69 = -0{,}34\ \text{kN/m}^2$

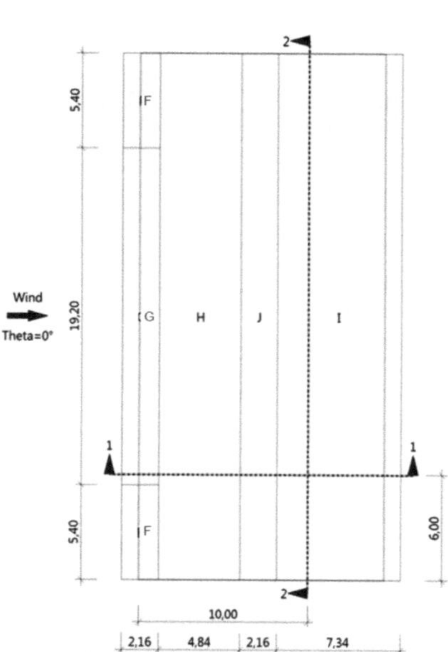

Nutzlast:

Zusätzlich ist die sogenannte *Ein-Mann-Last* nach DIN EN 1991-1-1/NA, eine Einzellast $P = 1$ kN, an ungünstigster Stelle auf dem Sparren aufzubringen. Diese repräsentiert die Belastung durch eine Arbeitskraft bei Wartungs- oder Instandsetzungsarbeiten und muss nicht mit den Wind- und Schneelasten kombiniert werden. Daher wird diese nur in seltenen Fällen maßgebend und hier nicht weiter verfolgt.

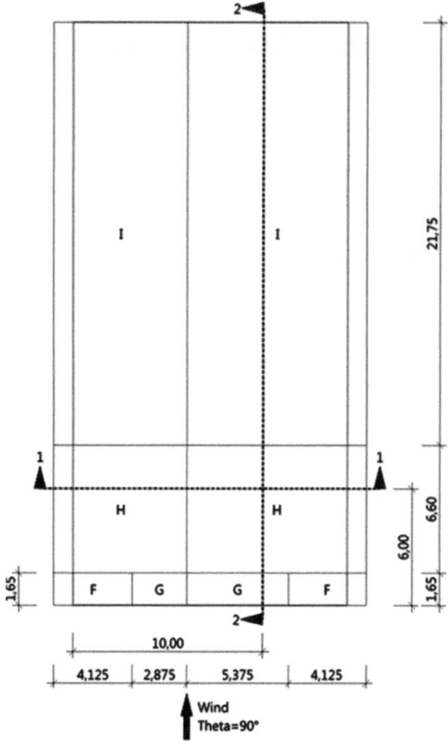

Auflager- und Schnittkräfte:

Die Berechnung der Stütz- und Schnittkräfte erfolgt hier mittels EDV-Programmen.

Tabelle 2.1: Zusammenstellung der charakteristischen Auflager- und Schnittgrößen [kN/m, kNm/m]

	Lastfall		
	g	s	w_{li}
$M_{max,k}$	3,06	1,88	0,49
$V_{max,k}$	2,09	1,32	0,25
$A_{V,k}$	3,20	1,98	0,47
$B_{V,k}$	4,05	2,78	–0,06
$A_{H,k}$	0	0	0,11

Der Einfluss der Normalkraft wird hier nicht weiter berücksichtigt, da an der Stelle des maximalen Biegemomentes die Normalkraft vernachlässigbar klein ist.

Nachfolgend wird die Lastkombination nach DIN EN 1990 6.4.3.2 durchgeführt.

Unter Beachtung der jeweiligen Lasteinwirkungsdauer der Einwirkungskombinationen und dem anzusetzenden k_{mod} (der jeweils kürzesten kombinierten Einwirkung) wird die maßgebende Kombination ermittelt. Die Kombinationen werden an dieser Stelle also noch durch k_{mod} dividiert. Dies dient lediglich der einfacheren Ermittlung der maßgebenden Kombination. Im weiteren Verlauf wird für die Nachweisführung gemäß Norm k_{mod} erst auf der Widerstandsseite angesetzt (vgl. Abschnitt 1.1.4).

Tabelle 2.2: Zusammenstellung der Lastfallkombinationen nach DIN EN 1990 [kN/m, kNm/m]

	Lastfallkombinationen (GZT)		
	$1{,}35 \cdot g$	$1{,}35 \cdot g + 1{,}5 \cdot s + 1{,}5 \cdot 0{,}6 \cdot w$	$1{,}35 \cdot g + 1{,}5 \cdot w + 1{,}5 \cdot 0{,}5 \cdot s$
$M_{max,d}$	4,13	7,39	6,28
$V_{max,d}$	2,82	5,03	4,19
$A_{V,d}$	4,32	7,71	6,51
$B_{V,d}$	5,47	9,58	7,85
$B_{H,d}$	0	0,1	0,17
K_{LED}	ständig	kurz	kurz
k_{mod}	0,6	0,9	0,9
$M_{max,d}/k_{mod}$	6,88	8,21	6,97
$V_{max,d}/k_{mod}$	4,80	5,59	4,66

Hinweis:
Die Vereinfachte Kombination wie sie im Holzbau nach DIN 1052 möglich war (Summe aller veränderlichen Einwirkungen × 1,35) ist im Eurocode nicht mehr enthalten.

2.2.1.1 Nachweis im Grenzzustand der Tragfähigkeit (GZT)

Gewählt: 8/24 cm, C24
Sparrenabstand $e = 65$ cm

Biegespannung:

$$W_y = \frac{8 \cdot 24^2}{6} = 768 \text{ cm}^3 \qquad I_y = \frac{8 \cdot 24^3}{12} = 9{,}216 \text{ cm}^4$$

Der Druckbereich der Sparren ist durch die Dachlatten gegen Kippen gehalten (DIN EN 1995-1-1 NA.13.2 (NA 5)

$$\sigma_{m,d} = e \cdot \frac{M_d}{W_y} = 0{,}65 \cdot \frac{7{,}39 \cdot 100}{768} = 0{,}625 \text{ kN/cm}^2$$

$$f_{m,d} = \frac{k_{mod} \cdot f_{m,k}}{\gamma_M} = \frac{0{,}9 \cdot 2{,}4}{1{,}3} = 1{,}66 \text{ kN/cm}^2$$

$$\frac{\sigma_{m,d}}{f_{m,d}} = \frac{0{,}625}{1{,}66} = 0{,}38 < 1$$

Schubspannung:

$$\tau_d = \frac{V_d \cdot S}{I_y \cdot b}$$

Für den Schubspannungsnachweis ist nach Eurocode 5 eine Breite b_{eff} zur Berücksichtigung möglicher Längsrisse zu verwenden. Diese Abminderung der Querschnittsbreite wird nach DIN EN 1995-1-1 NA NDP 6.1.7 (2) durch den Beiwert k_{cr} berücksichtigt.

Für rechteckige Vollholz-Querschnitte ergeben sich die Schubspannungen aus Querkraft somit zu:

$$\tau_d = e \cdot 1{,}5 \cdot \frac{V_d}{A} = e \cdot 1{,}5 \cdot \frac{V_d}{b_{eff} \cdot h}$$

mit:

$$b_{eff} = k_{cr} \cdot b$$

$$k_{cr} = \frac{2{,}0}{f_{v,k}} = \frac{2{,}0}{4{,}0} = 0{,}5$$

$$\tau_d = 1{,}5 \cdot 0{,}65 \cdot \frac{5{,}03}{0{,}5 \cdot 8 \cdot 24} = 0{,}051 \text{ kN/cm}^2$$

$$f_{v,d} = \frac{k_{mod} \cdot f_{v,k}}{\gamma_M} = \frac{0{,}9 \cdot 0{,}4}{1{,}3} = 0{,}277 \text{ kN/cm}^2$$

$$\frac{\tau_{v,d}}{f_{v,d}} = \frac{0{,}051}{0{,}277} = 0{,}18 \leq 1$$

2.2.1.2 Nachweis im Grenzzustand der Gebrauchstauglichkeit (GZG)

Für den GZG sollten nach DIN EN 1995-1-1; Tabelle NA.13 folgende empfohlene Grenzwerte für die Verformung eingehalten werden:

Forderung 1 (Anfangsverformung, ohne zeitabhängige Kriecheinflüsse):

$$w_{inst} \leq l/300 \text{ bis } l/500$$

Forderung 2 (Endverformung, mit zeitabhängigen Kriecheinflüssen):

$$w_{fin} \leq l/150 \text{ bis } l/300$$

Forderung 3 (Endverformung mit Berücksichtigung der Überhöhung):

$$w_{net,fin} \leq l/250 \text{ bis } l/350$$

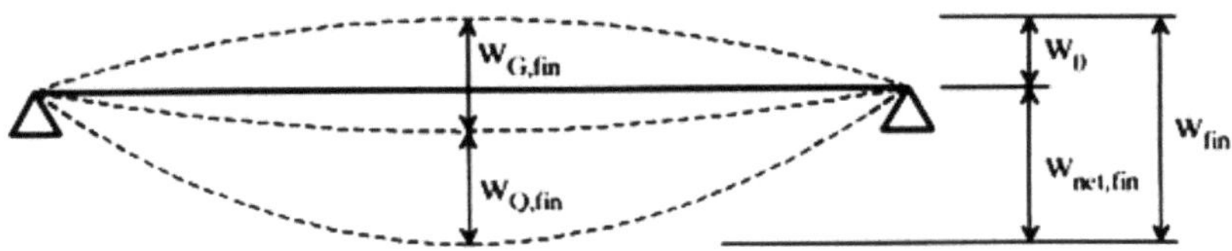

Grundsätzlich enthält die DIN EN 1995-1-1 in Tabelle NA.13 empfohlene Verformungsbegrenzungen. Die Festlegung hat im konkreten Einzelfall zu erfolgen. Zu berücksichtigen ist dabei, welche Verformungen sind aus technischen und optischen Gesichtspunkten akzeptabel.

Die Anfangsverformung w_{inst} wird durch die charakteristische Einwirkungskombination nach DIN EN 1990 6.5.3 (2)a) ermittelt:

$$E_d = E\left\{ \sum_{j\geq 1} G_{k,j} \oplus Q_{k,1} \oplus \sum_{i>1} \psi_{0,i} \cdot Q_{k,i} \right\}$$

Der Kragarm (Dachüberstand) wird bei der Ermittlung der Durchbiegung der Sparren vernachlässigt. Diese Annahme liegt für die Betrachtung der Durchbiegung in Sparrenmitte auf der sicheren Seite. Die Durchbiegung des Sparrens wird vereinfacht für einen Einfeldträger berechnet.

Auf den Nachweis der Verformungsbegrenzung für den Kragarm (Dachüberstand) wird aufgrund der geringen Kragarmlänge verzichtet.

Für den Beispiel-Sparren ergeben sich somit folgende Berechnungen:

$$w_{g,inst} = \frac{5}{384} \cdot \frac{g \cdot l^4}{E_{0,mean} \cdot I_y} = \frac{5}{384} \cdot \frac{0{,}0066 \cdot 621^4}{1100 \cdot 9216} = 1{,}26 \text{ cm}$$

$E_{0,mean} = 1100 \text{ kN/cm}^2$

$g_{\perp,k} = e \cdot g_k \cdot \cos\alpha = 0{,}65 \cdot 1{,}05 \cdot \cos 15^\circ = 0{,}66 \text{ kN/m}$

$l = l'/\cos\alpha = 6{,}0/\cos 15^\circ = 6{,}21$ m (wahre Sparrenlänge)

Analog folgt für die veränderlichen Belastungen:

Durchbiegung infolge Schneelast $w_{inst,s} = 0{,}84$ cm
Durchbiegung infolge Windlast $w_{inst,w} = 0{,}48$ cm

$\Sigma w_{inst,q} = w_w + 0{,}5 \cdot w_s = 0{,}48 + 0{,}5 \cdot 0{,}84 = 0{,}90$ cm

$\Sigma w_{inst,q} = w_s + 0{,}6 \cdot w_w = 0{,}84 + 0{,}6 \cdot 0{,}48 = 1{,}13$ cm → wird maßgebend

Die elastische Anfangsverformung ergibt sich damit zu:

$w_{inst} = w_{inst,g} + w_s + 0{,}6 \cdot w_w = 1{,}26 + 1{,}13 = 2{,}39 \text{ cm} \leq 3{,}11 \text{ cm} = 621/200$

Die Endverformung w_{fin} wird durch die quasi-ständige Einwirkungskombination nach DIN EN 1990 6.5.3 (2)c) bestimmt.

$$E_d = E\left\{ \sum_{j\geq 1} G_{k,j} \oplus \sum_{i\geq 1} \psi_{2,i} \cdot Q_{k,i} \right\}$$

Die Kriechverformungen werden im Holzbau durch den Ansatz des Verformungsbeiwertes k_{def} ermittelt.

$w_{fin} = w_{inst} \cdot (1 + k_{def})$

Die Ermittlung der Endverformung ergibt sich danach zu:

$$w_{fin} = w_{inst} \cdot (1 + k_{def}) + w_{inst,q,1} \cdot (1 + \psi_{2,1} \cdot k_{def}) + \sum_{i>1} w_{inst,q,i} \cdot (\psi_{0,i} + \psi_{2,i} \cdot k_{def})$$

Die einzelnen Anteile der Endverformung ergeben sich nach DIN EN 1995-1-1, Abschnitt 2.2.3 wie folgt:

$w_{fin,g} = w_{inst,g} \cdot (1 + k_{def})$

Nach Tabelle 3.2 der DIN EN 1995-1-1 ist bei Nutzungsklasse 1 für Vollholz $k_{def} = 0{,}6$ anzusetzen:

$w_{fin,g} = 1{,}26 \text{ cm} \cdot (1 + 0{,}6) = 2{,}02$ cm

Da sowohl für Wind als auch für Schnee der Kombinationsbeiwert $\psi_2 = 0$ ist geht nur der Anteil der elastischen Anfangsverformung der Leiteinwirkung der veränderlichen Lasten in die Endverformung mit ein.

$w_{fin,s} = 0{,}84 \text{ cm} \cdot (1 + 0 \cdot 0{,}6) = 0{,}84$ cm

$w_{fin,w} = 0{,}48 \text{ cm} \cdot (0{,}6 + 0 \cdot 0{,}6) = 0{,}29$ cm

Die Endverformung ergibt sich damit zu:

$$w_{fin} = 2{,}02 \text{ cm} + 0{,}84 \text{ cm} + 0{,}29 \text{ cm} = 3{,}15 \text{ cm} \leq 4{,}14 = 621/150$$

Da keine Überhöhung vorhanden ist, entfällt die dritte Forderung und es sind keine weiteren Nachweise im Grenzzustand der Gebrauchstauglichkeit erforderlich.

2.2.1.3 Detailnachweise – Auflager auf der Fußpfette

Nachweis der Auflagerpressung

Maximale Auflagerreaktion:

$$A_{v,d} = a \cdot (1{,}35 \cdot A_{v,k} + 1{,}5 \cdot S_{v,k})$$

$$A_{v,d} = 0{,}65 \cdot (1{,}35 \cdot 4{,}0 + 1{,}5 \cdot 2{,}8) = 6{,}24 \text{ kN}$$

a) Nachweis der Pressung auf der Pfette

$$l_A = t_v / \sin\alpha = 3{,}0/\sin 15^\circ = 11{,}6 \text{ cm}$$

$$A_{ef} = l_a \cdot l_{ef} = 11{,}6 \cdot (8{,}0 + 2 \cdot 3{,}0) = 162 \text{ cm}^2$$

(Vergrößerung der Auflagerfläche in Faserrichtung um 30 mm.)

$k_{c90} = 1{,}75$ für Fußpfette bestehend aus Brettschichtholz

$$\sigma_{c,90,d} = \frac{F_{c,90,d}}{A_{ef}} = \frac{6{,}24}{162} = 0{,}04 \text{ kN/cm}^2$$

$$f_{c,90,d} = \frac{k_{mod} \cdot f_{c,90,k}}{\gamma_M} = \frac{0{,}9 \cdot 0{,}25}{1{,}3} = 0{,}17 \text{ kN/cm}^2$$

$$\frac{\sigma_{c,90,d}}{k_{c90} \cdot f_{c,90,d}} = \frac{0{,}04}{1{,}75 \cdot 0{,}17} = 0{,}13 < 1$$

b) Nachweis der Pressung am Sparren

$$A_{ef} = b \cdot l_{ef} = 8{,}0 \cdot (11{,}6 + 2 \cdot 3{,}0 \cdot \cos 15^\circ) = 139 \text{ cm}^2$$

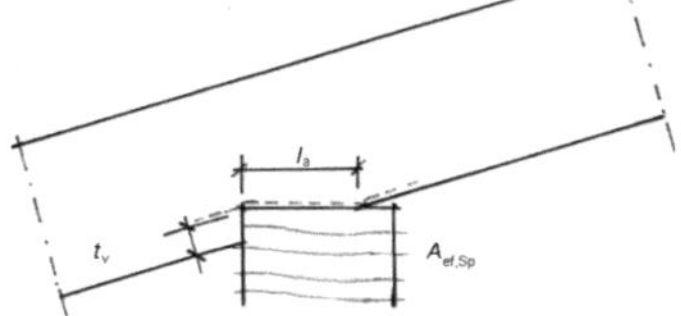

(Vergrößerung der Auflagerfläche in Faserrichtung um 30 mm unter Beachtung der Sparrenneigung.)

Nachweis für Druck unter einem Winkel α zur Faser

$$f_{c,a,d} = \frac{f_{c,0,d}}{\dfrac{f_{c,0,d}}{k_{c90} \cdot f_{c,90,d}} \cdot \sin^2\alpha + \cos^2\alpha}$$

Mit:

$$f_{c,0,d} = \frac{k_{mod} \cdot f_{c,0,k}}{\gamma_M} = \frac{0{,}9 \cdot 2{,}1}{1{,}3} = 1{,}45 \text{ kN/cm}^2$$

$$f_{c,90,d} = \frac{k_{mod} \cdot f_{c,90,k}}{\gamma_M} = \frac{0{,}9 \cdot 2{,}5}{1{,}3} = 0{,}17 \text{ kN/cm}^2$$

$k_{c90} = 1{,}5$ für Sparren bestehend aus Vollholz

$$f_{c,75,d} = \frac{1{,}45}{\frac{1{,}45}{1{,}5 \cdot 0{,}17} \cdot \sin^2 75 + \cos^2 75} = 0{,}27 \text{ kN/cm}^2$$

$$\sigma_{c,75,d} = \frac{F_{c,75,d}}{A_{ef}} = \frac{6{,}24}{139} = 0{,}05 \text{ kN/cm}^2$$

$$\boxed{\frac{\sigma_{c,75,d}}{f_{c,75,d}} = \frac{0{,}05}{0{,}27} = 0{,}18 < 1}$$

Nachweis der Verankerung

Sogverankerung

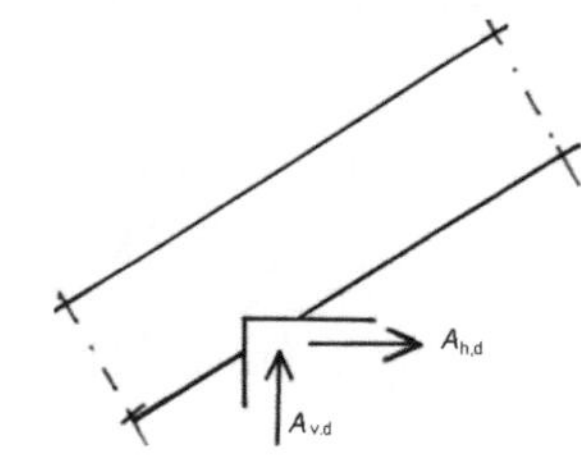

Maximale Auflagerreaktion (abhebend):

$$A_{v,d} = a \cdot (0{,}9 \cdot A_{v,k} + 1{,}5 \cdot W_{v,k})$$

$$A_{v,d} = 0{,}65 \cdot (0{,}9 \cdot 4{,}0 + 1{,}5 \cdot (-4{,}0)) = -1{,}56 \text{ kN}$$

$$A_{h,d} = a \cdot (1{,}5 \cdot W_{v,k})$$

$$A_{h,d} = 0{,}65 \cdot (1{,}5 \cdot 2{,}2) = -2{,}15 \text{ kN}$$

$$F_{\perp,d} = A_{v,d}/\cos\alpha = -1{,}56/\cos 15^\circ = -1{,}62 \text{ kN}$$

Verankerung durch Tellerkopfschraube 8,0 × 300 mm, Kopfdurchmesser $d_k = 20$ mm
Einbindelänge in der Fußpfette 5,0 cm

Der Nachweis erfolgt beispielsweise gemäß allgemein bauaufsichtlicher Zulassung Z-9.1-449 für Spax-Schrauben als Holzverbindungsmittel.

Nachweis auf Herausziehen des Gewindes:

$$R_{ax,k} = k_{ax} \cdot f_{1,k} \cdot l_{ef} \cdot d_1$$

Mit: $k_{ax} = 1{,}0$ für $\alpha > 45^\circ$

$f_{1,k} = 80 \cdot 10^{-6} \cdot \rho_k^2 = 80 \cdot 10^{-6} \cdot 350^2 = 9{,}8 \text{ N/mm}^2$ Brettschichtholz GL24c

$l_{ef} = 50$ mm Verankerungslänge in der Pfette

$d_1 = 8{,}0$ mm

$$R_{ax,k} = 1{,}0 \cdot 9{,}8 \cdot 50 \cdot 8{,}0 = 3920 \text{ N}$$

$$R_{ax,d} = \frac{k_{mod} \cdot R_{ax,k}}{\gamma_M} = \frac{0{,}9 \cdot 3{,}9}{1{,}3} = 2{,}7 \text{ kN}$$

$$\boxed{\frac{F_{\perp,d}}{R_{ax,d}} = \frac{1{,}62}{2{,}70} = 0{,}60 < 1}$$

Nachweis auf Kopfdurchziehen:

$$R_{ax,k} = f_{2,k} \cdot d_k^2$$

Mit:

$f_{2,k} = 100 \cdot 10^{-6} \cdot \rho_k^2 = 100 \cdot 10^{-6} \cdot 350^2 = 12{,}3 \text{ N/mm}^2$ für Tellerkopfschrauben

$d_k = 20{,}0$ mm

$$R_{ax,k} = 12{,}3 \cdot 20^2 = 4920 \text{ N}$$

$$R_{ax,d} = \frac{k_{mod} \cdot R_{ax,k}}{\gamma_M} = \frac{0{,}9 \cdot 4{,}9}{1{,}3} = 3{,}39 \text{ kN}$$

$$\boxed{\frac{F_{\perp,d}}{R_{ax,d}} = \frac{1{,}62}{3{,}39} = 0{,}48 < 1}$$

Nachweis der horizontalen Verankerung

$$F_{h,d} = A_{h,d} + F_{\perp,d} \cdot \tan\alpha = 2{,}15 + 1{,}56 \cdot \tan 15^\circ = 2{,}57\ \text{kN}$$

Die Verankerung erfolgt durch einen horizontal angeordneten Sparrenpfettenanker.

Beispielsweise Fa. SIMPSON StrongTie Typ SPF170 mit je 5 Kammnägeln 4,0 × 40 mm in Sparren und Fußpfette.

Der Bemessungswert wird in der Regel den technischen Produktdatenblättern des Herstellers entnommen.

Hier: $R_{1,k} = 5{,}7\ \text{kN}$

$$R_{1,d} = \frac{k_{mod} \cdot R_{1,k}}{\gamma_M} = \frac{0{,}9 \cdot 5{,}7}{1{,}3} = 3{,}95\ \text{kN}$$

$$\frac{F_{h,d}}{R_{1,d}} = \frac{2{,}57}{3{,}95} = 0{,}65 < 1$$

Verankerung an der Fußpfette:
Tellerkopfschraube 8,0 × 300 mm
Sparrenpfettenanker
SIMPSON StrongTie, SPF170
mit 5 Kammnägel 4,0 × 40 mm
je Schenkel

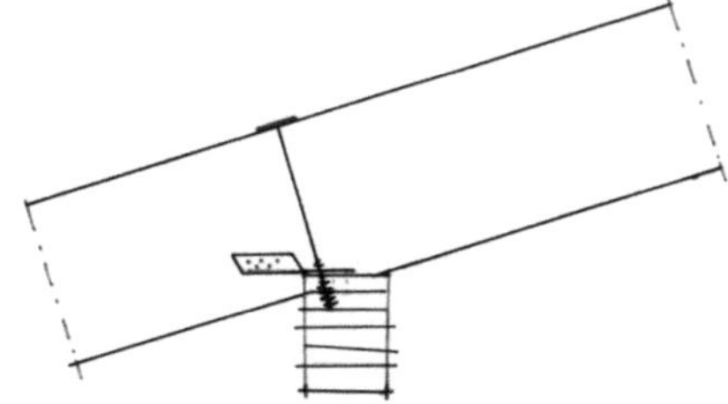

2.2.2 Mittelpfette

System: Position D/2 Mittelpfette

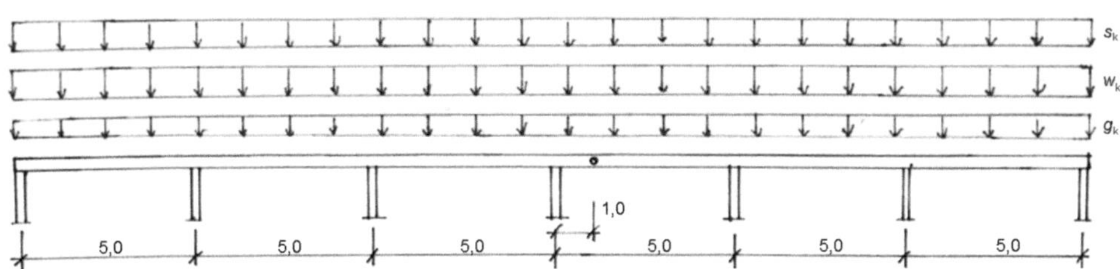

Einwirkungen:

Die Mittelpfette bildet die Auflager im Firstbereich für beide Sparren. Für die Einwirkungen auf die Mittelpfette werden die einzelnen Auflagerreaktionen (A_V) der Sparren (links und rechts) kombiniert. Zusätzlich muss das Eigengewicht der Pfette selbst, sowie das der senkrechten Wandkonstruktion angesetzt werden.

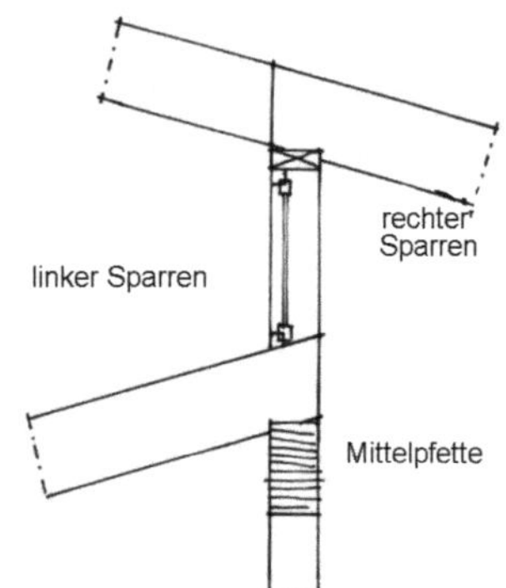

Ständige Einwirkungen:

aus linkem Sparren		= 3,20 kN/m
aus rechtem Sparren		= 1,27 kN/m
aus Eigengewicht		≈ 0,20 kN/m
aus Wand		≈ 1,0 kN/m
Summe der ständigen Einwirkungen	g_k	**= 5,67 kN/m**

Veränderliche Einwirkungen:

aus Schnee auf den linken Sparren		= 1,98 kN/m
aus Schnee auf den rechten Sparren		= 0,82 kN/m
Summe der Schneelasten	s_k	**= 2,80 kN/m**

Für die Einwirkungen aus Wind werden beide möglichen Anströmrichtungen betrachtet und als alternative Gruppen in der Berechnung berücksichtigt:

aus Wind von links auf den linken Sparren		= 0,47 kN/m
aus Wind von links auf den rechten Sparren		= –1,43 kN/m
Summe der Windlasten aus Wind von links	$w_{k,li}$	**= –0,96 kN/m**
aus Wind von rechts auf den linken Sparren		= 0,13 kN/m
aus Wind von rechts auf den rechten Sparren		= –1,04 kN/m
Summe der Windlasten aus Wind von rechts	$w_{k,re}$	**= –0,91 kN/m**

Die Windlasten ergeben in beiden Fällen negative, also herausziehende Kräfte in der Mittelpfette. Im GZT werden diese günstig wirkenden Kräfte nicht in der Kombination berücksichtigt.

Auflager- und Schnittgrößen:

Die Stütz- und Schnittkräfte sind mit einem Durchlaufträgerprogramm ermittelt worden. In der nachfolgenden Tabelle sind nur die Ergebnisse für die maßgebenden Schnittgrößen zusammengefasst.

	$M_{max,d}$	$V_{max,d}$	$B_{v,max,d}$
Stütze 2	34,86	36,60	49,92
Feld 1	27,26		

KLED: kurz

NKL: 1

k_{mod}: 0,9

2.2.2.1 Nachweis der Tragfähigkeit

Gewählt: 14/28 cm GL24c

Biegespannung:

$$W_y = \frac{14 \cdot 28^2}{6} = 1829 \text{ cm}^3 \qquad I_y = \frac{14 \cdot 28^3}{12} = 25{,}611 \text{ cm}^4$$

$$\sigma_{m,d} = \frac{M_d}{W_y} = \frac{3486}{1829} = 1{,}91 \text{ kN/cm}^2$$

Die Bezugshöhe von Brettschichtholz(BSH)-Trägern beträgt nach DIN EN 1995-1-1 3.3 (3) 600 mm. Bei, wie hier, geringeren Abmessungen darf die charakteristische Biegefestigkeit wie folgt erhöht werden:

$$k_h = \min\left\{\left(\frac{600}{h}\right)^{0,1}; 1{,}1\right\} = \min\left\{\left(\frac{600}{280}\right)^{0,1}; 1{,}1\right\} = \min\{1{,}08; 1{,}1\} = 1{,}08$$

$$f_{m,d} = k_h \cdot \frac{k_{mod} \cdot f_{m,k}}{\gamma_M} = 1{,}08 \cdot \frac{0{,}9 \cdot 2{,}8}{1{,}3} = 2{,}09 \text{ kN/cm}^2 \qquad \boxed{\frac{\sigma_{m,d}}{f_{m,d}} = \frac{1{,}91}{2{,}09} = 0{,}91 < 1}$$

Schubspannung:

Bei unten aufgelagerten und an der Oberseite belasteten, auf Biegung beanspruchten Trägern ohne Ausklinkungen und Durchbrüche, darf die maßgebende Querkraft als die um Trägerhöhe von der Auflagervorderkante entfernt angenommen werden (nach DIN EN 1995-1-1 NCl zu NA 6.1.7 (NA.5)).

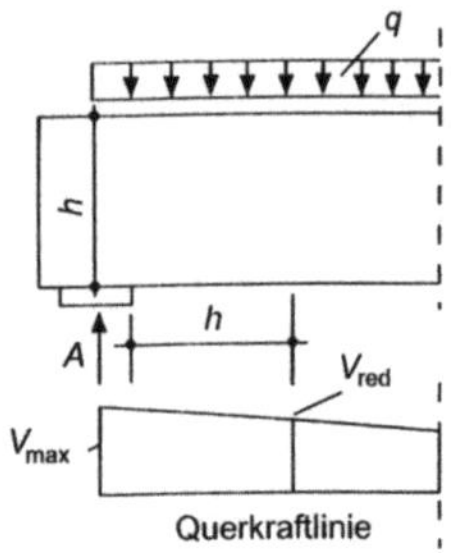

Abbildung 2.6: Abgeminderte Querkraft V_{red}

Die Auflagerabmessungen entsprechen dem Stützenquerschnitt. Dieser wird zu 14/14 cm gewählt.

$$V_{red} = V_{max,d} - p \cdot l$$

mit $l = a/2 + h = 14/2 + 28 = 35$ cm

$$p = 1{,}35 \cdot g_k + 1{,}5 \cdot s_k = 1{,}35 \cdot 5{,}67 + 1{,}5 \cdot 2{,}80 = 11{,}85 \text{ kN/m}$$

$$V_{red} = V_{max,d} - p \cdot l = 36{,}6 - 11{,}85 \cdot 0{,}35 = 32{,}45 \text{ kN}$$

$$\tau_d = e \cdot 1{,}5 \cdot \frac{V_d}{A} = e \cdot 1{,}5 \cdot \frac{V_d}{b_{eff} \cdot h}$$

$$b_{eff} = k_{cr} \cdot b$$

$$k_{cr} = \frac{2{,}5}{f_{v,k}} = \frac{2{,}5}{3{,}5} = 0{,}71$$ für Brettschichtholz nach NA NDP 6.1.7(2)

$$\tau_d = 1{,}5 \cdot \frac{33{,}45}{0{,}71 \cdot 14 \cdot 28} = 0{,}175\ \text{kN/cm}^2$$

$$f_{v,d} = \frac{k_{mod} \cdot f_{v,k}}{\gamma_M} = \frac{0{,}9 \cdot 0{,}35}{1{,}3} = 0{,}242\ \text{kN/cm}^2$$

$$\frac{\tau_{v,d}}{f_{v,d}} = \frac{0{,}175}{0{,}242} = 0{,}72 < 1$$

2.2.2.2 Nachweis der Gebrauchstauglichkeit

Auch die Durchbiegungen der Mittelpfette wurden mit Hilfe eines Durchlaufträgerprogrammes berechnet. Alternativ können Tabellenwerke zur Hilfe genommen werden.

Forderung 1 (Anfangsverformung): $w_{inst} \leq l/300$ $1{,}29\ \text{cm} \leq 1{,}66\ \text{cm} = 500/300$
Forderung 2 (Endverformung): $w_{fin} \leq l/50$
Forderung 3 (gesamte Endverformung): $w_{net,fin} \leq l/250$

2.2.2.3 Detailnachweise

Nachweis des Gelenkstoßes:

Aufgrund der Gesamtlänge der Pfette wird diese üblicherweise aus mehreren Einzellängen zusammengesetzt. Diese Montagestöße sind in der Berechnung als Gelenke zu berücksichtigen und für die entsprechenden Anschlusskräfte zu bemessen. Nachfolgend ist eine mögliche Ausführung eines Gelenkstoßes abgebildet.

Abbildung 2.7: Gelenkknoten

Die Berechnung der Schnittgrößen ergab eine max. Querkraft im Gelenk von:

$V_{z,max} = 13{,}7$ kN

Gewählt: Bolzen M12, 4.6
Unterlegscheibe 58/14, $s = 6$ mm
Bolzenzugkraft: M12, 4.6

$N_{R,d} = 22{,}43\ \text{kN} > 13{,}7\ \text{kN}$

Nachweis der Querdruckpressung
(unter der Unterlegscheibe)

Von der Scheibenfläche muss die Fläche des Bohrloches abgezogen werden.

$$A_{\text{netto}} = \frac{5{,}8^2 \cdot \pi}{4} - \frac{1{,}3^2 \cdot \pi}{4} = 25{,}09\ \text{cm}^2$$

$$A_{\text{ef}} = A_{\text{netto}} + b \cdot 2 \cdot 30\ \text{mm} = 25{,}1 + 5{,}8 \cdot 2 \cdot 3 = 59{,}9\ \text{cm}^2$$

$$\sigma_{\text{c,90,d}} = \frac{F_{\text{c,90,d}}}{A_{\text{ef}}} \qquad F_{\text{c,90,d}} = V_{\text{y,max}} = 13{,}7\ \text{kN}$$

$$\sigma_{\text{c,90,d}} = \frac{13{,}7}{59{,}9} = 0{,}229\ \text{kN/cm}^2$$

$$f_{\text{c,90,d}} = \frac{k_{\text{mod}} \cdot f_{\text{c,90,k}}}{\gamma_{\text{M}}} = \frac{0{,}9 \cdot 0{,}27}{1{,}3} = 0{,}187\ \text{kN/cm}^2$$

Allgemein muss bei Querdruck die Gleichung $\frac{\sigma_{\text{c,90,d}}}{k_{\text{c,90}} \cdot f_{\text{c,90,d}}} \leq 1$ erfüllt werden.

Nach einer Empfehlung von Gerhard Werner „Holzbau 1" kann auch $\sigma_{\text{c,90,d}} \leq 1{,}8 \cdot f_{\text{c,90,d}}$ für den Querdrucknachweis unter Unterlegscheiben von Bolzen angenommen werden. [4]

$$\frac{\sigma_{\text{c,90,d}}}{1{,}8 \cdot f_{\text{c,90,d}}} \leq 1 \qquad \boxed{\frac{0{,}229}{1{,}8 \cdot 0{,}187} = 0{,}68 \leq 1}$$

In der Praxis erfolgt die Verbindung an nicht sichtbaren Gelenkstößen häufig mit sogenannten Gerberverbindern die von verschiedenen Herstellern angeboten werden. Nachfolgend wird beispielhaft die Bemessung dargestellt.

Gewählt: Gerberverbinder SIMPSON StrongTie Typ GERW180, Teilausnagelung mit Kammnägeln 4,0 × 40 mm

Der Bemessungswert wird den technischen Produktdatenblättern des Herstellers entnommen.

Abbildung 2.8: Gerberverbinder

Hier: $R_{\text{1,k}} = 25{,}8\ \text{kN}$

$$R_{\text{1,d}} = \frac{k_{\text{mod}} \cdot R_{\text{1,k}}}{\gamma_{\text{M}}} = \frac{0{,}9 \cdot 25{,}8}{1{,}3} = 17{,}9\ \text{kN} \qquad \boxed{\frac{V_{\text{d}}}{R_{\text{1,d}}} = \frac{13{,}7}{17{,}9} = 0{,}77 < 1}$$

Nachweis der Auflagerpressung:

Gewählt: Stützenquerschnitt 14/14 cm

Die maßgebende Auflagerkraft der Stütze 2 beträgt:

$B_{\text{v,max}} = 1{,}35 \cdot 48{,}03 = 64{,}8\ \text{kN}$ KLED: Kurz K_{mod}: 0,9 NKL: 1

$F_{\text{c,90,d}} = B_{\text{v,max}} = 48{,}03\ \text{kN}$

$$\sigma_{c,90,d} = \frac{F_{c,90,d}}{A_{ef}} \qquad A_{ef} = (b + 2 \cdot 30\,\text{mm}) \cdot l = (14 + 2 \cdot 3) \cdot 14 = 280\ \text{cm}^2$$

$$\sigma_{c,90,d} = \frac{64,8}{280} = 0,23\ \text{kN/cm}^2$$

$$f_{c,90,d} = \frac{k_{mod} \cdot f_{c,90,k}}{\gamma_M} = \frac{0,9 \cdot 0,27}{1,3} = 0,187\ \text{kN/cm}^2$$

$$\frac{\sigma_{c,90,d}}{k_{c90} \cdot f_{c,90,d}} \leq 1 \qquad k_{c90} = 1,75 \quad \text{für BSH mit } l_1 > 2\,h \text{ bei Auflagerdruck}$$

$$\boxed{\frac{0,23}{1,75 \cdot 0,187} = 0,70 \leq 1}$$

2.2.3 Stütze

System: Position D/3 Stütze

Für Stützen sind folgende Nachweise zu führen:

- Nachweis der Lasteinleitung/Lastausleitung (Pressung unter Pfetten/Schwellenpressung; siehe Abschnitt Detailnachweise)
- Nachweis der Normalspannung im Stützenquerschnitt unter Berücksichtigung von Querschnittsschwächungen (Nachweis mit der Nettoquerschnittsfläche)
- Nachweis der Stabilität

Da in der Regel für Stützen der Stabilitätsnachweis maßgebend ist, wird dieser nachfolgend nach dem Ersatzstabverfahren geführt.

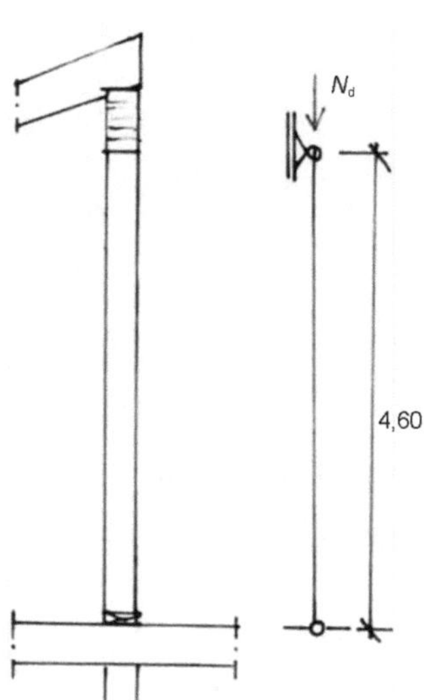

Nachweis nach dem Ersatzstabverfahren

$$\frac{\sigma_{c,d}}{k_c \cdot f_{c,0,d}} \leq 1 \qquad \text{DIN EN 1995-1-1 (6.23)}$$

Knickbeiwert $k_c = \dfrac{1}{k + \sqrt{k^2 - \lambda^2_{rel,c}}}$ Gl. (64)

Mit: $k = 0,5 \cdot \left[1 + \beta_c \cdot (\lambda_{rel,c} - 0,3) + \lambda^2_{rel,c}\right]$ Gl. (65)

$\beta_c = 0,2$ für Vollholz und Balkenschichtholz

$\lambda_{rel,c} = \sqrt{\dfrac{f_{c,0,k}}{\sigma_{c,crit}}} = \dfrac{\lambda}{\pi}\sqrt{\dfrac{f_{c,0,k}}{E_{0,05}}}$ Gl. (66)

$l_{ef} = h \cdot \beta$ β = Knicklängenbeiwert; β nach DIN EN 1995-1-1 Tabelle NA.24

$\lambda = \frac{l_{ef}}{i}$ $\quad i$ = Trägheitsradius

Das Ersatzstabverfahren liefert bei der Bemessung in der Regel Ergebnisse die auf der sicheren Seite liegen.

Einwirkungen:

max $N_{g,k} = 32{,}09$ kN aus Eigengewicht und ständigen Einwirkungen
max $N_{q,k} = 17{,}83$ kN vereinfacht aus max. veränderlicher Last

$N_d = 1{,}35 \cdot N_{g,k} + 1{,}5 \cdot \Sigma N_{q,k} = 1{,}35 \cdot 32{,}1 + 1{,}5 \cdot 17{,}8 = 67{,}4$ kN

Gewählt: 14/24 cm, C24 $\quad h = 4{,}60$ m
NKL 1 $\quad k_{mod} = 0{,}9$

$A = 14 \cdot 14 = 196 \text{ cm}^2 \qquad I_y = I_z = \frac{14^4}{12} = 3201 \text{ cm}^4$

$$\sigma_{c,0,d} = \frac{N_d}{A} = \frac{67{,}4}{196} = 0{,}344 \text{ kN/cm}^2$$

$$f_{c,0,d} = \frac{k_{mod} \cdot f_{c,0,k}}{\lambda_M} = \frac{0{,}9 \cdot 2{,}1}{1{,}3} = 1{,}45 \text{ kN/cm}^2$$

Knickbeiwert k_c

Trägheitsradius: allg. $i = \sqrt{\frac{I}{A}}$

$i = \frac{I_z}{A} = \frac{b}{\sqrt{12}} = \frac{14}{\sqrt{12}} = 4{,}04$ cm (für Rechteckquerschnitte)

$l_{ef} = h \cdot \beta = 4{,}60 \cdot 1{,}0 = 4{,}60$ m ($\beta = 1{,}0$ für beidseitig gelenkig gelagert)

$$\lambda = \frac{l_{ef}}{i} = \frac{460}{4{,}04} = 114$$

Bezogener Schlankheitsgrad:

$\lambda_{rel,c} = \frac{\lambda}{\pi} \sqrt{\frac{f_{c,0,k}}{E_{0,05}}}$ mit $E_{0,05} = \frac{2}{3} \cdot E_{0,mean} = \frac{2}{3} \cdot 1100 = 733 \text{ kN/cm}^2$
($E_{0,05}$ nach DIN EN 338)

$$\lambda_{rel,c} = \frac{114}{\pi} \sqrt{\frac{2{,}1}{733}} = 1{,}94$$

$k = 0{,}5 \cdot [1 + \beta_c \cdot (\lambda_{rel,c} - 0{,}3) + \lambda^2_{rel,c}]$ $\quad \beta_c = 0{,}2$ (nach DIN EN 1995-1-1 (6.29))

$k = 0{,}5 \cdot [1 + 0{,}2 \cdot (1{,}94 - 0{,}3) + 1{,}94^2] = 2{,}55$

$$k_{c,z} = \frac{1}{k_z + \sqrt{k_z^2 - \lambda^2_{rel,z}}} = \frac{1}{2{,}55 + \sqrt{2{,}55^2 - 1{,}94^2}} = 0{,}24$$

$$\boxed{\frac{\sigma_{c,d}}{k_{c,z} \cdot f_{c,0,d}} = \frac{0{,}344}{0{,}24 \cdot 1{,}45} = 0{,}99 \leq 1}$$

Zur Ermittlung des Knickbeiwertes k_c wird in der Praxis häufig nur der Schlankheitsgrad ermittelt und damit in einer Tabelle der k_c-Wert für die entsprechende Festigkeitsklasse abgelesen, sodass die aufwendige Berechnung entfällt.

2.3 Deckenkonstruktionen

2.3.1 Holzbalkendecke

System:

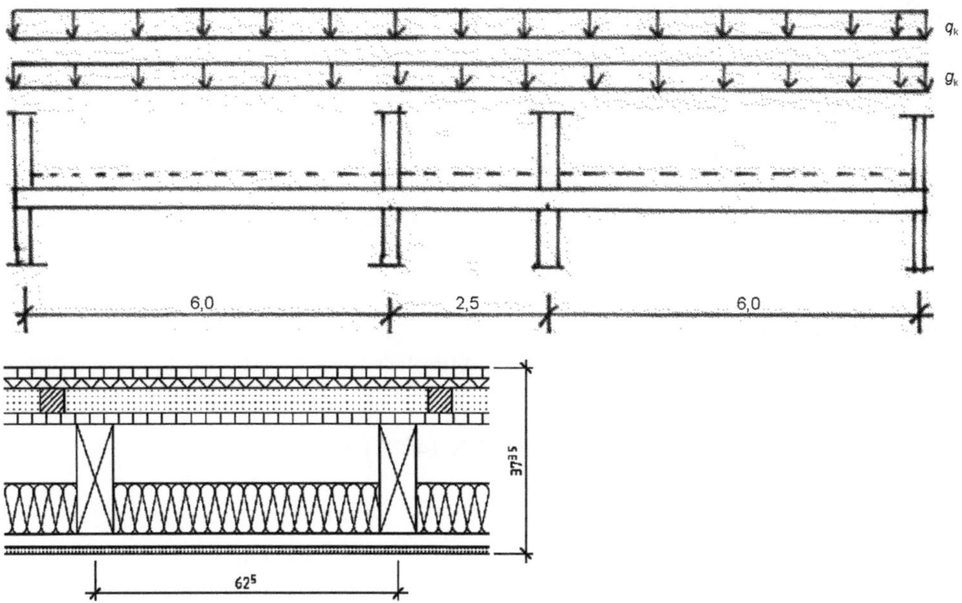

Abbildung 2.9: Deckenaufbau

Einwirkungen:

Ständige Einwirkungen:

Teppichboden		= 0,03 kN/m²
Holzwerkstoffplatte 2,2 cm		= 0,13 kN/m²
MF-Trittschalldämmung 2 cm		= 0,02 kN/m²
Schüttung 5 cm		= 0,75 kN/m²
Holzwerkstoffplatte 2,2		= 0,12 kN/m²
Holzbalken 12/26 cm		≈ 0,15 kN/m²
Hohlraumdämmung 10 cm MF		= 0,09 kN/m²
GK 12,5 mm und Federschiene		= 0,11 kN/m²
Summe der ständigen Einwirkungen	g_k	**= 1,40 kN/m²**

Veränderliche Einwirkungen:

Nutzlast (keine Querverteilung möglich)		= 2,0 kN/m²
Leichte Trennwände (Zuschlag für den Ausbau)		= 0,8 kN/m²
Summe der veränderlichen Einwirkungen	q_k	**= 2,8 kN/m²**

Auflager- und Schnittgrößen:

Die Schnittkraftermittlung erfolgte mittels eines Durchlaufträgerprogramms

	M_{max}	V_{max}	B_v
Feld 1	12,19		
Stütze 2	–12,70	13,54	24,32

2.3.1.1 Nachweis der Tragfähigkeit

Balkenabstand $e = 62{,}5$ cm NKL: 1

KLED: Mittel

k_{mod}: 0,8

Gewählt: 12/26 cm GL24h (nach DIN EN 14080)

Biegespannungsnachweis:

$$W_y = \frac{12 \cdot 26^2}{6} = 1352\ \text{cm}^3 \qquad I_y = \frac{12 \cdot 26^4}{12} = 17{,}576\ \text{cm}^4$$

Der Druckbereich der Holzbalken ist kontinuierlich durch die Holzwerkstoffplatte gegen Kippen gehalten.

$$\sigma_{m,d} = \frac{M_d}{W_y} = \frac{1346}{1352} = 1{,}00\ \text{kN/cm}^2$$

Erhöhung der charakteristischen Biegefestigkeit der Lamellen von BSH mit einer Höhe geringer als 600 mm (nach DIN EN 1995-1-1 3.3 (2) und (3)).

$$k_h = \min \left[\left(\frac{600}{260}\right)^{0,1}; 1,1\right] = 1,09$$

$$f_{m,d} = \frac{k_{mod} \cdot f_{m,k} \cdot k_h}{\gamma_M} = \frac{0,8 \cdot 2,4 \cdot 1,09}{1,3} = 1,61 \text{ kN/cm}^2$$

$$\boxed{\frac{\sigma_{m,d}}{f_{m,d}} = \frac{1,00}{1,61} = 0,62 < 1}$$

Schubspannungsnachweis:

Ermittlung der reduzierten Querkraft V_{red}

$$p = (1,35 \cdot g_k + 1,5 \cdot q_k) \cdot e = (1,35 \cdot 1,4 + 1,5 \cdot 2,8) \cdot 0,625 = 3,81 \text{ kN/m}$$

$$V_{red} = B_v - p \cdot \left(\frac{a}{2} + h\right) = 23,93 - 3,81\,(0,07 + 0,26) = 22,67 \text{ kN}$$

$$\tau_d = 1,5 \cdot \frac{V_d}{A} = 1,5 \cdot \frac{V_d}{b_{eff} \cdot h}$$

Mit: $b_{eff} = k_{cr} \cdot b$

$$k_{cr} = \frac{2,0}{f_{v,k}} = \frac{2,5}{3,5} = 0,71$$

$$\tau_d = 1,5 \cdot \frac{22,67}{0,71 \cdot 12 \cdot 26} = 0,154 \text{ kN/cm}^2$$

$$f_{v,d} = \frac{k_{mod} \cdot f_{v,k}}{\gamma_M} = \frac{0,8 \cdot 0,35}{1,3} = 0,215 \text{ kN/cm}^2$$

$$\boxed{\frac{\tau_{v,d}}{f_{v,d}} = \frac{0,154}{0,215} = 0,72 < 1}$$

2.3.1.2 Nachweis der Gebrauchstauglichkeit

Anfangsverformung:

Die Anfangsdurchbiegungen wurden mittels eines Durchlaufträgerprogrammes ermittelt.

$$w_{inst,g} = 0,55 \text{ cm}$$

$$w_{inst,q} = 0,98 \text{ cm}$$

$$w_{inst,Ges} = w_{inst,g} + w_{inst,q} = 0,55 \text{ cm} + 0,98 \text{ cm} = 1,53 \text{ cm}$$

$$\boxed{1,53 \text{ cm} \leq \frac{600}{300} = 2,0 \text{ cm}}$$

Endverformung:

Mit: $k_{def} = 0,60$ (KLED: ständig; NKL1; Brettschichtholz)

$\psi_2 = 0,3$ (Nutzlast A, Wohnräume)

$$w_{fin,g} = 0,55 \text{ cm} \cdot (1 + 0,6) = 0,88 \text{ cm}$$

$$w_{fin,q} = 0,98 \text{ cm} \cdot (1 + 0,3 \cdot 0,6) = 1,16 \text{ cm}$$

$$w_{fin} = 0,88 + 1,16 = 2,04$$

$$\boxed{2,04 \text{ cm} \leq \frac{600}{200} = 3,0 \text{ cm}}$$

2.3.1.3 Schwingungsnachweis

Für Decken unter Wohnräumen war der Schwingungsnachweis nach DIN 1052: 2008-12 erbracht, wenn die Durchbiegung in der quasi-ständigen Bemessungssituation (ohne Kriechverformung) nicht größer als 6 mm war. Dies führte dazu, dass in der Praxis bei großen Spannweiten der Schwingungsnachweis bzw. die Durchbiegungsbegrenzung häufig maßgebend wurde.

Eine Durchbiegung von 6 mm unter Eigengewicht und dem Anteil quasi-ständiger Verkehrslast entspricht bei einem gelenkig gelagerten Einfeldträger einer Eigenfrequenz von 7,2 Hz.

Im Eurocode 5 sind genauere Schwingungsnachweise enthalten. Diese gelten für Wohnungstrenndecken mit einer Eigenfrequenz von größer 8 Hz und beschränken sich auf Einfeldträger.

Bei Mehrfeldträgern wird am ideellen beidseitig gelenkig gelagerten Einfeldträger gerechnet. Es kann zusätzlich die elastische Einspannung der Nachbarfelder berücksichtigt werden.

Nach DIN EN 1995-1-1 Abschnitt 7.3 sind folgende Kriterien einzuhalten:

$$\frac{w}{F} \leq a \text{ [mm/kN]}$$ DIN EN 1995-1-1 (Gl. 7.3)

$$v \leq b^{(f_1 \xi - 1)} \text{ [m/Ns}^2\text{]}$$ DIN EN 1995-1-1 (Gl. 7.4)

Mit: w Anfangsverformung infolge einer Einzellast

v Einheitsimpulsgeschwindigkeitsreaktion

ξ modaler Dämpfungsgrad

Für die Holzbalkendecke des Beispiels gelten folgende Randbedingungen:

Stützweite des größten Deckenfeldes:	6,0 m
Stützweite des Nachbarfeldes:	2,5 m
Querschnitt Deckenbalken:	12/26 cm; GL24c; a = 62,5 cm
Breite eines Deckenfeldes:	6,0 m
Lastverteilung/Quersteifigkeit:	2 × 22 mm OSB-Platte
Eigengewicht/Masse:	140 kg/m²

Berechnung der äquivalenten Plattensteifigkeit der Holzbalkendecke

$$EI_1 = E \cdot \frac{b \cdot h^3}{12 \cdot a} = 13000 \cdot \frac{0{,}12 \cdot 0{,}26^3}{12 \cdot 0{,}625} \cdot 10^6 = 3{,}66 \cdot 10^6 \text{ Nm}^2\text{/m}$$

$$EI_q = 4930 \cdot \frac{1{,}0 \cdot 0{,}044^3}{12} \cdot 10^6 = 0{,}035 \cdot 10^6 \text{ Nm}^2\text{/m}$$

Berechnung der Eigenfrequenz der Holzbalkendecke

$$f_1 = \frac{\pi}{2 \cdot l^2} \cdot \sqrt{\frac{EI_1}{m}} = \frac{\pi}{2 \cdot 6{,}0^2} \cdot \sqrt{\frac{3{,}66 \cdot 10^6}{140}} = 7{,}05 \text{ Hz}$$

Da es sich bei der hier betrachteten Decke um ein Mehrfeldsystem handelt wird der Einfluss des Nachbarfeldes berücksichtigt und die Eigenfrequenz angepasst.

Die Anpassung erfolgt mit Hilfe des Faktors k_f. Dies ist dem Abschlussbericht des AiF-Forschungsvorhabens zur „Schwingungstechnischen Optimierung von Holz- und Holzverbunddecken“ entnommen.

$l_1/l = 2{,}5/6{,}0 = 0{,}41$

$k_f = 1{,}29$

l_1/l	1,0	0,9	0,8	0,7	0,6	0,5	0,4	0,3	0,2	0,1
k_f	1,0	1,09	1,15	1,20	1,24	1,27	1,30	1,33	1,38	1,42

Die Eigenfrequenz der Mehrfelddecke berechnet sich damit zu:

$$f_{1,3\text{-Feld}} = f_1 \cdot k_f = 7{,}05 \cdot 1{,}29 = 9{,}09 \text{ Hz} \geq 8 \text{ Hz}$$

Kontrolle der bezogenen Verformung:

$$\frac{w}{F} = \frac{\frac{1}{48} \cdot \frac{F \cdot l^3}{EI_1}}{F} = \frac{\frac{1}{48} \cdot \frac{1000 \cdot 6{,}0^3}{3{,}66 \cdot 10^6} \cdot 10^3}{1000} = 1{,}23 \text{ mm/kN} = a \leq 4{,}0 \text{ mm/kN}$$

Kontrolle der Einheitsimpulsgeschwindigkeitsreaktion

Aus der Abbildung 7.2 der DIN EN 1995-1-1 wird der Wert b ermittelt.

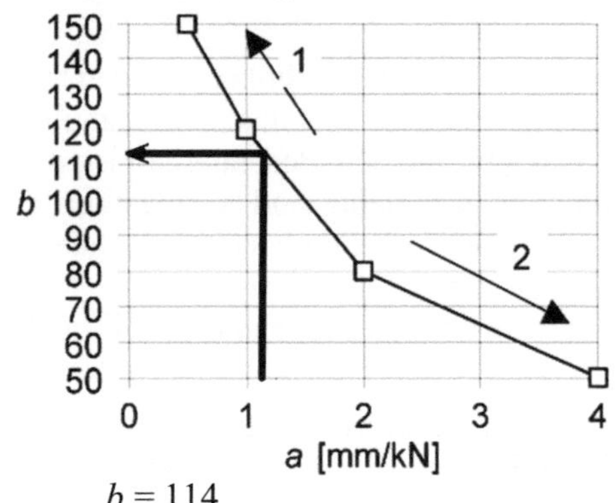

$b = 114$

$$n_{40} = \left\{ \left[\left(\frac{40}{f_1} \right)^2 - 1 \right] \cdot \left(\frac{b}{l} \right)^4 \cdot \left(\frac{EI_l}{EI_q} \right) \right\}^{0,25} \qquad \text{(DIN EN 1995-1-1; Gl. 7.7)}$$

$$n_{40} = \left\{ \left[\left(\frac{40}{9{,}09} \right)^2 - 1 \right] \cdot \left(\frac{6{,}0}{6{,}0} \right)^4 \cdot \left(\frac{3{,}66}{0{,}035} \right) \right\}^{0,25} = 6{,}62$$

$$v = \frac{4\,(0{,}4 + 0{,}6 \cdot n_{40})}{m \cdot b \cdot l + 200} \leq b^{(f_1\xi - 1)}\ [\mathrm{m/Ns^2}]$$

$$v = \frac{4\,(0{,}4 + 0{,}6 \cdot 6{,}62)}{140 \cdot 6{,}0 \cdot 6{,}0 + 200} = 0{,}00337$$

$$b^{(f_1\xi-1)} = 114^{(9{,}90 \cdot 0{,}01 - 1)} = 0{,}013 \qquad v = 0{,}00337 \leq 0{,}013 = b^{(f_1\xi-1)}$$

Die Forderungen des Schwingungsnachweises sind eingehalten, d.h. die Deckenkonstruktion kann als weitgehend schwingungsunanfällig betrachtet werden.

2.3.2 Brettsperrholzdecke

Als Alternative zu einer Holzbalkendecke wird hier die Berechnung einer Brettsperrholzdecke vorgestellt.

Grundsätzlicher Aufbau:

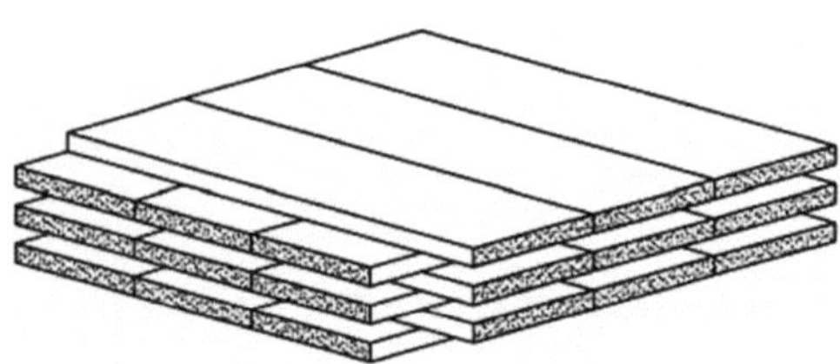

Abbildung 2.10: Prinzipieller Aufbau von Brettsperrholz

Die Bedeutung von Massivholzbauweisen besonders von Brettsperrholz hat in den letzten Jahren stark zugenommen. Als Brettsperrholz (BSP) bezeichnet man gekreuzt übereinander gestapelte Brettlagen, die miteinander verklebt sind. Die Besonderheit ist, dass die Querlagen bei einer plattenartigen Beanspruchung nachgiebig sind (vergleichbar zu mit Nägeln oder Schrauben verbundenen Brettlagen, nur wesentlich steifer). In diesen Querlagen tritt eine Schubbeanspruchung senkrecht zur Faser, der so genannte Rollschub, auf. Dieser ist gesondert zu betrachten und nachzuweisen, denn die Rollschubtragfähigkeit des Holzes ist sehr gering.

Grundsätzlich weisen flächige Massivholzbauteile bei geringerer Konstruktionshöhe als Holzbalkendecken eine höhere Tragfähigkeit und Steifigkeit auf und kommen daher vermehrt im mehrgeschossigen Wohnungsbau zum Einsatz.

System:

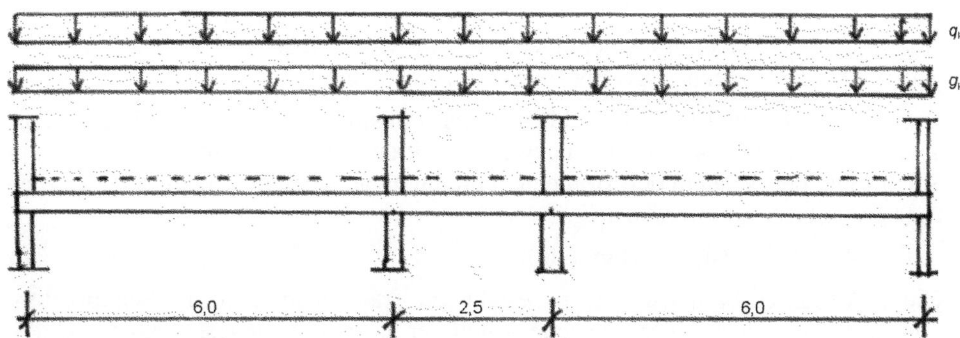

Abbildung 2.11: Systemdarstellung Brettsperrholzdecke

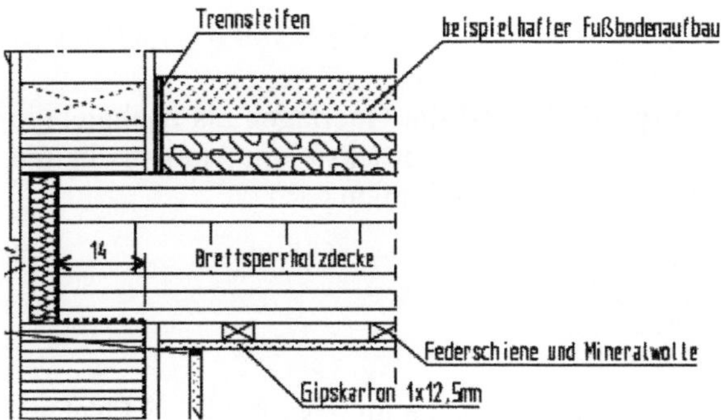

Abbildung 2.12: Deckenaufbau

Einwirkungen:

Ständige Einwirkungen:

Teppichboden		= 0,03 kN/m²
Estrich 5 cm		= 1,15 kN/m²
Trittschalldämmung 2 cm		= 0,02 kN/m²
Wabenschüttung (20 kN/m³), 2 · 3,0 cm		= 1,20 kN/m²
Brettsperrholzelemente		≈ 1,00 kN/m²
GK 12,5 mm und Federschiene		= 0,11 kN/m²
Summe der ständigen Einwirkungen	g_k	**= 3,51 kN/m²**

Veränderliche Einwirkungen:

Nutzlast (mit ausreichender Querverteilung)		= 1,50 kN/m²
Leichte Trennwände (Zuschlag für den Ausbau)		= 0,80 kN/m²
Summe der veränderlichen Einwirkungen	q_k	**= 2,30 kN/m²**

2.3.2.1 Berechnung nach dem γ-Verfahren

Bei der Berechnung muss der Verbund und die deutlich geringere Steifigkeit der Querlagen berücksichtigt werden. Es besteht die Möglichkeit nach dem sogenannten γ-Verfahren zu arbeiten. (DIN EN 1995-1-1, Anhang B)

Dieses Verfahren wurde für Einfeldträger und sinusförmige Lasten entwickelt, kann aber für Gleichstreckenlasten angewendet werden. Bei Mehrfeldträgern ist als Spannweite der Abstand der Momentennullpunkte anzunehmen. Dieser kann näherungsweise bestimmt werden aus

$l = 4/5 \cdot l_1$ (für das Randfeld)

Dieses Verfahren berücksichtigt im effektiven Trägheitsmoment die Schubverformungsanteile, indem der Steinersche Anteil der nachgiebig angeschlossenen Querschnittsteile abgemindert wird.

$$\gamma_i = \frac{1}{1 + \frac{\pi^2 E_i \cdot A_i \cdot s_i}{l^2 \cdot K_i}}$$ DIN EN 1995-1-1, Gl. (B. 5)

Für die Plattentragwirkung von Brettsperrholz sind die Querlagen als nachgiebige Zwischenschicht zu betrachten. Dieser Effekt wird berücksichtigt, indem für die Verschieblichkeit die Steifigkeit der Querlagen angenommen wird.

$$\frac{s_i}{K_i} = \frac{h_i}{G \cdot b} \qquad \gamma_i = \frac{1}{1 + \frac{\pi^2 E_0 \cdot A_i \cdot d_i}{l^2 \cdot G \cdot \mathrm{b}}}$$

Die Tragfähigkeit der Querlagen wird für die Berechnung des effektiven Flächenträgheitsmomentes 2. Grades nicht angesetzt.

$$I_{eff} = I_1 + I_2 + I_3 \cdot \gamma_1 \cdot a_1^2 \cdot A_1 + \gamma_2 \cdot a_2^2 \cdot A_2 + \gamma_3 \cdot a_3^2 \cdot A_3$$

Das Gamma-Verfahren ist nur für bis zu drei nachgiebig miteinander verbundene Schichten zugelassen.

Berechnung nach dem Schubanalogieverfahren

Ein Verfahren zur genaueren Berechnung von Verbundträgern bietet das Schubanalogieverfahren (DIN EN 1995-1-1/NA, NCI NA.5.6.3). Der Vorteil dieses Verfahrens liegt darin, dass beliebige Verbundquerschnitte und Auflagersituationen im Rechenmodell erfasst werden können.

2.3.2.2 Berechnung nach dem Modell „BSP-Graz"

Im BSPhandbuch [1] wird gezeigt, dass für die Bemessung bei baupraktischen Geometrieabmessungen mit $L/H > 15$ eine Berechnung nach der allgemeinen Theorie geschichteter Balken für gewöhnlich nicht erforderlich ist. Vergleichsberechnungen in Form von Parameterstudien haben gezeigt, dass in Abhängigkeit der Balkengeometrie empfohlene klassische linear-elastische Balkentheorien ausreichende Ergebnisgenauigkeit für die Bemessung liefern:

$L/H > 30$	Euler-Bernoulli-Balken
$15 < L/H < 30$	Timoshenko-Balken
$L/H < 15$	schubnachgiebiger mehrschichtiger Balken

Nachfolgend wird eine Berechnung mit der Berücksichtigung transversaler Schubbeanspruchung (Timoshenko-Balken) durchgeführt.

Biegesteifigkeit

Wie bereits beschrieben, führt der charakteristische Aufbau von Brettsperrholz mit abwechselnden Längs- und Querlagen und deren unterschiedlichen Materialeigenschaften dazu, dass diese unterschiedlichen Materialparameter bei der Berechnung der Biegesteifigkeit berücksichtigt werden müssen.

Für den erwähnten Timoshenko-Balken ergibt sich die effektive Biegesteifigkeit zu

$$EI_{\text{eff}} = \sum_{i \geq 1} (I_\text{i} \cdot E_\text{i}) + \sum_{i \geq 1} (A_\text{i} \cdot E_\text{i} \cdot e_\text{i}^2)$$

Die Annahme $E_{90} = 0$ führt auch in diesem Berechnungsmodell dazu, dass die Querlagen für die Biegesteifigkeit nicht angesetzt werden.

Schubsteifigkeit

Die Schubsteifigkeit des Querschnittes berechnet sich aus

$$S_{\text{ges}} = \sum_{i \geq 1} (G_\text{i} \cdot b_\text{i} \cdot t_\text{i}) = \sum_{i \geq 1} (G_\text{i} \cdot A_\text{i})$$

Hier ist die Materialkenngröße G_{90} nicht null zu setzten, denn die Querlagen sind für die Schubspannungsübertragung notwendig.

$$S_{\text{clt}} = S_{\text{ges}} \cdot \kappa$$

κ Schubkorrekturfaktor

S_{clt} Schubsteifigkeit des geschichteten Querschnitts (clt – cross-laminated-timber)

Vereinfachte Beziehung für die Berechnung des Schubkorrekturfaktors

$$\kappa_{3\text{s}} = \frac{5}{6} \cdot \frac{1}{\frac{1}{26^2} \cdot \left(2 + \cdot \frac{G_{90}}{G_0}\right) \cdot \left(120 \cdot \frac{G_0}{G_{90}} + 102\right)}$$

$$\kappa_{5\text{s}} = \frac{5}{6} \cdot \frac{1}{\frac{1}{99^2} \cdot \left(3 + 2 \cdot \frac{G_{90}}{G_0}\right) \cdot \left(960 \cdot \frac{G_0}{G_{90}} + 883\right)}$$

$$\kappa_{7\text{s}} = \frac{5}{6} \cdot \frac{1}{\frac{1}{244^2} \cdot \left(4 + 3 \cdot \frac{G_{90}}{G_0}\right) \cdot \left(4080 \cdot \frac{G_0}{G_{90}} + 3884\right)}$$

Für $G_0/G_{90} = 10$ ergeben sich die in Abbildung 2.13 angegebenen Werte.

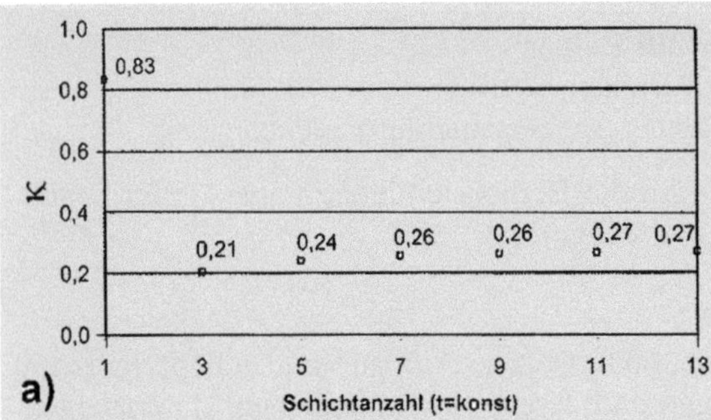

Abbildung 2.13: Schubkorrekturfaktor

Festigkeitswerte

Grundsätzlich orientieren sich die Festigkeitswerte für die verschiedenen Beanspruchungsarten des Brettsperrholzes an denen des Brettschichtholzes. Eine S10-Sortierung entspricht einer Festigkeitsklasse GL24h nach DIN 14080.

Für die Biegefestigkeit gilt, dass erhöhte Werte in Rechnung gestellt werden dürfen. Dies ist auf das „Sozial-Verhalten" von mehreren parallel im Verbund wirkenden Brettern in der Zugzone zurückzuführen. [1]

$f_{m,clt,k} = k_1 \cdot f_{m,BSH,k}$

$k_1 = \min\{1{,}1;\ 1 + 0{,}025 \cdot n\}$

n Anzahl der parallel beanspruchten Einzelbretter

Die Schubfestigkeit wird im Modell „BSP-Graz" mit 3,0 N/mm² angenommen. Die Rollschubfestigkeit wiederum wird um 25 % erhöht gegenüber der des Brettschichtholzes, was auf den Systemeffekt zurückzuführen ist.

Für die Beispieldecke ergibt sich demnach:

Gewählt: KLH 200,5s

BSP-Produkt mit Zulassung der Firma KLH: 5s 200mm DL
5 Schichten (Breite: 1.000 mm / Höhe: 200 mm)

$E_{0,mean} = 11\,600\ \text{N/mm}^2$
$G_{0,mean} = 720\ \text{N/mm}^2$
$G_{90,mean} = 72\ \text{N/mm}^2$

$$EI_{eff} = 3 \cdot 1000 \cdot \frac{40^3}{12} \cdot 11\,600 + 2 \cdot 1000 \cdot 40 \cdot 80^2 \cdot 11\,600 = 6{,}12 \cdot 10^{12}\ \text{N/mm}^2$$

$$S_{ges} = 720 \cdot 3 \cdot 40 \cdot 1000 + 72 \cdot 2\ 40 \cdot 1000 = 9{,}216 \cdot 10^7\ \text{N}$$

$$\kappa_{5s} = \frac{5}{6} \cdot \frac{1}{\frac{1}{99^2} \cdot \left(3 + 2 \cdot \frac{72}{720}\right) \cdot \left(960 \cdot \frac{720}{72} + 883\right)} = 0{,}243$$

$$S_{clt} = 9{,}216 \cdot 10^7 \cdot 0{,}243 = 2{,}218 \cdot 10^7\ \text{N}$$

Auflager- und Schnittgrößen (wurden mit einem Durchlaufträgerprogramm ermittelt)

Tabelle 2.3: Auflager- und Schnittgrößen der BSP-Decke

	$M_{\text{max,d}}$ [kNm]	$V_{\text{max,d}}$ [kN]	$B_{\text{v,d}}$ [kN]
Feld 1	26,09		
Stütze 2	–26,55	28,99	36,59

2.3.2.3 Nachweis der Tragfähigkeit

Biegespannungen:

$$\sigma_{\text{m,clt,d}} = \frac{M_{\text{d}}}{EI_{\text{eff}}} \cdot \left(e_{\text{i}} + \frac{t_{\text{i}}}{2}\right) \cdot E_{0,\text{mean}} = \frac{2609}{6{,}12 \cdot 10^7} \cdot \frac{20}{2} \cdot 1160 = 0{,}49\ \text{kN/cm}^2$$

$$f_{\text{m,clt,d}} = k_1 \cdot \frac{k_{\text{mod}} \cdot f_{\text{m,k}}}{\gamma_{\text{m}}} = 1{,}1 \cdot \frac{0{,}8 \cdot 2{,}4}{1{,}3} = 1{,}62\ \text{kN/cm}^2 \qquad \boxed{\frac{\sigma_{\text{m,clt,d}}}{f_{\text{m,clt,d}}} = \frac{0{,}49}{1{,}62} = 0{,}30 \leq 1}$$

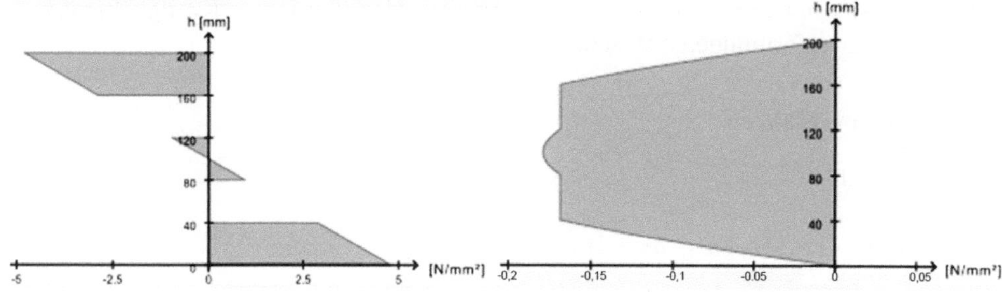

Abbildung 2.14: Normal- und Schubspannungsverteilung im fünfschichtigen BSP-Querschnitt

Schubspannungsnachweis: (in der neutralen Ebene)

$$p = (1{,}35 \cdot g_{\text{k}} + 1{,}5 \cdot q_{\text{k}}) = (1{,}35 \cdot 3{,}51 + 1{,}5 \cdot 2{,}3) = 8{,}19\ \text{kN/m}$$

$$V_{\text{d}} = V_{\text{max,d}} - p \cdot \left(\frac{a}{2} + h\right) = 28{,}99 - 8{,}19\,(0{,}07 + 0{,}20) = 26{,}78\ \text{kN}$$

$$\tau_{\text{v,d}} = \frac{V_{\text{max,d}} \cdot \sum (S_{\text{m}} \cdot E_{\text{m}})}{EI_{\text{eff}} \cdot b_{\text{i}}}$$

$$\tau_{\text{v,d}} = \frac{16{,}78 \cdot \left(4 \cdot 100 \cdot 8 \cdot 1160 + 1160 \cdot 100 \cdot \frac{4^2}{2}\right)}{6{,}12 \cdot 10^7 \cdot 100} = 0{,}020\ \text{kN/cm}^2$$

$$f_{\text{v,clt,d}} = \frac{k_{\text{mod}} \cdot f_{\text{v,k}}}{\gamma_{\text{M}}} = \frac{0{,}8 \cdot 0{,}3}{1{,}3} = 0{,}185\ \text{kN/cm}^2 \qquad \boxed{\frac{\tau_{\text{v,d}}}{f_{\text{v,clt,d}}} = \frac{0{,}020}{0{,}185} = 0{,}11 \leq 1}$$

Rollschubspannungsnachweis

$$\tau_{v,d} = \frac{26{,}78 \cdot (1160 \cdot 100 \cdot 8 \cdot 4)}{6{,}12 \cdot 10^7 \cdot 100} = 0{,}016 \text{ kN/cm}^2$$

$$f_{v,clt,d} = \frac{k_{mod} \cdot f_{v,k}}{\gamma_M} = \frac{0{,}8 \cdot 0{,}125}{1{,}3} = 0{,}077 \text{ kN/cm}^2$$

$$\boxed{\frac{\tau_{v,d}}{f_{r,clt,d}} = \frac{0{,}016}{0{,}077} = 0{,}21 \leq 1}$$

2.3.2.4 Nachweis der Gebrauchstauglichkeit

Die Verformungen sind mit Hilfe eines Durchlaufträgerprogrammes und den Biege- und Schubsteifigkeitseigenschaften ermittelt worden.

$$EI_{eff} = 6{,}12 \cdot 10^{12} \text{ N/mm}^2$$

$$S_{clt} = 2{,}218 \cdot 10^7 \text{ N}$$

Die Verformung bzw. hier die Durchbiegung kann zum einen mit Hilfe eines EDV-Programmes ermittelt werden. Hierbei ist aber darauf zu achten, dass bei der Verformungsberechnung die Verformungen aus der Querkraft, also die Schubverformungen, mit berücksichtigt werden, um realistische Durchbiegungen zu erhalten. Zum anderen gibt es die Möglichkeit, bei einer Berechnung „von Hand“ mit dem Kraftgrößenverfahren die Schubverformungen mit zu berücksichtigen.

Kraftgrößenverfahren

Allgemein gilt

$$\Delta s \cdot EI \cdot \overline{1} = \int M_0 \cdot M_1 \cdot dx + \int \kappa_Q \cdot \frac{V_0 \cdot V_1}{G \cdot A} \cdot dx$$

Dabei ermittelt der erste Teil den Anteil der Verformungen aus den Biegemomenten und der zweite Teil den Anteil der Verformungen aus der Querkraft.

Das Auflösen des Integrals ergibt

$$\Delta s = \frac{f \cdot M_0 \cdot M_1 \cdot l}{EI \cdot \overline{1}} + f \cdot \kappa_Q \cdot \frac{V_0 \cdot V_1}{G \cdot A} \cdot l$$

M_0	Biegemomentenfläche infolge gegebener Belastung
M_1	Biegemomentenfläche infolge virtueller Last kN
V_0	Querkraftfläche infolge gegebener Belastung
V_1	Querkraftfläche infolge virtueller Last kN
f	Tafelwert für die Überlagerung der Flächen
l	Länge

$G \cdot A = S_{clt}$

$E \cdot I = EI_{eff}$

Tabelle 2.4: Verformungsanteile

Lastfall	Verformung aus Biegung [mm]	Schubverformung [mm]	Gesamtverformung [mm]
g	5,9	0,2	6,1
q	4,0	0,1	4,1

In Tabelle 2.4 wird ersichtlich, dass der Schubverformungsanteil nicht einmal 5 % an der Gesamtverformung ausmacht.

Quasi-ständige Bemessungssituation:

$$w_{\text{inst}} = w_{\text{g}} + \psi_2 \cdot w_{\text{q}} \cdot = 0{,}61 + 0{,}3 \cdot 0{,}41 = 0{,}73 \text{ cm}$$

Endverformung:

$$w_{\text{q,fin}} = \psi_2 \cdot w_{\text{q,inst}} \cdot (1 + k_{\text{def}})$$

$$w_{\text{g,fin}} = w_{\text{g,inst}} \cdot (1 + k_{\text{def}})$$

Nach [1] erscheint eine Erhöhung des Verformungsbeiwertes um 10 % (gegenüber eindimensional geschichteten Holzwerkstoffen wie z. B. BSH) sinnvoll, um die Langzeitverformungen der auf Schub senkrecht zur Faser beanspruchten Querlagen zu berücksichtigen.

$k_{\text{def}} = 0{,}85$ (NKL1; Brettsperrholz) [1]

$$w_{\text{g,fin}} = 0{,}61 \cdot (1 + 0{,}85) = 1{,}13 \text{ cm}$$

mit: $\psi_2 = 0{,}3$ (Nutzlast A, Wohnräume)

$$w_{\text{q,fin}} = 0{,}3 \cdot 0{,}41 \cdot (1 + 0{,}85) = 0{,}23 \text{ cm}$$

$$w_{\text{fin}} = w_{\text{g,fin}} + w_{\text{q,fin}} = 1{,}13 + 0{,}23 = 1{,}36$$

$w_{\text{fin}} - w_0 \leq l/200$ $\boxed{1{,}36 - 0 \leq 600/200 = 3{,}00 \text{ cm}}$

Seltene Bemessungssituation:

$w_{\text{q,inst}} \leq l/300$ $\boxed{w_{\text{q,inst}} = 0{,}46 \leq 600/300 = 2{,}00 \text{ cm}}$

$w_{\text{fin}} - w_{\text{q,inst}} \leq l/200$ $\boxed{1{,}31 - 0{,}46 = 0{,}85 < 600/200 = 3{,}0 \text{ cm}}$

2.3.2.5 Genauere Schwingungsnachweise

Das Schwingungsverhalten von Decken wird vom Nutzer, abhängig von dem Verhältnis zum Bauwerk und zur Aktivität unterschiedlich bewertet. Entscheidend ist, ob der Nutzer sich in einem engen Bezug zum Verursacher (z. B. Zuschauer oder Aktiver mit sportlicher Betätigung) befindet oder sich durch den Verursacher eher gestört fühlt (z. B. Nachbarskinder).

Aus diesem Grund werden die dynamischen Eigenschaften von Decken in Abhängigkeit von ihrer Nutzung und Einbaulage in drei Kategorien eingeteilt.

Tabelle 2.5: Zusammenhang zwischen subjektiver Bewertung und Nutzung [3]

	Decken zwischen unterschiedlichen Nutzungseinheiten Bewertung 1,0 bis 1,5	Decken innerhalb einer Nutzungseinheit Bewertung 1,5 bis 2,5	Keine Anforderungen an das Schwingungsverhalten
Im Rahmen des Vorhabens untersuchte Raumnutzung bzw. Einbaulage	z. B. Flure mit kurzen Spannweiten z. B. für Nutzungen als Wohnungstrenndecken in Mehrfamilienhäusern, Decken in Büros mit PC-Nutzung oder Besprechungsräume	z. B. Decken in üblichen Einfamilienhäusern, Decken im Bestand, oder mit Zustimmung des Bauherren	z. B. Decken unter nicht genutzten Räumen oder nicht ausgebauten Dachräumen
Beschreibung der Empfindungen des Schwingungsverhaltens	Schwingungen werden gar nicht oder nur gering spürbar, wenn man sich darauf konzentriert und nicht als störend empfunden	Schwingungen werden als spürbar, jedoch nicht als störend empfunden	Schwingungen werden als spürbar bis deutlich spürbar, unangenehm und auch teilweise störend empfunden
Frequenzkriterium $f_0 \geq f_{grenz}$	$f_{grenz} = 8$ HZ	$f_{grenz} = 6$ Hz	
Steifigkeitskriterium $w\,(2\text{ kN}) \leq w_{grenz}$	$w_{grenz} = 0{,}5$ mm	$w_{grenz} = 1{,}0$ mm	
Genauere Untersuchungen nur wenn: $f_0 \leq f_{grenz}$	$f_{min} < f_0 < f_{grenz}$ $f_{min} = 4{,}5$ Hz $a_{grenz} = 0{,}05\ \text{m/s}^2$	$f_{min} < f_0 < f_{grenz}$ $f_{min} = 4{,}5$ Hz $a_{grenz} = 0{,}1\ \text{m/s}^2$	

Besonders bei Decken mit großen Spannweiten wird die Forderung nach einer Grenzfrequenz bemessungsrelevant. Es besteht aber die Möglichkeit, Konstruktionen mit einer kleineren Eigenfrequenz als der Grenzfrequenz auszuführen, wenn die Schwingbeschleunigung a_{grenz} und vor allem das Steifigkeitskriterium erfüllt wird.

Frequenzkriterium

Ziel dieses Kriteriums ist es, dass die Eigenfrequenz der Deckenkonstruktion möglichst weit entfernt liegt von der Schrittfrequenz (ca. 2 Hz). Die Grenzfrequenz von 8 Hz, die auch im EC5 und in den Erläuterungen zur DIN 1052 empfohlen wird, führt dazu, dass die Eigenfrequenz weder mit der ersten Eigenfrequenz noch mit der zweiten und dritten übereinander liegt und es somit zu Resonanzeffekten kommen kann.

Die Eigenfrequenz von Einfeldträgern lässt dich relativ einfach bestimmen

$$f = \frac{\pi}{2 \cdot l^2} \cdot \sqrt{\frac{EI}{q}}$$ q Belastung für die quasi-ständige Bemessungssituation

Alternativ kann die Eigenfrequenz auch aus der Durchbiegung berechnet werden

$$f = \frac{5}{\sqrt{0{,}8 \cdot w_q}}$$

w_q Durchbiegung in der quasi-ständigen Bemessungssituation

Die Eigenfrequenz von Durchlaufträgern verhält sich günstiger als bei Einfeldsystemen, denn die mitschwingende Masse ist größer, was dazu führt, dass das System kürzer schwingt.

Bei Mehrfeldträgern darf ersatzweise am Einfeldträger mit gleicher Spannweite gerechnet werden, wobei die elastische Einspannung berücksichtigt wird. Die Berechnung der Eigenfrequenz aus der Durchbiegung, wie dies bei Einfeldträgern möglich ist, darf bei Mehrfeldträgern nicht angewendet werden.

Tabelle 2.6: Beiwert für Mehrfeldsysteme aus den Erläuterungen zur DIN 1052

l_1/l	1,0	0,9	0,8	0,7	0,6	0,5
k_f	1,0	1,09	1,15	1,2	1,24	1,27
l_1/l	0,5	0,4	0,3	0,2	0,1	0
k_f	1,27	1,30	1,33	1,38	1,42	1,56

Eigenfrequenz für Mehrfeldträger

$$f_1 = k_f \cdot f_0 \quad \text{mit} \quad f_0 = \frac{\pi}{2 \cdot l^2} \cdot \sqrt{\frac{EI}{q}}$$

Berücksichtigung der Quersteifigkeit

Nach Richter [17] darf bei der Frequenzbetrachtung die Quersteifigkeit der Ausbaukonstruktion mit berücksichtigt werden. Darunter fallen z. B. Estrichfußböden oder Schalungen; es ist aber immer auf die örtlichen Gegebenheiten zu achten wie Installationsführungen oder Ähnliches.

$$f_{\text{Platte}} = f_{\text{Balken}} \cdot \sqrt{1 + \frac{1}{\alpha^4}} \qquad \alpha = \frac{b}{l} \cdot \sqrt[4]{\frac{EI_l}{EI_q}}$$

b Spannweite in Querrichtung oder Deckenbreite
EI_q effektive Biegesteifigkeit in Querrichtung
EI_l effektive Biegesteifigkeit in Längsrichtung

Steifigkeitskriterium

Das Steifigkeitskriterium ist nach Hamm [6] und Richter [17] mindestens ebenso wichtig wie das Frequenzkriterium. Hierbei wird das dynamische Verhalten von Decken untersucht, bei der einmaligen Anregung durch einen längeren Impuls, wie z. B. einem „Fußauftritt". Um die Schwingungsantwort zu begrenzen, wurde das Steifigkeitskriterium eingeführt, denn die Steifigkeit einer Decke ist maßgebend für deren Schwingungsanfälligkeit. Hierbei sollte die Durchbiegung unter einer virtuellen Last von 2 kN in der Feldmitte einen bestimmten Wert nicht übersteigen.

Die Durchbiegung wird für einachsig gespannte Decken (und auch für Mehrfeldträger) am ideellen beidseitig gelenkig gelagerten Einfeldträger bestimmt. Die Durchlaufwirkung bei Mehrfeldträgern darf **nicht** berücksichtigt werden. Zweiachsig gespannte Decken (z. B. Massivholzdecken aus Brettsperrholz) können als Trägerrost gerechnet werden. Für beide Fälle darf die Steifigkeit aus der Summe der Biegesteifigkeiten der Rohdecke und des Estrichs ohne Verbundwirkung (ohne Steinersche Anteile) angenommen werden (besondere Betrachtung bei einer Installationsführung im Estrich und bei Fugen). Bei der Lagerung der Decke auf Unterzügen muss die Durchbiegung der Unterzüge ebenfalls berücksichtigt werden. Die Summe der Durchbiegungen aus Decke und Unterzug sollte die Grenzwerte einhalten.

Schwingbeschleunigung

Beim Gehen, Laufen, Hüpfen usw. werden periodische Kräfte auf die Deckenkonstruktion abgegeben. Dies kann zu Resonanzeffekten führen wenn die Anregung (z. B. mit der Schrittfrequenz von 2 Hz) einem Drittel oder der Hälfte der Eigenfrequenz der Decke entspricht; die Decke schaukelt sich auf.

Um dies auszuschließen wird die Schwingbeschleunigung begrenzt.

$$a = \frac{56}{m \cdot b \cdot l \cdot \xi \cdot \gamma} \text{ in } [\text{m/s}^2]$$

m Masse $= m \cdot \frac{b}{2} \cdot \frac{l}{2}$

ξ Dämpfungsmaß in %, nach Tabelle 2.7 der Erläuterungen zur DIN 1052
γ Beiwert zur Berücksichtigung von Mehrfeldsystemen, nach Tabelle 2.8

Tabelle 2.7: Dämpfungen nach DIN 1052 E.9.3

Deckenaufbau	ζ
Decken ohne Aufbau	0,01
Decken aus verleimten Brettstapelelementen mit schwimmendem Estrich	0,02
Holzbalkendecken und mechanisch verbundene Brettstapeldecken mit schwimmendem Estrich	0,03

Hinweis:
Ein modaler Dämpfungsgrad von 1 % kann auf der sicheren Seite liegend immer angesetzt werden. Für höhere Werte sind die genauen Deckenaufbauten anzugeben.

Tabelle 2.8: Beiwert für Mehrfeldsysteme

l_1/l	1,0	0,9	0,8	0,7	0,6	0,5
γ	2,0	1,4	1,15	1,05	1,0	0,969
l_1/l	0,4	0,3	0,2	0,1	0	0,4
γ	0,951	0,934	0,927	0,918	0,912	0,951

Weitere Untersuchungen

Schwinggeschwindigkeit

Die Schwinggeschwindigkeit untersucht das dynamische Verhalten bei Anregung durch einen Impuls mit sehr kurzer Einwirkungsdauer. Dies tritt z. B. bei einem „Fersenauftritt“ ein.

Wirkt auf einen Balken ein Impuls, schwingt er in seiner Eigenfrequenz mit der Anfangsgeschwindigkeit. Aufgrund des Impulserhaltungssatzes ist die Masse der Decke entscheidend für deren Schwinggeschwindigkeit. Diese berechnet sich für einachsig gespannte Decken

$$v = \frac{55}{m \cdot e \cdot \frac{l}{2} + 50} \text{ [m/s]}$$

e Balkenabstand
m mitschwingende Masse

und für zweiachsig gespannte Deckenplatten

$$v = \frac{0,6}{m^{0,5} \cdot (EI_l)^{0,25} \cdot (EI_l)^{0,25}} \text{ [m/s]}$$

Ein Nachweis der Schwinggeschwindigkeit wird in der Praxis nicht geführt, da häufig bereits die Rohdecken die Anforderungen erfüllen. Bei „üblichem“ Schallschutzaufbau wird der Nachweis nach Richter [17] nicht maßgebend.

Auf Unterzügen gelagerte Decken

Bei Deckenkonstruktionen, die auf Unterzügen gelagert werden, muss das Gesamtsystem die einzelnen Anforderungen und Kriterien erfüllen.

Die Eigenfrequenz eines Systems aus einer auf einem Unterzug gelagerten Holzbalkendecke berechnet sich

$$f_{Ges} = \sqrt{\frac{1}{\frac{1}{f^2_{0,Holzträger}} + \frac{1}{3 \cdot f^2_{0,UZ}}}}$$

Dies kann sinngemäß auch für Mehrfelddecken angewendet werden, bei denen der Unterzug das Mittelauflager darstellt. Hier sollte der Unterzug nach Hamm [2] eine Mindestbiegesteifigkeit aufweisen.

$$EI_{Unterzug} \leq 0{,}0667 \cdot EI_{quer} \cdot l \cdot \left(\frac{EI_{längs} \cdot b^4}{EI_{quer} \cdot l^4} - 1 \right)$$

Für $EI_{quer} = 0$ ergibt sich
$EI_{Unterzug} \geq 0{,}667 \cdot EI_{längs} \cdot b^4/l^3$

2.3.2.6 Beispiel eines Schwingungsnachweises

Frequenzkriterium

Eigenfrequenz für Mehrfeldträger

$$f_1 = k_f \cdot f_0 \qquad \text{mit} \qquad f_0 = \frac{\pi}{2 \cdot l^2} \cdot \sqrt{\frac{EI}{q}}$$

k_f nach Tabelle 2.6, Beiwert für Mehrfeldsysteme

Für die Beispielbrettsperrholzdecke ergibt sich eine quasi-ständige Masse von

$$q = (g_k + \psi_2 \cdot q_k) = (3{,}51 + 0{,}3 \cdot 1{,}5) = 3{,}96 \text{ kN/m}$$

$$m = 396 \text{ kg/m}^2$$

$$EI_{eff} = 6{,}12 \cdot 10^{12} \text{ N/mm}^2$$

$$f_0 = \frac{\pi}{2 \cdot l^2} \cdot \sqrt{\frac{EI_{eff}}{q}} = \frac{\pi}{2 \cdot 6^2} \cdot \sqrt{\frac{6{,}12 \cdot 10^6}{396}} = 5{,}42 \text{ HZ}$$

$$f_1 = k_f \cdot f_0 = 1{,}3 \cdot 5{,}42 = 7{,}0 \text{ HZ} < 8 \text{ Hz}$$

Berücksichtigung der Quersteifigkeit

$$f_{Platte} = f_{Balken} \cdot \sqrt{1 + \frac{1}{\alpha^4}} \qquad \alpha = \frac{b}{l} \cdot \sqrt[4]{\frac{EI_l}{EI_q}}$$

b Spannweite in Querrichtung oder Deckenbreite

EI_q effektive Biegesteifigkeit in Querrichtung

EI_l effektive Biegesteifigkeit in Längsrichtung

$$EI_{\text{quer}} = 2 \cdot 1000 \cdot \frac{40^3}{12} \cdot 11\,600 + 2 \cdot 1000 \cdot 40 \cdot 40^2 \cdot 11\,600 = 1{,}61 \cdot 10^{12}\ \text{N/mm}^2$$

$b = 5$ m

$$\alpha = \frac{b}{l} \cdot \sqrt[4]{\frac{EI_l}{EI_q}} = \frac{5}{6} \cdot \sqrt[4]{\frac{6{,}12}{1{,}61}} = 1{,}164$$

$$f_{\text{Platte}} = f_{\text{Balken}} \cdot \sqrt{1 + \frac{1}{\alpha^4}} = 7{,}0 \cdot \sqrt{1 + \frac{1}{1{,}164^4}} = 8{,}7\ \text{Hz} > 8\ \text{Hz}$$

Kontrolle der bezogenen Verformung:

$$\frac{w}{F} = \frac{\frac{1}{48} \cdot \frac{F \cdot l^3}{EI_l}}{F} = \frac{\frac{1}{48} \cdot \frac{1000 \cdot 6{,}0^3}{6{,}12 \cdot 10^6} \cdot 10^3}{1000} = 0{,}74\ \text{mm/kN} = a \leq 4{,}0\ \text{mm/kN}$$

Kontrolle der Einheitsimpulsgeschwindigkeitsreaktion

Aus der Abbildung 7.2 der DIN EN 1995-1-1 wird der Wert b ermittelt.

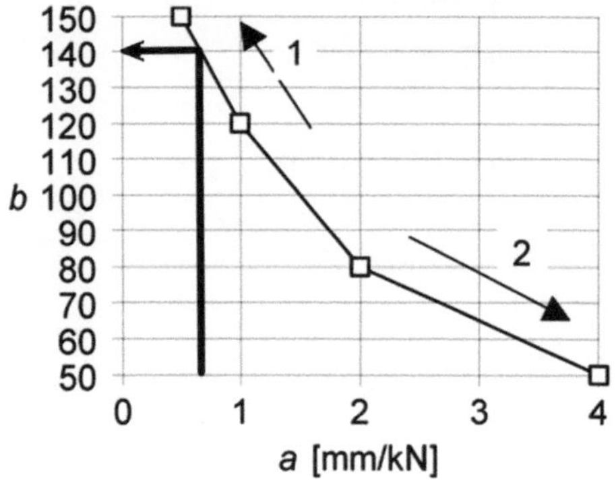

$b = 140$

$$n_{40} = \left\{ \left[\left(\frac{40}{f_1} \right)^2 - 1 \right] \cdot \left(\frac{b}{l} \right)^4 \cdot \left(\frac{EI_l}{EI_q} \right) \right\}^{0{,}25}$$ (DIN EN 1995-1-1; Gl. 7.7)

$$n_{40} = \left\{ \left[\left(\frac{40}{8{,}7} \right)^2 - 1 \right] \cdot \left(\frac{6{,}0}{6{,}0} \right)^4 \cdot \left(\frac{6{,}12}{1{,}61} \right) \right\}^{0{,}25} = 2{,}96$$

$$v = \frac{4\,(0{,}4 + 0{,}6 \cdot n_{40})}{m \cdot b \cdot l + 200} \leq b^{(f_1\xi - 1)}\ [\text{m/Ns}^2]$$

$$v = \frac{4\,(0{,}4 + 0{,}6 \cdot 2{,}96)}{350 \cdot 6{,}0 \cdot 6{,}0 + 200} = 0{,}0012$$

$b^{(f_1\xi - 1)} = 140^{(8{,}7 \cdot 0{,}01 - 1)} = 0{,}011$ $\qquad v = 0{,}0012 \leq 0{,}011 = b^{(f_1\xi - 1)}$

Die Forderungen des Schwingungsnachweises sind eingehalten, d. h. die Deckenkonstruktion kann als weitgehend schwingungsunanfällig betrachtet werden. Genauere Schwingungsbetrachtungen sind in diesem Beispiel nicht erforderlich.

2.3.3 Brettschichtholz-Unterzug

System

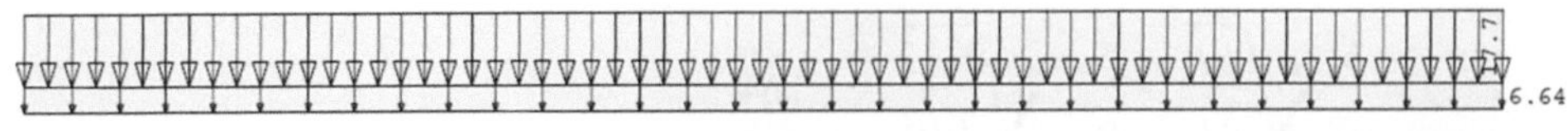

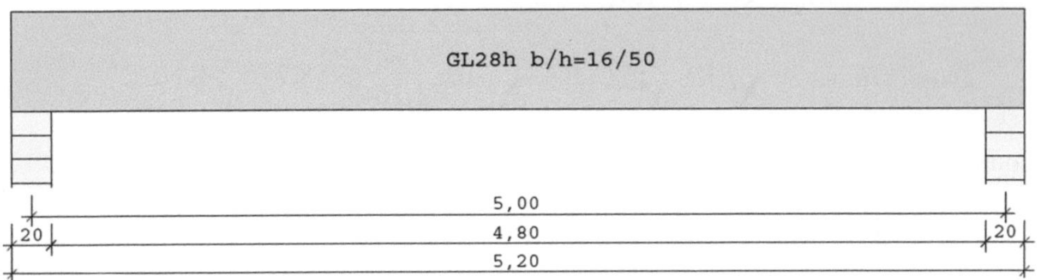

Einwirkungen

Ständige Einwirkungen

Eigengewicht Unterzug $g_k = 0,40$ kN/m

Eigengewicht der Decken $g_k = 6,64$ kN/m

Veränderliche Einwirkungen

Verkehrslast aus den Decken $q_k = 17,68$ kN/m

	Lastfall	
	g	q
M_k	22,0	55,3
V_k	17,6	44,2
$B_{v,k} = A_{v,k}$	17,6	44,2

Maßgebende Schnittgrößen

$M_d = 112,58$ kN/m

$V_d = 90,1$ kN

$V_{d,red} = 72,1$ kN

2.3.3.1 Nachweis der Tragfähigkeit

Gewählt: 16/50 cm, GL28h

Biegespannung

$$\frac{\sigma_{m,d}}{f_{m,d}} = \frac{1,69}{1,72} = 0,98 < 1$$

Schubspannung

$$\frac{\tau_{v,d}}{f_{v,d}} = \frac{0{,}190}{0{,}215} = 0{,}88 < 1$$

Nachweis der Querdruckpressung

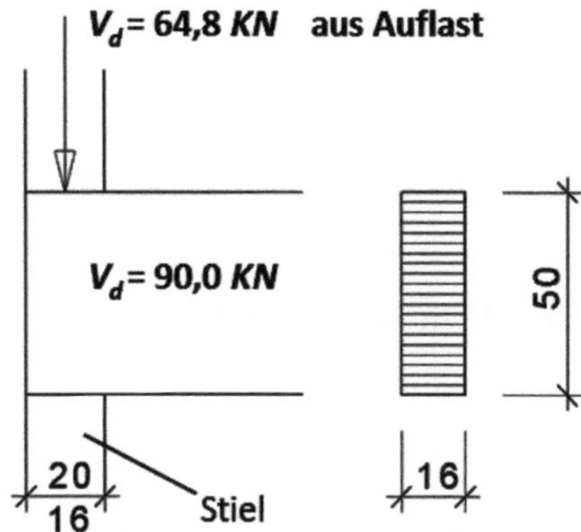

$V_d = 90{,}0 + 64{,}8 = 154{,}8$ kN

Gewählt: Stützenquerschnitt 20/16 cm

Anrechenbare Aufstandsfläche

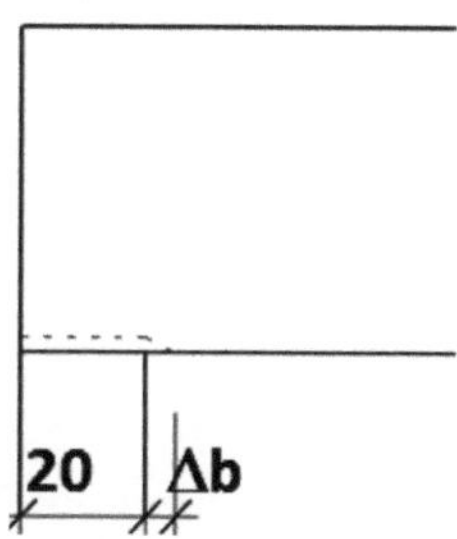

$\Delta b = 3{,}0$ cm

$A_{ef} = (b + \Delta b) \cdot h = (20 + 3) \cdot 16 = 368$ cm^2

$$\sigma_{c,90,d} = \frac{154{,}8}{368} = 0{,}421 \text{ kN/cm}^2$$

$$f_{c,90,d} = \frac{0{,}8 \cdot 0{,}3}{1{,}3} = 0{,}185 \text{ kN/cm}^2$$

$k_{c90} = 1{,}75$ (Brettschichtholz bei Auflagerdruck)

k_{c90} wenn $l_1 < 2{,}0$ h

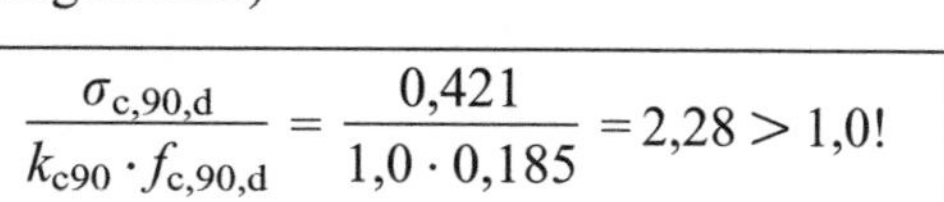

$$\frac{\sigma_{c,90,d}}{k_{c90} \cdot f_{c,90,d}} = \frac{0{,}421}{1{,}0 \cdot 0{,}185} = 2{,}28 > 1{,}0!$$

Nachweis nicht erfüllt!

Es muss eine Auflagerverstärkung vorgesehen werden. Nachfolgend ist eine Möglichkeit dargestellt, das Auflager mit Vollgewindeschrauben zu verstärken.

Neugewählt: Auflagerverstärkung durch Vollgewindeschrauben
Vollgewindeschrauben, $l_s = 400$ mm, $d = 8$ mm

System

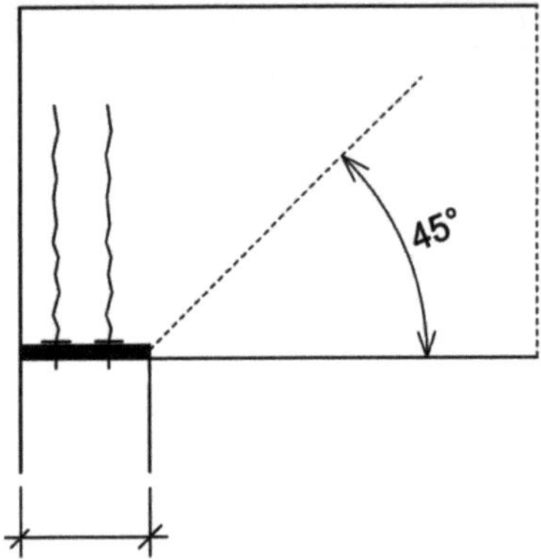

Bemessung erfolgt nach der allgemeinen bauaufsichtlichen Zulassung
(hier z. B. Z-9.1-519 oder ETA-12/0114)

Schraubentragfähigkeit auf Hineindrücken

$R_{ax,d} = f_{1,d} \cdot l_s \cdot d$

$f_{1,k} = 80 \cdot 10^{-6} \cdot \rho_k^{\,2} = 80 \cdot 10^{-6} \cdot 410^2 = 13{,}45 \text{ N/mm}^2$

$\rho_k = 410 \text{ kg/m}^3$ (für GL28h)

$$f_{1,d} = \frac{k_{mod} \cdot f_{1,k}}{\gamma_M} = \frac{0{,}8 \cdot 13{,}45}{1{,}3} = 8{,}28 \text{ N/mm}^2$$

$R_{ax,d} = f_{1,d} \cdot l_s \cdot d = 8{,}28 \cdot 10^{-3} \cdot 400 \cdot 8 = 26{,}5 \text{ kN}$ (je Schraube)

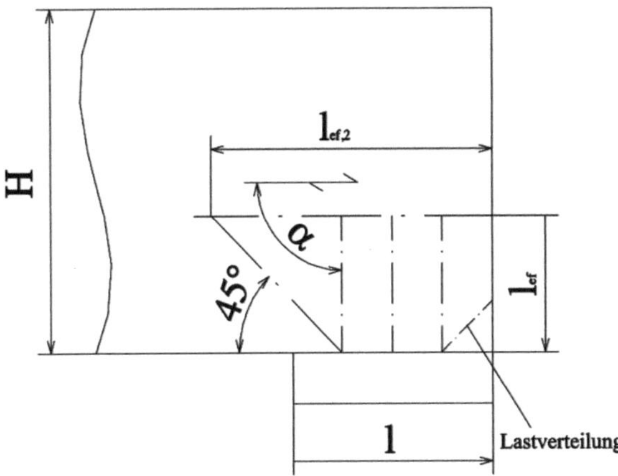

Abbildung 2.15: Auflagerverstärkung durch Vollgewindeschrauben, Auszug aus ETA-12/0114

Es wird zum einen die Tragfähigkeit direkt am Auflager nachgewiesen als Summe der Schraubentragfähigkeit plus die Querdrucktragfähigkeit des Holzes und zum anderen die Tragfähigkeit des Holzes direkt über der Schraubenspitze unter der Annahme der Lastausbreitung unter 45° (siehe Abbildung 2.15).

$$R_{90,d} = \min \left\{ \begin{array}{l} k_{c90} \cdot b \cdot l_{ef,1} \cdot f_{c,90,d} + n \cdot \min \{R_{ax,d}; R_{ki,d}\} \\ b \cdot l_{ef,2} \cdot f_{c,90,d} \end{array} \right\}$$

$l_{ef,1}$ effektive Auflagerlänge
$l_{ef,2}$ wirksame Auflagerlänge in der Ebene der Schraubenspitzen
b Auflagerbreite

Tabelle 2.9: Tragfähigkeit auf Ausknicken (aus allg. bauaufsichtlicher Zulassung)

ρ_k	Bemessungwert der Tragfähigkeit auf Ausknicken $R_{ki,d}$ in N	
	$d_1 = 6$ mm	$d_1 = 8$ mm
310	4900	9400
350	5000	9600
380	5100	9800
410	5100	9900
450	5200	10100

$R_{ki,d} = 9{,}9$ kN

Gewählt: 9 Stk. Vollgewindeschrauben, $d = 8$ mm, $l = 400$ mm

$$R_{90,d} = \min \left\{ \begin{array}{l} k_{c,90} \cdot b \cdot l_{ef,1} \cdot f_{c,90,d} + n \cdot \min \{R_{ax,d}; R_{ki,d}\} \\ b \cdot l_{ef,2} \cdot f_{c,90,d} \end{array} \right\}$$

$l_{ef,1} = l + \Delta l = 23$ cm

$l_{ef,2} = 6 + 2 \cdot 4 + 40 = 54$ cm

$n = 9$

$b = 16$ cm

$$R_{90,d} = \min \left\{ \begin{array}{l} 1{,}0 \cdot 16 \cdot 23 \cdot 0{,}185 + 9 \cdot 9{,}9 \\ 16 \cdot 54 \cdot 0{,}185 \end{array} \right\} = \min \left\{ \begin{array}{l} 157{,}2 \\ 159{,}8 \end{array} \right\} = 157{,}2 \text{ kN}$$

$$\frac{A_v}{R_{90,d}} = \frac{154{,}8}{157{,}2} = 0{,}98 \leq 1{,}0$$

Die Tragfähigkeit des verstärkten Trägerauflagers ist durch das Erreichen der Querdruckfestigkeit des Holzes oberhalb der Schraubenspitze und durch das Ausknicken der Schrauben im Holz begrenzt.

Aus diesem Grund kann die aufnehmbare Kraftkomponente rechtwinklig zur Holzfaser durch eine größere Schraubenlänge nicht mehr gesteigert werden.

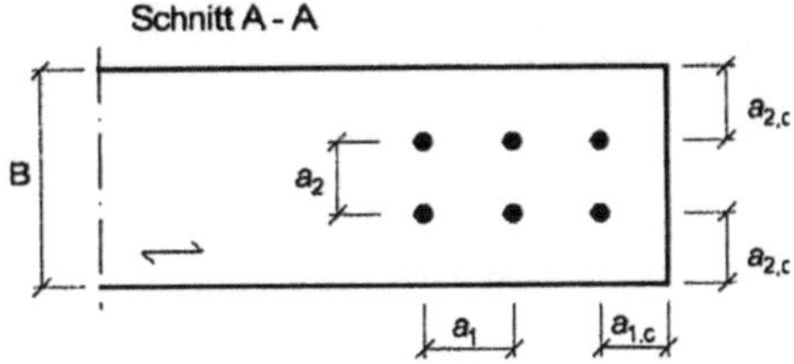

Randabstände:

a_1	$5d$	$5 \cdot 8 =$	40 mm
a_2	$5d$	$5 \cdot 8 =$	40 mm
$a_{1,c}$	$5d$	$5 \cdot 8 =$	40 mm
$a_{2,c}$	$4d$	$4 \cdot 8 =$	32 mm

Abbildung 2.16: Randabstand von Vollgewindeschrauben

2.3.3.2 Detail: Trägerdurchbruch

Im Bereich von Durchbrüchen treten planmäßig Querzugspannungen auf. Da der Werkstoff Holz nur geringe Querzugfestigkeiten aufweist sind hier besondere Nachweise erforderlich.

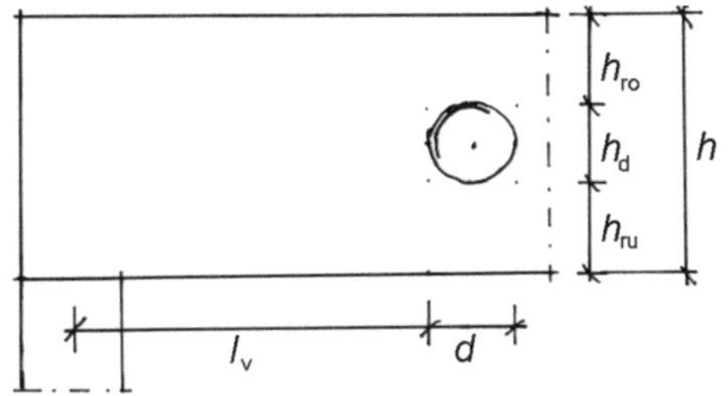

Randbedingungen:

$l_v > h$	700 mm > 500 mm
$h_{ro} \geq 0{,}35\,h$	$175\text{ mm} = 0{,}35 \times 500$
$d \leq 0{,}4\,h$	$150\text{ mm} < 0{,}4 \times 200$

$$\frac{F_{t,90,d}}{0{,}5 \cdot l_{t,90} \cdot b \cdot k_{t,90} \cdot f_{t,90,d}} \leq 1{,}0$$

Mit: b Trägerbreite

$f_{t,90,d}$ Bemessungswert der Querzugfestigkeit

$k_{t,90} = \min\{1; (450/h)^{0,5}\}$

und $l_{t,90} = 0{,}5 \cdot (h_d + h)$ für rechteckige Durchbrüche

$l_{t,90} = 0{,}353 \cdot h_d + 0{,}5 \cdot h$ für runde Durchbrüche

Dabei setzt sich die Querzugbeanspruchung aus zwei Anteilen zusammen.

$$F_{t,90,d} = F_{t,V,d} + F_{t,M,d}$$

$$F_{t,V,d} = \frac{V_d \cdot h_d}{4 \cdot h} \cdot \left[3 - \frac{h_d^2}{h^2}\right]$$

$$F_{t,M,d} = 0{,}008 \cdot \frac{M_d}{h_r}$$

Mit: V_d Bemessungswert der Querkraft am Durchbruchsrand

M_d Bemessungswert des Biegemomentes am Durchbruchsrand

$h_r = \min\{h_{ro}; h_{ru}\}$ für rechteckige Durchbrüche

$h_r = \min\{h_{ro} + 0{,}15 \cdot h_d;\ h_{ru} + 0{,}15 \cdot h_d\}$ für runde Durchbrüche

Es ergeben sich folgende Schnittgrößen für den Beispielträger:

Nachweisstelle	Querkraft V_d [kN]	Biegemoment M_d [kNm]
links	64,8	54,2
Mitte	62,0	59,3
rechts	59,4	63,5

Nachweis am linken Durchbruchsrand:

Nach DIN EN 1995-1-1/NA darf für runde Durchbrüche h_d mit 0,7 h_d eingesetzt werden. Dies berücksichtigt die günstigere Spannungsverteilung bei runden Durchbrüchen.

$$F_{t,V,d} = \frac{V_d \cdot h_d}{4 \cdot h} \cdot \left[3 - \frac{h_d^2}{h^2}\right] = \frac{64{,}8 \cdot 105}{4 \cdot 500} \cdot \left[3 - \frac{105^2}{500^2}\right] = 10{,}1 \text{ kN}$$

$$h_r \min \{175 + 0{,}15 \cdot 150;\ 175 + 0{,}15 \cdot 150\} = \min \{198;\ 198\} = 198$$

$$F_{t,M,d} = 0{,}008 \cdot \frac{M_d}{h_r} = 0{,}008 \cdot \frac{54{,}2}{0{,}198} = 2{,}19 \text{ kN}$$

$$F_{t,90,d} = F_{t,V,d} = 10{,}1 + 2{,}2 = 12{,}3 \text{ kN}$$

Die Querzugtragfähigkeit ergibt sich zu:

$$R_{t,90,d} = 0{,}5 \cdot l_{t,90} \cdot b \cdot k_{t,90} \cdot f_{t,90,d}$$

Mit: $l_{t,90} = 0{,}353 \cdot 150 + 0{,}5 \cdot 500 = 303$ mm

$k_{t,90} = \min \{1;\ (450/500)^{0,5}\} = 0{,}95$

$f_{t,90,d} = f_{t,90,k} \cdot k_{mod}/\gamma_M = 0{,}5 \cdot 0{,}8/1{,}3 = 0{,}308 \text{ N/mm}^2$

$R_{t,90,d} = 0{,}5 \cdot l_{t,90} \cdot b \cdot k_{t,90} \cdot f_{t,90,d} = 0{,}5 \cdot 303 \cdot 160 \cdot 0{,}95 \cdot 0{,}308 \cdot 10^{-3} = 7{,}1 \text{ kN}$

$$\frac{F_{t,90,d}}{R_{t,90,d}} = \frac{12{,}3}{7{,}1} = 1{,}73 > 1{,}0!$$

Der Nachweis ist nicht erfüllt. Die Querzugtragfähigkeit für unverstärkte Durchbrüche ist nicht ausreichend.

Nachweis am rechten Durchbruchsrand:

$$F_{t,V,d} = \frac{V_d \cdot h_d}{4 \cdot h} \cdot \left[3 - \frac{h_d^2}{h^2}\right] = \frac{59{,}4 \cdot 105}{4 \cdot 500} \cdot \left[3 - \frac{105^2}{500^2}\right] = 9{,}2 \text{ kN}$$

$$F_{t,M,d} = 0{,}008 \cdot \frac{M_d}{h_r} = 0{,}008 \cdot \frac{63{,}5}{0{,}198} = 2{,}56 \text{ kN}$$

$$F_{t,90,d} = F_{t,V,d} + F_{t,M,d} = 9{,}2 + 2{,}56 = 11{,}8 \text{ kN} > 8{,}0 \text{ kN}$$

Nachweis der Querzugverstärkung

Die Vielzahl der zur Verfügung stehenden Schrauben und deren einfache Montage führen dazu, dass in der Praxis sehr häufig Querzugverstärkungen durch selbstbohrende Vollgewindeschrauben ausgeführt werden.

Gewählt: Querzugverstärkung durch Vollgewindeschrauben
Vollgewindeschrauben, $l_s = 450$ mm, $d = 8$ mm

Für den Nachweis der Verstärkung darf die Querzugtragfähigkeit des Holzes nicht angesetzt werden. Die Querzugverstärkung in Form von Vollgewindeschrauben ist für die gesamte Querzugbeanspruchung nachzuweisen.

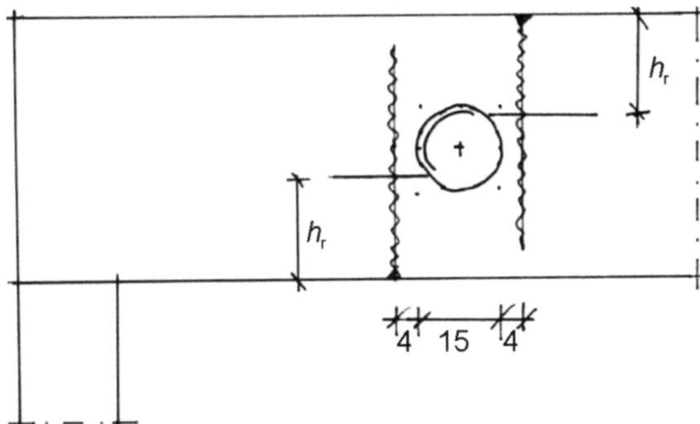

Abbildung 2.17: Querzugverstärkter Durchbruch mit Vollgewindeschrauben

Bemessung erfolgt nach der allgemeinen bauaufsichtlichen Zulassung
(hier z. B. Z-9.1-519 oder ETA-12/0114)

Schraubentragfähigkeit auf Herausziehen

$$r_{ax,d} = f_{t,d} \cdot l_S \cdot d$$

Mit: $f_{1,k} = 80 \cdot 10^{-6} \cdot \rho_k{}^2 = 80 \cdot 10^{-6} \cdot 419^2 = 13{,}45\ \text{N/mm}^2$

$\rho_k = 410\ \text{kg/m}^3$ (für GL28h)

$$f_{1,d} = \frac{k_{mod} \cdot f_{1,k}}{\gamma_M} = \frac{0{,}8 \cdot 13{,}45}{1{,}3} = 8{,}28\ \text{N/mm}^2$$

$R_{ax,d} = f_{1,d} \cdot l_s \cdot d = 8{,}28 \cdot 10^{-3} \cdot 198 \cdot 8 = 13{,}1\ \text{kN}$ (je Schraube)

Zugtragfähigkeit der Schraube (im Kernquerschnitt)

$R_{t,u,d} = R_{t,u,k}/\gamma_M = 17{,}0/1{,}3 = 13{,}1\ \text{kN}$

Gewählt: 2×2 Stk. Vollgewindeschrauben, $d = 8$ mm, $l = 450$ mm

$$\frac{F_{t,90,d}}{n \cdot R_{ax,d}} = \frac{12{,}3}{2 \cdot 13{,}1} = 0{,}46 > 1{,}0$$

Nachweis in der Durchbruchsmitte

In der Mitte des Durchbruchcs ist zusätzlich der Nachweis unter Berücksichtigung der Querschnittsschwächung also mit dem Nettoquerschnitt zu führen.

Biegespannung

$$\frac{\sigma_{\mathrm{m,d}}}{f_{\mathrm{m,d}}} = \frac{0{,}91}{1{,}72} = 0{,}52 < 1$$

Schubspannung

Die Schubspannung wird anteilig auf den oberen und unteren Querschnittsteil verteilt.

$$\frac{\tau_{\mathrm{v,d}}}{f_{\mathrm{v,d}}} = \frac{0{,}15}{0{,}21} = 0{,}71 < 1$$

2.3.3.3 Schwingungsberechnung

Eigenfrequenz

$$f = \frac{1}{2\pi} \cdot \sqrt{\frac{C}{m}}$$

C Federkonstante

m Masse

Die Federkonstante für Einfeldträger ist $C = \dfrac{48 \cdot E \cdot I}{l^3}$

Für jedes System ist die Federkonstante der Kehrwert der Durchbiegung aus der virtuellen Belastung von $\overline{1}$.

$$C = \frac{1}{\Delta s}$$

Für die Masse wird auch hier die Masse in der quasi-ständigen Bemessungssituation angesetzt.

$$m = 0{,}5 \cdot g \cdot l = 0{,}5 \cdot (g_{\mathrm{k}} + \psi_2 \cdot q_{\mathrm{k}}) \cdot l$$

Mit: $g_{\mathrm{k}} = 7{,}04$ kN/m

$q = 17{,}68$ kN/m $\quad \psi_2 = 0{,}3 \quad$ (Nutzlast A; Wohnräume)

$$m = 0{,}5 \cdot (7{,}04 + 0{,}3 \cdot 17{,}68) \cdot 5 \cdot 10^2 = 3086 \text{ kg}$$

Die Federkonstante für die Mitte des ersten Feldes des Dreifeldträgers ist demzufolge

$$C = \frac{48 \cdot E \cdot I}{l^3} = \frac{48 \cdot 1260 \cdot 166{,}667}{5{,}0^3} \cdot 10^{-1} = 8{,}06 \cdot 10^6 \text{ N/m}$$

Die Eigenfrequenz des Unterzuges beträgt

$$f = \frac{1}{2\,\pi} \cdot \sqrt{\frac{8{,}06 \cdot 10^6}{3086}} = 8{,}13 \text{ Hz}$$

Für Decken die auf Unterzügen lagern, kann die Gesamteigenfrequenz [4] berechnet werden nach

$$f_{\text{Ges}} = \sqrt{\frac{1}{\frac{1}{f^2_{0,\text{Holzträger}}} + \frac{1}{3 \cdot f^2_{0,\text{UZ}}}}}$$

Mit: $f_{0,\text{Holzträger}} = 6{,}9$ Hz Eigenfrequenz der Holzbalkendecke

$$f_{\text{Ges}} = \sqrt{\frac{1}{\frac{1}{6{,}9^2} + \frac{1}{3 \cdot 8{,}1^2}}}$$

Die Mindeststeifigkeit von Unterzügen, auf denen Decken lagern [4], beträgt

$$EI_{\text{Unterzug}} \geq 0{,}667 \cdot EI_{\text{quer}} \cdot l \cdot \left(\frac{EI_{\text{längs}} \cdot b^4}{EI_{\text{quer}} \cdot l^4} - 1\right)$$

Für $EI_{\text{quer}} = 0$ ergibt sich

$EI_{\text{Unterzug}} \geq 0{,}667 \cdot EI_{\text{längs}} \cdot b^4/l^3$

$EI_{\text{Unterzug}} \geq 0{,}667 \cdot 1260 \cdot 17{,}576 \cdot 62{,}5^4/600^3 = 1{,}04 \cdot 10^6$ kN/cm²

$EI_{\text{Unterzug,vorh}} = 1260 \cdot 166{,}667 = 2{,}1 \cdot 10^8$ kN/cm²

Die Anforderung an die Mindeststeifigkeit ist eingehalten.

2.4 Aussteifungskonzept

Abtragung von Horizontallasten

Es gibt unterschiedliche Möglichkeiten zur Gebäudeaussteifung. Während früher Bauwerke häufig durch Verbände oder Rahmen ausgesteift wurden, ist es im modernen Holzbau üblich, über Scheiben die Abtragung der Horizontallasten zu gewährleisten. Derzeit sind drei Varianten solcher Scheibenausbildung in der Praxis anzutreffen.

- Holztafelelemente
- Brettstapelelemente mit Beplankung
- Brettsperrholzelemente

2.4.1 Aussteifung durch Holztafeln

Eine Holztafel ist ein flächiges Bauteil, welches in seiner Ebene wirkende Lasten aufnehmen und weiterleiten kann, also eine Scheibentragwirkung besitzt.

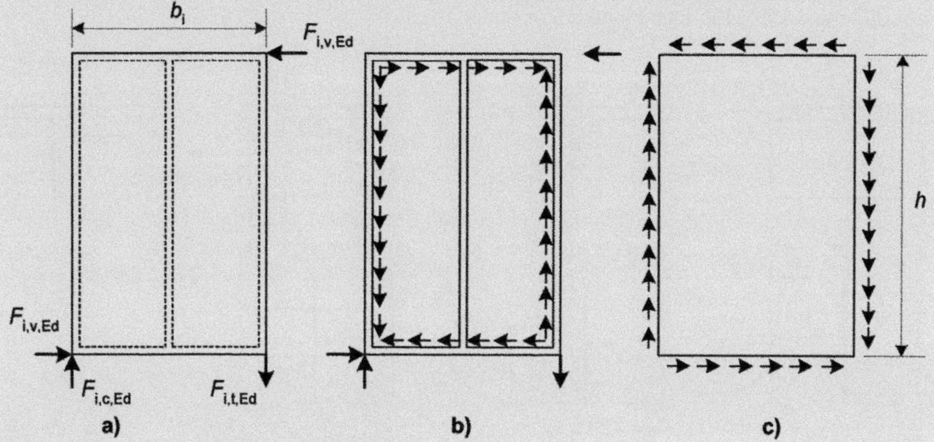

Abbildung 2.18: System einer Holztafel
a) äußeren Kräfte
b) Beanspruchung der Rippen
c) Beanspruchung der Beplankung

Eine Holztafel ist ein Verbund aus Kopf-, Fuß-, Rand- und gegebenenfalls Innenrippe und einer, durch Verbindungsmitteln kontinuierlich angeschlossenen, Beplankung. Als Verbindungmittel können Nägel, Sondernägel, Klammern und Schrauben verwendet werden (zusätzlich gibt es die Möglichkeit geklebte Tafeln herzustellen). Bei der Beplankung kommen Gipskarton-, Gipsfaser-, OSB-, Hartfaser- und Holzweichfaserplatten zum Einsatz. Die Rippen wiederum sind Vollholz-, BSH- oder Furnierschichtholzquerschnitte, aber auch geklebte Stegquerschnitte aus Holzwerkstoffen finden Verwendung.

Abbildung 2.19 zeigt die möglichen Plattenanordnungen einer Tafel, wobei freie Plattenränder nur bei Dach- und Deckentafeln zulässig sind, alle anderen Plattenstöße müssen mit Stoßhölzern schubsteif verbunden werden. Abbildung 2.20 zeigt mögliche Ausführungen der Stöße.

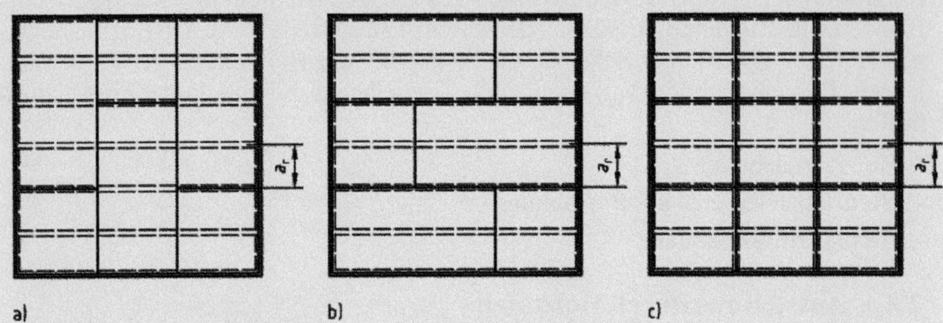

a) Reihen quer zu den Innenrippen
b) Reihen parallel zu den Innenrippen
c) Plattenstöße nicht versetzt (nur zulässig bei durch Stoßhölzer schubsteif verbundenen Platten)

Abbildung 2.19: Mögliche Plattenanordnungen

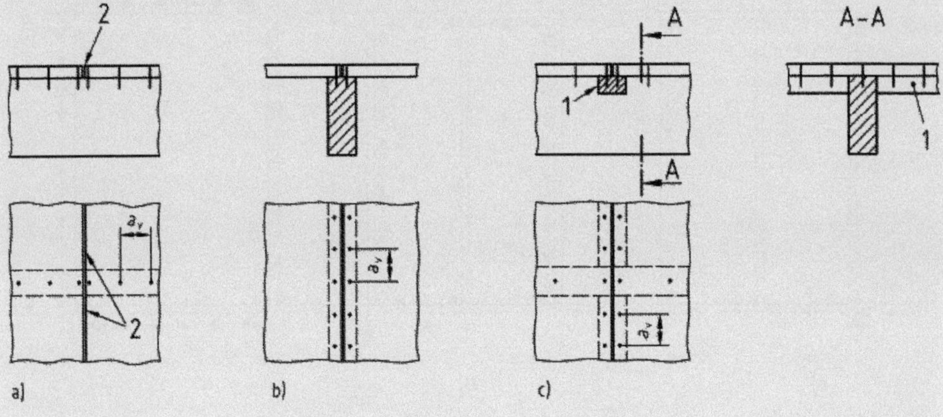

a) freie Plattenränder

b) Platten schubsteif über eine Rippe verbunden

c) Platten schubsteif über Stoßhölzer verbunden

Legende
1 Stoßholz
2 freie Plattenränder

Abbildung 2.20: Ausbildung der Plattenränder

2.4.1.1 Ideales Schubfeldmodell

Abbildung 2.21 zeigt das statische Modell für das ideale Schubfeld [3]. Bei horizontal beanspruchten Tafeln wird nur der Schubfluss parallel zum Rand berücksichtigt. Voraussetzung dafür ist natürlich der umlaufende schubfeste Anschluss der Beplankung an die Rippen.

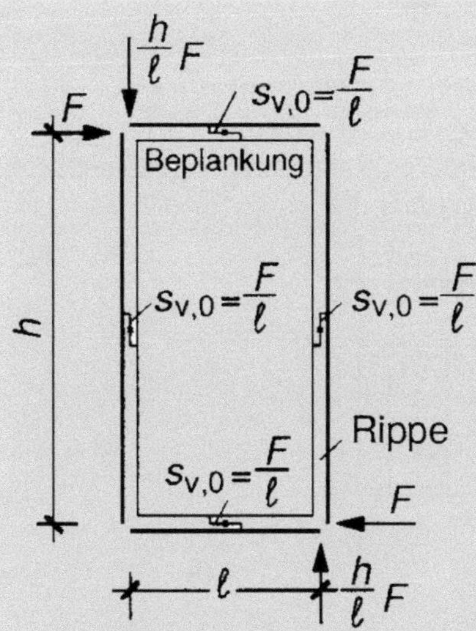

Abbildung 2.21: Statisches System Schubfeldmodell [3]

Abbildung 2.22 zeigt die Schubbeanspruchungen des Verbundes ($s_{v,0}$) und die Normalkraftverteilung in den Rippen.

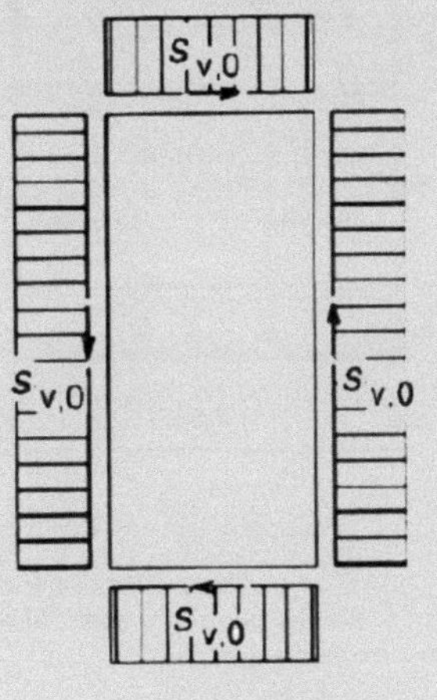

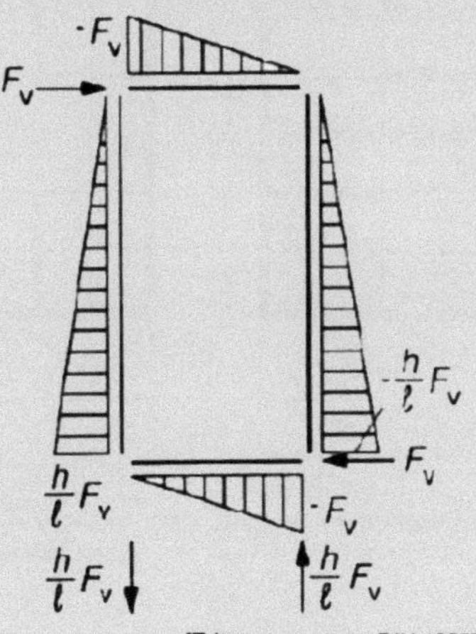

Abbildung 2.22: Ideale Beanspruchung des Verbundes [3]

Der parallele Schubfluss berechnet sich allgemein $s_{v,0,d} = \frac{F_{v,d}}{l}$

Die Beplankung wird auf Zug, Druck, Schub und Beulen beansprucht.

2.4.1.2 Dach- und Deckentafeln

Dach- und Deckentafeln sind nach DIN EN 1995-1-1, Abschnitt 9.2.3 rechteckige Tafeln, die in ihrer Ebene an ihrem oberen und unteren Rand durch eine Gleichstreckenlast in Richtung der Tafelhöhe beansprucht werden.

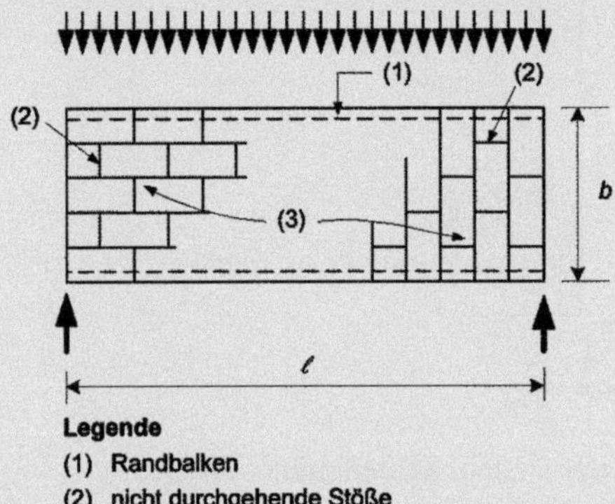

Abbildung 2.23: System einer Deckentafel mit Pattenanordnung

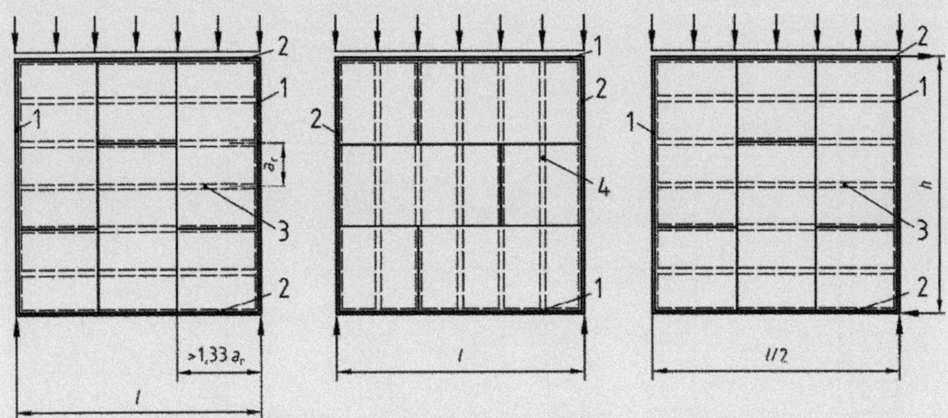

Abbildung 2.24: Dach- und Deckentafeln – Lasteinleitung und Lagerung

Abbildung 2.24c zeigt eine mögliche Kragarmscheibe. Freie Plattenränder sind nur bei Dach- und Deckentafeln und unter folgenden Bedingungen zulässig:

- die Platten sind um mindestens einen Rippenabstand a_r versetzt angeordnet,
- die Seitenlänge der Platten in Rippenrichtung beträgt mindestens 1,33 a_r,
- die Platten sind auch an die Rippen, auf denen die Platten nicht gestoßen sind, mit Verbindungsmitteln im Abstand a_v angeschlossen,
- die Stützweite l der Tafel beträgt weniger 12,5 m oder es sind höchstens drei Plattenreihen vorhanden,
- die Tafelhöhe h in Lastrichtung beträgt mindestens $l/4$,
- der Bemessungswert der Einwirkung ist nicht größer als 5,0 kN/m.

Die Tafelhöhe h darf bei Tafeln, bei denen die Last über Rippen (Verteiler) in die Tafel eingeleitet wird (Abbildung 2.24b), die über die volle Tafelhöhe durchgehen, rechnerisch nicht größer als die Stützweite l angesetzt werden.

Wenn das Tragverhalten nicht genauer berechnet und die Lasteinleitung nicht nachgewiesen wird, ist bei anderen Systemen (Abbildung 2.24a) die rechnerische Tafelhöhe h_{ef} bei Last auf beide Ränder verteilt nicht größer als $l/2$ und bei Last auf einem Rand nicht größer als $l/4$ anzusetzen.

2.4.1.3 Wandtafeln

Eine Wandtafel ist DIN EN 1995-1-1, Abschnitt 9.2.4 eine rechteckige Tafel mit in regelmäßigen Abständen angeordneten lotrechten Rippen und horizontalen Kopf- und Fußrippen. Diese wird horizontal und evtl. vertikal belastet. Die seitlichen Rippen sind druckfest und bei geringer Auflast auch zugfest zu verankern. Die Beplankung besteht aus max. einmal horizontal gestoßenen Platten (wenn der Stoß schubsteif ausgeführt wird) mit einer Mindestbreite von $h/4$.

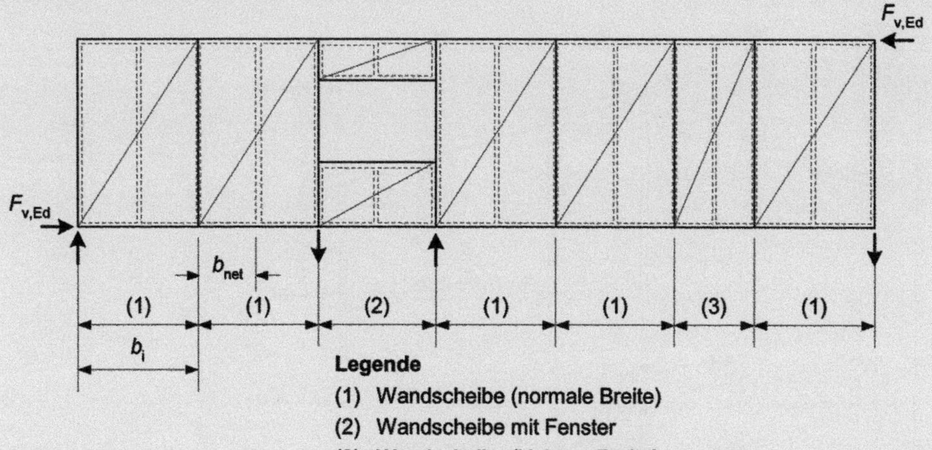

Abbildung 2.25: Wandtafel

Es werden nur Wandscheiben ohne Öffnungen angesetzt und jede muss für sich verankert sein. Ein Nachweis der horizontalen Verformungen darf entfallen wenn

- die Tafellänge mindestens $h/4$ beträgt,
- die Breite der Platten mindestens $h/4$ beträgt,
- die Tafel direkt in einer steifen Unterkonstruktion gelagert ist.

2.4.1.4 Aufteilung der Horizontallasten auf die einzelnen Wandtafeln

Lastannahme

Windlasten

Windzone 2, Geländekategorie II	$q = 0{,}68\ \text{kN/m}^2$
$C_{\text{pe,D}} = 0{,}80$ (Winddruck)	$w_{\text{k,D}} = 0{,}8 \cdot 0{,}68 = 0{,}54\ \text{kN/m}^2$
$C_{\text{pe,E}} = 0{,}50$ (Windsog)	$w_{\text{k,D}} = 0{,}5 \cdot 0{,}68 = 0{,}34\ \text{kN/m}^2$

Windlast je Geschoss in x-Richtung

$$W_{1x} = (0{,}54 + 0{,}34) \cdot 14{,}5 \cdot 5{,}2/2 = 33{,}2\ \text{kN}$$

$$W_{2x} = (0{,}54 + 0{,}34) \cdot 14{,}5 \cdot (3{,}0/2 + 5{,}2/2) = 52{,}3\ \text{kN}$$

$$W_{3x} = (0{,}54 + 0{,}34) \cdot 14{,}5 \cdot 3{,}0 = 38{,}3\ \text{kN}$$

Windlast je Geschoss in y-Richtung

$$W_{1y} = (0{,}54 + 0{,}34) \cdot 30{,}0 \cdot 5{,}2/2 = 68{,}6\ \text{kN}$$

$$W_{2y} = (0{,}54 + 0{,}34) \cdot 30{,}0 \cdot (3{,}0/2 + 5{,}2/2) = 108{,}2\ \text{kN}$$

$$W_{3y} = (0{,}54 + 0{,}34) \cdot 30{,}0 \cdot 3{,}0 = 79{,}2\ \text{kN}$$

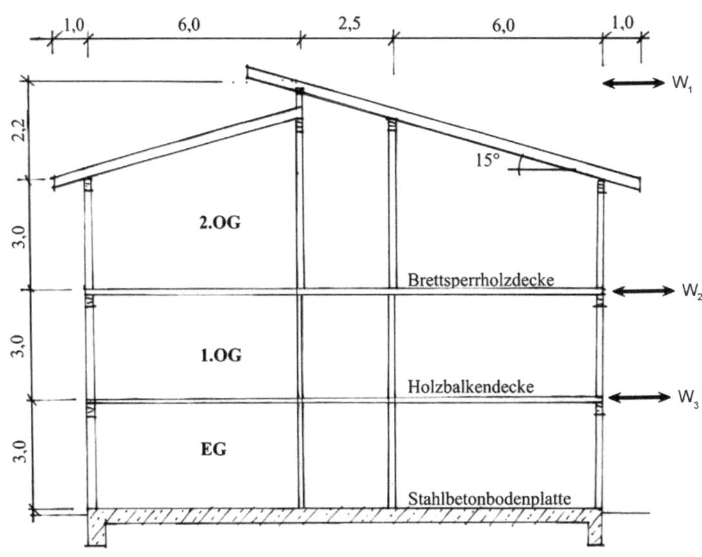

Abbildung 2.26: Windlast je Geschoss

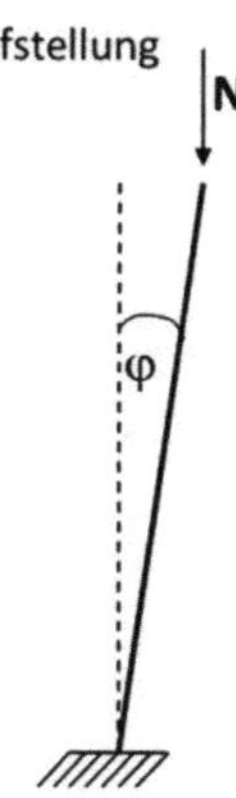

Aussteifungslasten

infolge Schiefstellung nach DIN EN 1995-1-1, Abschnitt 5.4.4

Vorverdrehung

$$\varphi = 0{,}005 \cdot \sqrt{\frac{5}{h}} = 0{,}005 \cdot \sqrt{\frac{5}{10{,}6}} = 0{,}0034°$$

(für Gebäudehöhe > 5 m)

Maximale Vertikalkraft

$V_{\text{max}} \approx 3 \cdot 14{,}5 \cdot 30 \cdot (2{,}0 + 2{,}3) \approx 5612\ \text{kN}$
(Deckeneigengewicht + Verkehrslast und Trennwandzuschlag)

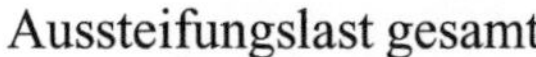

Aussteifungslast gesamt

$A_{\text{k}} = 0{,}0034 \cdot V_{\text{max}} = 0{,}0034 \cdot 5612 = 19{,}1\ \text{kN}$

Aussteifungslast je Geschoss

$A_{\text{k}}^{*} = A_{\text{k}}/3 = 19{,}1/3 = 6{,}4\ \text{kN}$

Horizontallasten je Geschoss

Horizontallasten je Geschoss in x-Richtung

$$\left.\begin{aligned} F_{\text{H1x}} &= 33{,}2 + 6{,}4 = 39{,}6\ \text{kN} \\ F_{\text{H2x}} &= 52{,}3 + 6{,}4 = 58{,}7\ \text{kN} \\ F_{\text{H3x}} &= 38{,}3 + 6{,}4 = 44{,}7\ \text{kN} \end{aligned}\right\} \quad F_{\text{Hx,ges}} = 143\ \text{kN}$$

Horizontallasten je Geschoss in y-Richtung

$$\left.\begin{aligned} F_{\text{H1x}} &= 68{,}6 + 6{,}4 = 75{,}0\ \text{kN} \\ F_{\text{H2x}} &= 108{,}2 + 6{,}4 = 114{,}6\ \text{kN} \\ F_{\text{H3x}} &= 79{,}2 + 6{,}4 = 85{,}6\ \text{kN} \end{aligned}\right\} \quad F_{\text{Hy,ges}} = 275{,}2\ \text{kN}$$

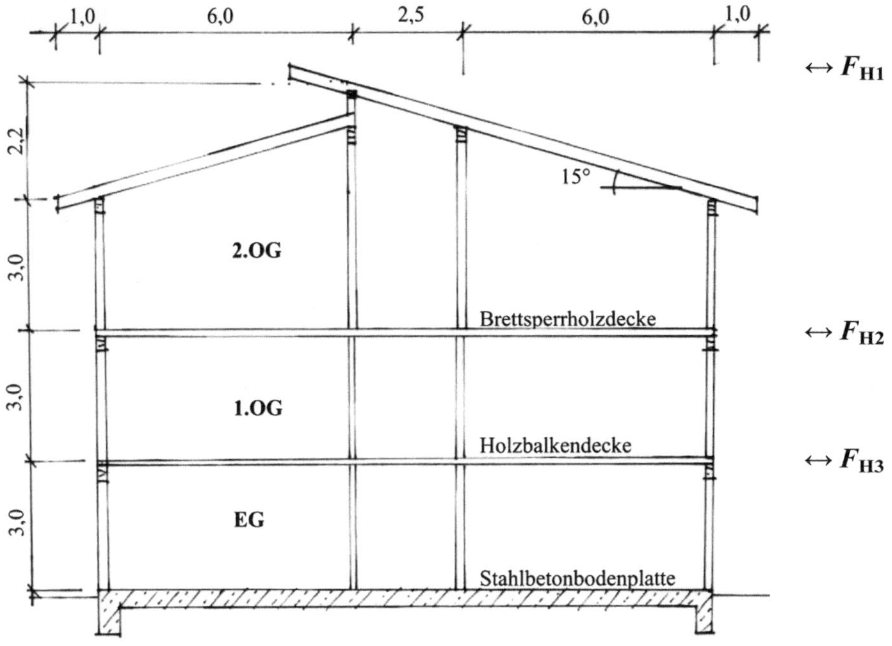

Abbildung 2.27: Horizontallasten je Geschoss

Bestimmung des Schwerpunktes der aussteifenden Wände

$$y_S = \frac{\sum_{i=1}^{4} J^*_{x,i} \cdot y_i}{\Sigma J^*_{x,i}} \qquad \text{für } J^* = l \qquad x_S = \frac{\sum_{i=1}^{4} J^*_{y,i} \cdot x_i}{\Sigma J^*_{y,i}}$$

Mit $J^* = l$, da der Aufbau der aussteifenden Wände als identisch angenommen wird, kann vereinfachend eine Verteilung der Horizontallasten proportional zur Wändlänge vorgenommen werden.

$$y_s = \frac{24{,}0 \cdot 6{,}0 + 16 \cdot 8{,}5}{24{,}0 + 16{,}0} = 7{,}0\,\text{m}$$

$$x_s = \frac{2 \cdot 6{,}0 \cdot 0 + 6{,}0 \cdot 15{,}0 + 6 \cdot 18{,}5 + 2 \cdot 6{,}0 \cdot 30{,}0}{6 \cdot 6{,}0} = 15{,}58\,\text{m}$$

Die Wandtafeln Nr. 7 bis 10 und 11 bis 16 werden vereinfachend zu einer Wandtafel zusammengefasst.

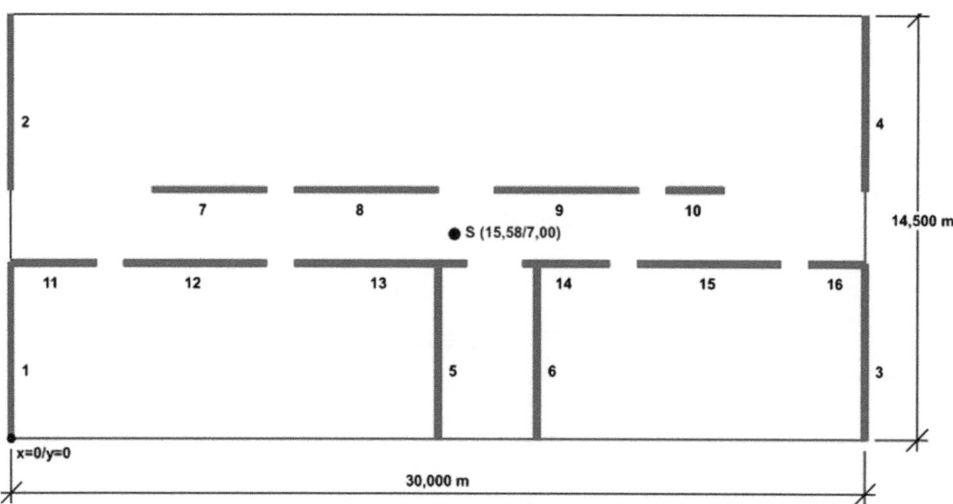

Abbildung 2.28: Grundriss EG mit Schwerpunkt der aussteifenden Wandtafeln

Die Aufteilung der Horizontallasten erfolgt allgemein nach:

$$F_{xi} = F_{H,x} \cdot \frac{J^*_{xi}}{\Sigma J^*_{xi}} \pm \frac{M_e \cdot y_i \cdot J^*_{xi}}{\Sigma J^*_{yi} \cdot x_i^2 + \Sigma J^*_{xi} \cdot y_i^2}$$

$$F_{yi} = F_{H,y} \cdot \frac{J^*_{yi}}{\Sigma J^*_{yi}} \pm \frac{M_e \cdot x_i \cdot J^*_{yi}}{\Sigma J^*_{yi} \cdot x_i^2 + \Sigma J^*_{xi} \cdot y_i^2}$$

mit $J^* = l$, da die Wandscheiben einen identischen Wandaufbau aufweisen

$$M_e = \pm\, F_H \cdot e$$

$$F_{yi} = F_{H,y} \cdot \frac{l_{yi}}{\Sigma l_{yi}} \pm \frac{M_e \cdot x_i \cdot l_{yi}}{[\Sigma l_{yi} \cdot x_i^2 + \Sigma l_{xi} \cdot y_i^2]}$$

$$\Sigma l_{xi} \cdot y_i^2 = 16{,}0 \cdot 1{,}50^2 + 24{,}0 \cdot 1{,}0^2 = 60{,}0\ \text{m}^3$$

$$\Sigma l_{yi} \cdot x_i^2 = 6 \cdot (2 \cdot 15{,}58^2 + 0{,}58^2 + 2 \cdot 14{,}42^2) = 5461{,}3\ \text{m}^3$$

(Statisches Moment 1. Grades der Wandtafeln)

$$\Sigma l_y = 6 \cdot 6{,}0 = 36{,}0\ \text{m}$$

Ausmitte nach DIN 1055-4

Für nicht schwingungsanfällige Gebäude ist [nach DIN 1055-4 9.1 (4)] eine Ausmitte der Gesamtwindkraft anzunehmen von

$$e_x = \frac{l_x}{10} \quad \text{bzw.} \quad e_y = \frac{l_y}{10}$$

$$e_x = \frac{30}{10} = 3{,}0\ \text{m} \quad \text{bzw.} \quad e_y = \frac{14{,}5}{10} = 1{,}45\ \text{m}$$

Die Annahme der Windlastausmitte unterscheidet sich zwischen der zurückgezogenen DIN 1055 und dem aktuellen Eurocode 1 Teil 4.

Exzentrisch wirkende Windkräfte nach Eurocode 1 Teil 4

Nach DIN EN 1991-1-4, Abschnitt 7.1.2 kann bei rechteckigen Gebäuden die exzentrische Belastung infolge schräger Windanströmung durch den Ansatz der Winddruckkraft als Dreieckslast, wie in Abb. 2.29 dargestellt berücksichtigt werden.

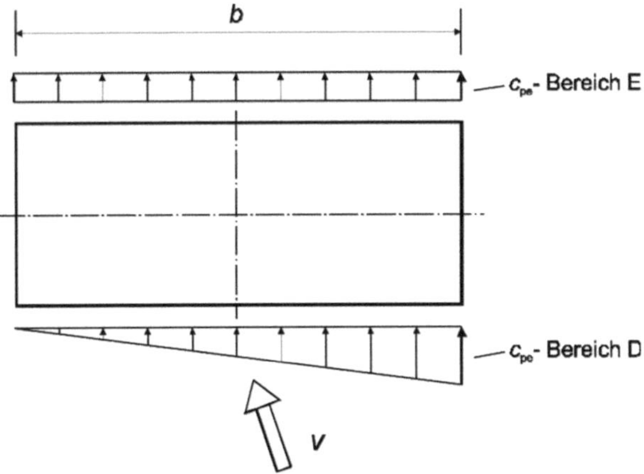

Abbildung 2.29: Windlastansatz zur Berücksichtigung von exzentrischer Beanspruchung nach DIN EN 1991-1-4, Bild 7.1

Abhängig von der Größe der Druckbeiwerte c_{pe} ergibt sich eine resultierende Gesamtwindkraft von $W_e = 0{,}7 \cdot W_{x,y}$.

Die Exzentrizität e beträgt ca. $e_x = \frac{l_x}{13{,}3}$ bzw. $e_y = \frac{l_y}{13{,}3}$

Die geringere Gesamtwindkraft und die kleinere Exzentrizität gegenüber den Windlastansätzen nach DIN 1055 führen dazu, dass die Windlastfälle mit schräger Anströmung bei symmetrischen Aussteifungssystemen (Steifigkeitsmittelpunkt nah beim Schwerpunkt) an Bedeutung verloren haben. In der Regel werden diese nur bei asymmetrisch angeordneten Aussteifungselementen maßgebend.

Auf dieser Grundlage sind im Allgemeinen drei Windlastfälle je Richtung x und y zu berücksichtigen. Nachfolgend erfolgt die grafische Darstellung der sechs Windlastfälle.

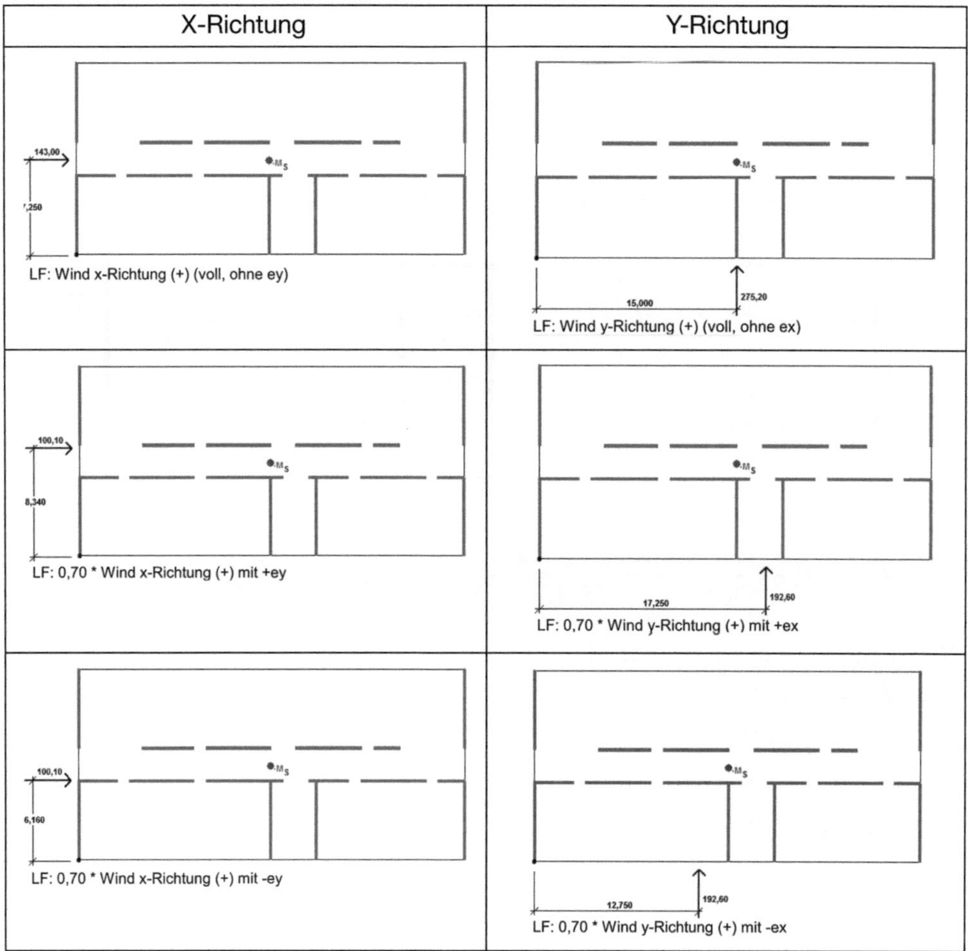

Es wird hier nur ein Lastfallbeispiel Wind in y-Richtung mit negativer Ausmitte vorgestellt.

$$M_e = 0{,}7 \cdot F_n \cdot e_y = 0{,}7 \cdot 275{,}2 \cdot (2{,}25 + 0{,}58) = 545{,}1 \text{ kN/m}$$

$$F_{yi} = 0{,}7 \cdot 275{,}2 \cdot \frac{l_{yi}}{36{,}0} \pm \frac{545{,}1 \cdot x_i \cdot l_{yi}}{5521{,}3}$$

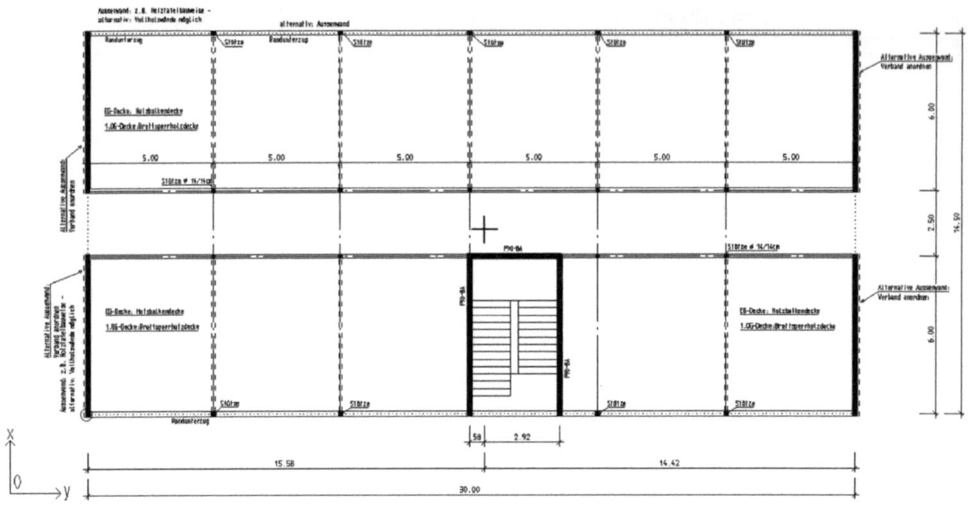

$$F_{y1} = 192,6 \cdot \frac{6}{36,0} + \frac{545,1 \cdot 15,58 \cdot 6}{5521,3} = 41,3 \text{ kN}$$

Belastung der weiteren Wandtafeln:

$F_{y1} = 41,3$ kN

$F_{y2} = 41,3$ kN

$F_{y3} = 23,6$ kN

$F_{y4} = 23,6$ kN

$F_{y5} = 32,4$ kN

$F_{y6} = 30,4$ kN

2.4.1.5 Bemessung einer Wandtafel

System: Wand Y_1

Vertikale Auflast aus dem Eigengewicht der Wände

$g_k = 1,0 \cdot (3,0 + 4,6) = 7,6$ kN/m

$F_{H,k,max} = 48,6$ kN

$F_{H,d} = 1,5 \cdot 48,6 = 72,9$ kN

$g_d = 7,6 \cdot 1,35 = 10,3$ kN/m

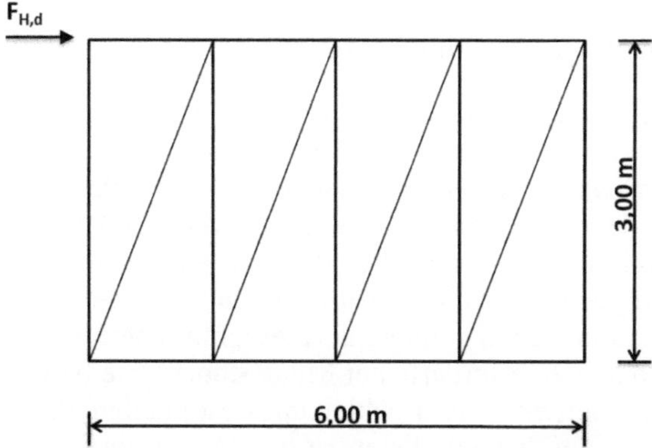

Die Berücksichtigung der Regelungen des Eurocode 5 und des Nationalen Anhangs führen zu den bekannten Regelungen der DIN 1052:2008-12.

Schubfluss parallel zum Plattenrand

$$s_{v,0,d} = \frac{72{,}9}{6{,}0} = 12{,}2\ \text{kN/m} = 12{,}2\ \text{N/mm}$$

Gewählt: Rippen 8/16 cm, C24, $a_r = 62{,}5$ cm
Beplankung OSB/3, $t = 18$ mm,
Nägel 2,8 · 65 mm, $a_v = 6$ cm, zweireihig

Nachweis der Tragfähigkeit

Tragfähigkeit eines Nagels

(Verbindung Holzwerkstoffplatte an Holz)

Vereinfachte Berechnung nach DIN EN 1995-1-1/NA

$$R_k = A \cdot \sqrt{2 \cdot M_{y,k} \cdot f_{h,1,k} \cdot d} \qquad \text{(nach Gl. NA.116)}$$

Mit: Fließmoment des Verbindungsmittels

$$M_{y,k} = 0{,}3 \cdot f_{u,k} \cdot d^{2,6} = 0{,}3 \cdot 600 \cdot 2{,}8^{2,6} = 2617\ \text{N/mm}^2 \qquad \text{(nach Gl. 8.14)}$$

Lochleibungsfestigkeit des Holzwerkstoffes

$$f_{h,k} = 65 \cdot d^{-0,7} \cdot t^{0,1} = 65 \cdot 2{,}8^{-0,7} \cdot 18^{0,1} = 42{,}21\ \text{N/mm}^2 \qquad \text{(nach Gl. 8.22)}$$

$$A = 0{,}8 \qquad \text{Faktor nach Tab. NA.13}$$

$$R_k = 0{,}8 \cdot \sqrt{2 \cdot 2617 \cdot 42{,}2 \cdot 2{,}8} = 629\ \text{N}$$

Überprüfung der Mindestdicke der Beplankung:

$$t = 7 \cdot d = 19{,}6\ \text{mm} > \text{vorh}\ t \qquad \text{(nach Tab. NA.13)}$$

$$R_d = \frac{k_{mod} \cdot R_k}{\gamma_M} \cdot \frac{t_{vorh}}{t_{erf}} = \frac{0{,}9 \cdot 629}{1{,}1} \cdot \frac{18}{19{,}6} = 472\ \text{N}$$

Genauere Berechnungen ergeben eine Tragfähigkeit von $\boldsymbol{R_d = 575}$ **N** (siehe, Versagensmechanismen von stiftförmigen Verbindungsmitteln und Tab. 2.10).

Versagensmechanismen von stiftförmigen Verbindungsmitteln

Der Bemessungswert der Tragfähigkeit der Verbindungmittel kann entweder mit dem vereinfachten Berechnungsverfahren nach DIN EN 1995-1-1/NA Abschnitt 8.3 oder mit den genaueren Nachweisverfahren nach DIN EN 1995-1-1 Abschnitt 8.2 ermittelt werden. Bei den vereinfachten Berechnungsverfahren wird von einem Versagen mit der Ausbildung von zwei Fließgelenken ausgegangen. Damit dieses Versagen eintritt, sind gewisse Mindestholzdicken und Mindesteinschlagtiefen erforderlich. Sind die vorhandenen geringer als diese, muss die Tragfähigkeit im Verhältnis von vorhandener zu erforderlicher Mindestholzdicke bzw. Mindesteinschlagtiefe abgemindert werden. Die Lochleibungsfestigkeiten der Holzwerkstoffplatte sind in der Regel größer als diejenige des Holzes und die Holzwerkstoffplatte ist meistens wesentlich dünner als das anzuschließende Holz. Dies führt dazu, dass häufig der Versagensmechanismus mit einem Fließgelenk pro Scherfuge maßgebend wird. Daher führen die vereinfachten Nachweisverfahren aus dem Nationalen Anhang nach Gleichung NA.116 und Tabelle NA.13 bei Holzwerkstoff-Holz-Verbindungen, mit der Ausnahme von Klammerverbindungen, zu unwirtschaftlichen Ergebnissen. Will man die Tragfähigkeit der Verbindungen optimal ausnutzen, so muss man den erhöhten Rechenaufwand der Bemessungsgleichungen nach Eurocode 5 Abschnitt 8.2 (Gl. 8.6) in Kauf nehmen.

Stiftförmige Verbindungsmittel können als elastisch gebettete Träger angesehen werden. Je nach Steifigkeit versagt das Verbindungsmittel oder die Bettung. Der Eurocode gibt in Abschnitt 8.2 die sechs verschiedenen Versagensarten (nach Johansson) und den charakteristischen Wert der Tragfähigkeit eines Verbindungsmittels pro Scherfuge an. Durch die verschiedenen Versagensmechanismen (Holz und/oder Stahl) ist es notwendig, unterschiedliche Teilsicherheitsbeiwerte zu verwenden. Sie sind dort ebenfalls angegeben.

Tabelle 2.10: Zusammenstellung der Johansen-Gleichungen nach DIN EN 1995-1-1, Abs. 8.2 (der kleinste Wert ist maßgebend)

Lochleibungsversagen der Holzwerkstoffplatte (G.1) $R_k = f_{h,1,k} \cdot t_1 \cdot d$ $R_d = \frac{k_{mod,VM} \cdot R_k}{\gamma_m}$ mit $\gamma_m = 1{,}3$	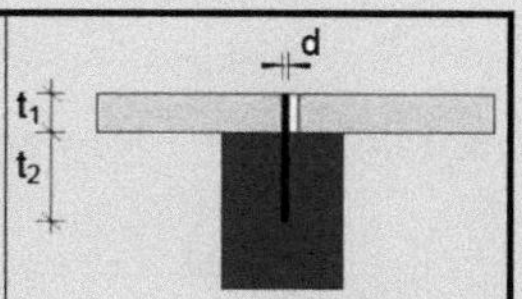 d, t_1, t_2
Lochleibungsversagen der Rippe (G.2) $R_k = f_{h,1,k} \cdot t_2 \cdot d \cdot \beta$ $R_d = \frac{k_{mod,VM} \cdot R_k}{\gamma_m}$ mit $\gamma_m = 1{,}3$	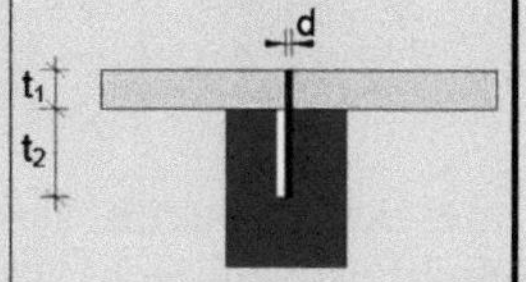 d, t_1, t_2
Lochleibungsversagen in beiden Teilen (G.3) $R_k = \frac{f_{h,1,k} \cdot t_1 \cdot d}{1+\beta} \cdot \left\{ \sqrt{\beta + 2\beta^2 \cdot \left[1 + \frac{t_2}{t_1} + \left(\frac{t_2}{t_1}\right)^2 \right] + \beta^3 \cdot \left(\frac{t_2}{t_1}\right)^2} - \beta \cdot \left(1 + \frac{t_2}{t_1}\right) \right\}$ $R_d = \frac{k_{mod,VM} \cdot R_k}{\gamma_m}$ mit $\gamma_m = 1{,}3$	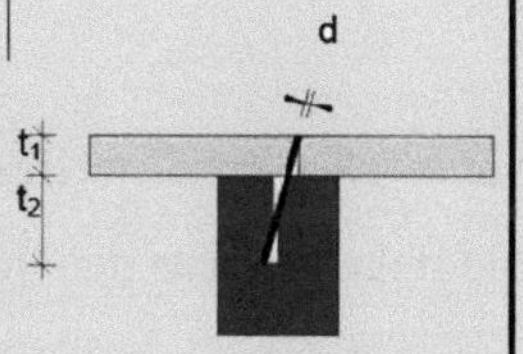 d, t_1, t_2

Biegeversagen in der Holzwerkstoffplatte (G.4) $R_k = \frac{f_{h,1,k} \cdot t_1 \cdot d}{2+\beta} \cdot \left[\sqrt{2 \cdot \beta \cdot (1+\beta) + \frac{4 \cdot \beta \cdot (2+\beta) \cdot M_{yk}}{f_{h,1,k} \cdot d \cdot t_1^2}} - \beta \right]$ $R_d = \frac{k_{mod,VM} \cdot R_k}{\gamma_m}$ mit $\gamma_m = 1{,}2$	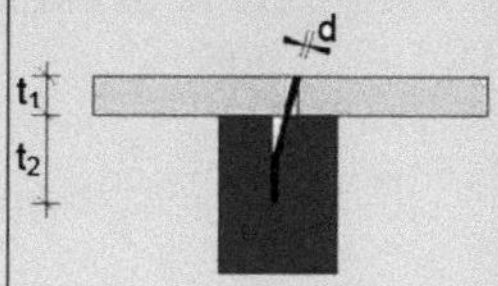 d, t_1, t_2
Biegeversagen in der Rippe (G.5) $R_k = \frac{f_{h,1,k} \cdot t_2 \cdot d}{1+2\beta} \cdot \left[\sqrt{2 \cdot \beta^2 \cdot (1+\beta) + \frac{4 \cdot \beta \cdot (1+2\beta) \cdot M_{yk}}{f_{h,1,k} \cdot d \cdot t_2^2}} - \beta \right]$ $R_d = \frac{k_{mod,VM} \cdot R_k}{\gamma_m}$ mit $\gamma_m = 1{,}2$	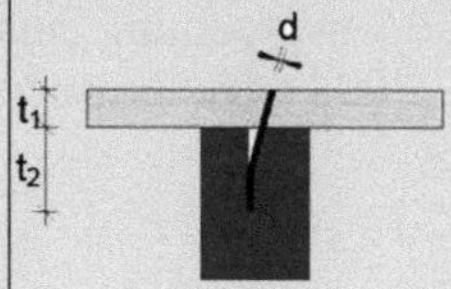 d, t_1, t_2
Biegeversagen in beiden Teilen (G.6) $R_k = \sqrt{\frac{2 \cdot \beta}{1+\beta}} \cdot \sqrt{2 \cdot M_{yk} \cdot f_{h,1,k} \cdot d}$ $R_d = \frac{k_{mod,VM} \cdot R_k}{\gamma_m}$ mit $\gamma_m = 1{,}1$	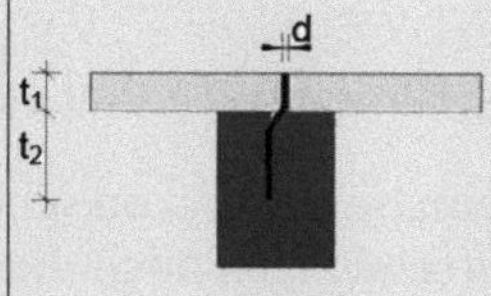 d, t_1, t_2

Die genaue Betrachtung zeigt, dass Versagensmechanismus 6 eintritt und somit sich eine erhöhte Tragfähigkeit ergibt.

$R_d = 575$ N

Tragfähigkeit der Beplankung bei Beanspruchung parallel zum Rand

$$f_{v,d} = \frac{k_{mod} \cdot f_{v,k}}{\gamma_M} = \frac{0{,}9 \cdot 6{,}8}{1{,}30} = 4{,}7 \text{ N/mm}^2$$

$$f_{v,0,d} = \min \begin{cases} k_{v1} \cdot R_d / a_v \\ k_{v1} \cdot k_{v2} \cdot k_{v,d} \cdot t \\ k_{v1} \cdot k_{v2} \cdot k_{v,d} \cdot 3{,}5 \cdot t^2 / a_r \end{cases} = \min \begin{cases} 1{,}0 \cdot 2 \cdot 575/60 & = 19{,}2 \text{ N/mm} \\ 0{,}33 \cdot 4{,}7 \cdot 18 & = 27{,}9 \text{ N/mm} \\ 0{,}33 \cdot 4{,}7 \cdot 35 \cdot 18^2/625 & = 28{,}1 \text{ N/mm} \end{cases}$$

Unter der Annahme, dass die vertikale Lastabtragung über die Rippen erfolgt, kann der Schubfluss senkrecht zum Rand vernachlässigt werden.

$$\boxed{\frac{s_{v,0,d}}{f_{v,0,d}} = \frac{14{,}8}{19{,}2} = 0{,}77 \leq 1{,}0}$$

Nachweis der Schwellenpressung unter der Randrippe

Die Belastung aus der Horizontallast berechnet sich aus:

$$F_{c,d} = 0{,}75 \cdot F_{v,d} \cdot \frac{h}{l}$$

Die reduzierte Druckkraft in der Randrippe zum Nachweis der Schwellenpressung nach DIN 1052:2008

$F_{c,d} = F_{v,d} \cdot \frac{h}{l}$ ist im Eurocode nicht mehr enthalten.

Der Nachweis der Schwellenpressung unter den Innenrippen entfällt in der Regel, da die Beanspruchung hier deutlich geringer ist.

Die Beanspruchung aus der Horizontallast unter den Innenrippen wurde nach DIN 1052:2008 angenommen mit:

$$F_{c,d} = 0{,}2 \cdot F_{v,d} \cdot \frac{h}{l}$$

Es sind noch weitere Nachweise erforderlich: so z. B. der Nachweis der Druckrandrippe (Stabilitätsversagen), der Nachweis der Schubverankerung und der Nachweis der Zugverankerung (allg. Nachweis der Lagesicherheit).

2.4.1.6 Zugverankerung von Wandtafeln

Beim Nachweis von scheibenartig beanspruchten Holztafeln sind neben den gezeigten Berechnungen noch die Nachweise zur Lagesicherheit zu führen. Darunter fallen die Krafteinleitung der Horizontallast in die Unterkonstruktion bzw. in die darunter befindliche Wandtafel und aber vor allem der Nachweis der Tragfähigkeit der Zugverankerung.

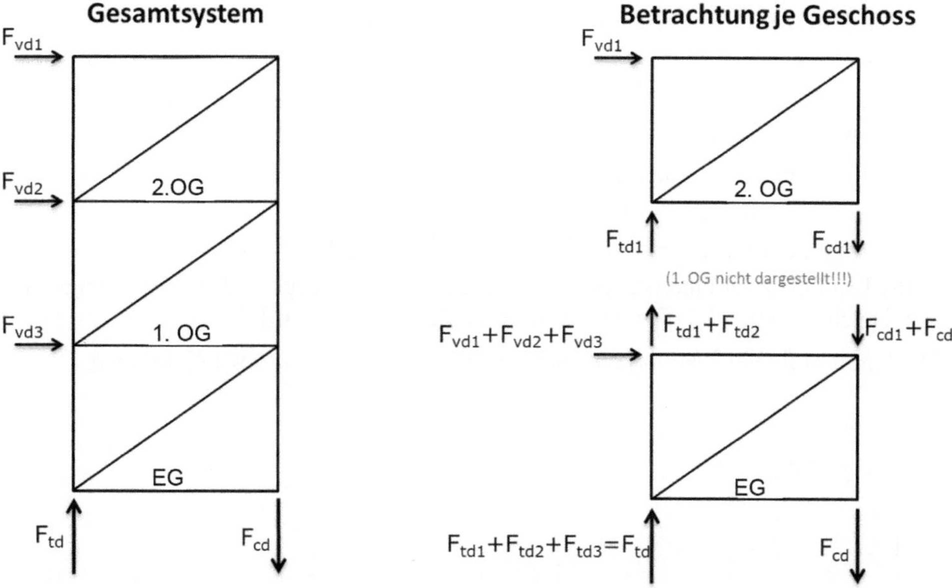

Nachfolgend sind zwei Beispiele für Zugverankerungen gezeigt.

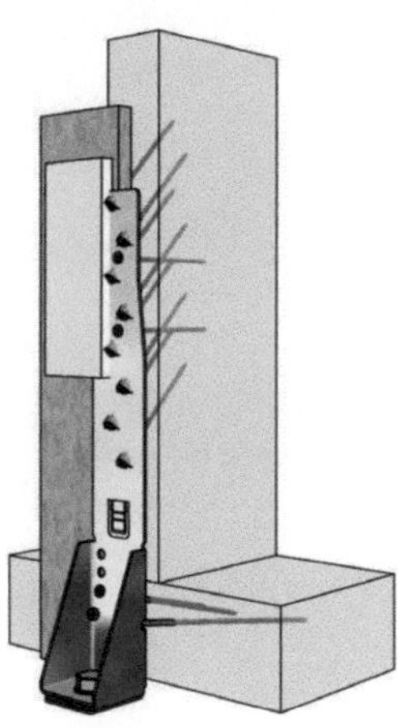

Abbildung 2.30: Zuganker zur Befestigung in der Bodenplatte

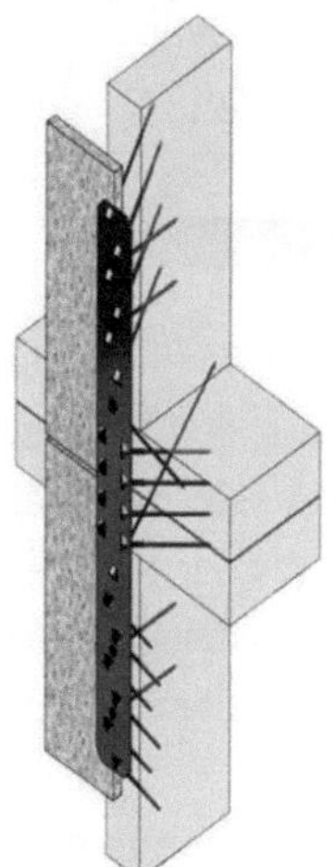

Abbildung 2.31: Zugverankerung zur geschossweisen Weiterleitung der Zugkräfte

2.4.1.7 Horizontale Verformung einer Wandtafel

Nach DIN EN 1995-1-1/NA Abs. NCI zu 9.2.4.2 (NA.18) ist eine Berücksichtigung von Imperfektionen infolge Schiefstellung und der Nachweis der horizontalen Verformung nicht erforderlich, wenn:

- die Tafellänge mindestens *h*/3 beträgt,
- die Breite mindestens *h*/4 beträgt,
- die Tafel direkt in einer steifen Unterkonstruktion gelagert ist,
- die Erhöhung der charakteristischen Werte der Tragfähigkeit der Verbindungsmittel nach nach 9.2.4.2 (5) nicht in Anspruch genommen wird.

Die horizontale Verformung setzt sich aus verschiedenen Anteilen zusammen.

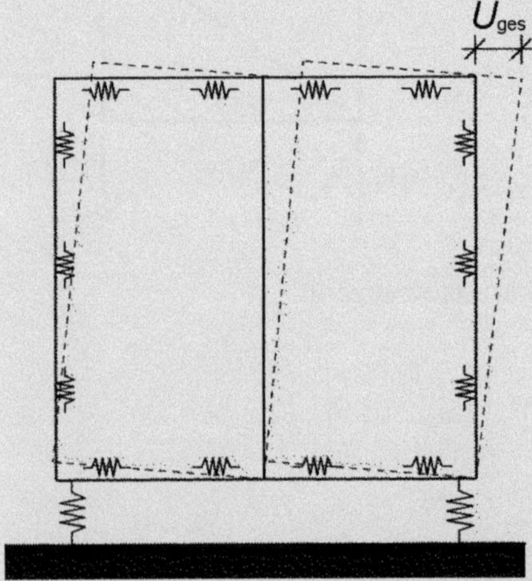

$$U_{ges} = U_{k,inst} = U_{E,inst} + U_{G,inst} + U_{v1,inst} + U_{v2,inst}$$

$U_{k,inst}$	Verformung aus den Verbindungsmitteln
$U_{E,inst}$	Verformung aus der Normalkraftbelastung in den Randrippen
$U_{G,inst}$	Verformung aus der Schubbelastung der Beplankung
$U_{v1,inst}$	Verformung aus der Querdruckbelastung unter der Randrippe
$U_{v2,inst}$	Verformung aus dem Zuganschluss

Verschieblichkeit der Verbindungsmittel

Die Verformung aus den Verbindungsmitteln berechnet sich aus

$$U_{k,inst} = \sum \frac{s_{v0} \cdot \overline{s_{v0}}}{k_{ser}} = \left(\frac{2 \cdot l}{a_v} + \frac{2 \cdot h}{a_v}\right) \cdot \frac{s_{v0} \cdot \overline{s_{v0}}}{k_{ser}}$$

$$U_{k,inst} = \frac{(2 \cdot l + 2 \cdot h)}{k_{ser}} \cdot \frac{a_4}{l^2} \cdot F_{v,d}$$

k_{ser} Verschiebungsmodul der Verbindungsmittel nach Anhang G.1

(...) In dem Klammcrausdruck steht die Summe aller Plattenränder d. h. bei einem vertikalen Stoß z. B. $(2\,l + 4\,h)$

Verformung aus der Normalkraftbelastung der Randrippen

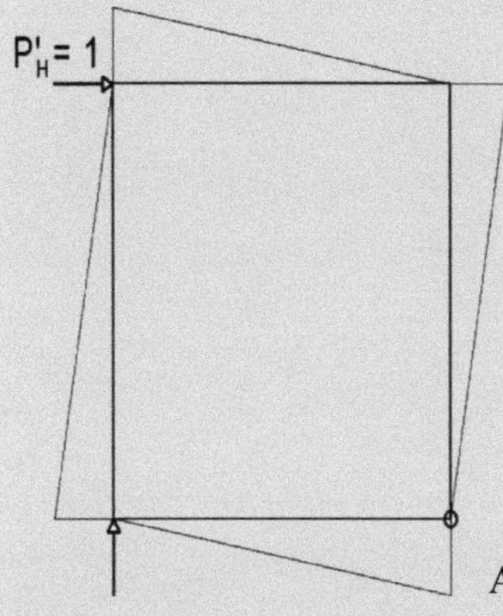

Abbildung 2.32: Normalkraftbeanspruchung der Randrippen

$$U_{E,inst} = \int_{i=1}^{l} \frac{N_i \cdot \overline{N_i}}{EI \cdot A_i} \cdot dx$$

$$U_{E,inst} = \frac{2}{3} \cdot \frac{F}{E_0 \cdot A} \cdot \left(l + \frac{k^2}{l^2} \cdot h \right)$$

A Querschnittsfläche der Rippen

Verformungen aus der Schubbeanspruchung des Beplankungsmaterials

$$U_{G,inst} = \frac{F_{v,k} \cdot h}{G \cdot t \cdot l}$$

G_0 Schubmodul der Beplankung

t Plattendicke

Verformung aus der Schwellenpressung unter der Randrippe

$$U_{v,inst} = v_{90} \cdot \frac{h}{l} \cdot \frac{\sigma_{c,90,k}}{1{,}2 \cdot k_{c90} \cdot f_{c,90,k} \cdot k_{mod}}$$

$v_{90} = 1$ mm

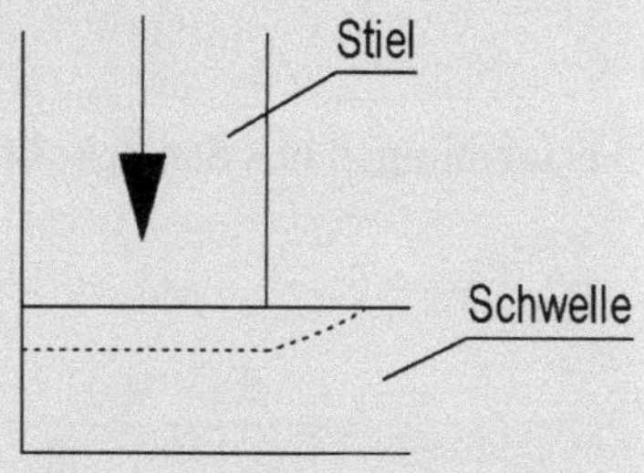

Beispielwandtafel

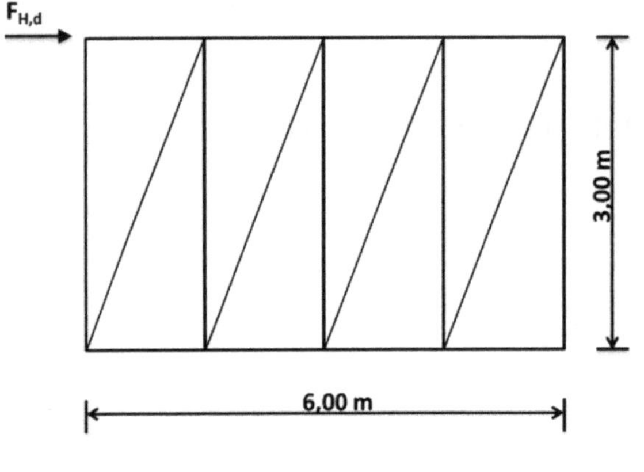

$$U_{ges} = U_{k,inst} + U_{E,inst} + U_{G,inst} + U_{v1,inst} + U_{v2,inst}$$

Verformung aus den Verbindungsmitteln

$$U_{k,inst} = \frac{(2 \cdot l + 8 \cdot h)}{2 \cdot k_{ser}} \cdot \frac{a_v}{l^2} \cdot F_{v,k}$$ (zweireihig genagelt; drei vertikale Stöße)

$$K_{ser} = \frac{\rho_k^{1,5}}{25} \cdot d^{0,8}$$ mit $\rho_k = \sqrt{\rho_{k,1} \cdot \rho_{k,2}}$ (bei unterschiedlichen Materialien)

$$\rho_k = \sqrt{350 \cdot 550} = 439 \text{ kg}$$

$$K_{ser} = \frac{439^{1,5}}{25} \cdot 2{,}8^{0,8} = 838 \text{ N/mm}$$

$$U_{k,inst} = \frac{(2 \cdot 600 + 8 \cdot 300)}{2 \cdot 8{,}38} \cdot \frac{6}{600^2} \cdot 48{,}6 = 0{,}17 \text{ cm}$$

Verformung aus der Normalkraftbelastung der Randrippen

$$U_{E,inst} = \frac{2}{3} \cdot \frac{F}{E_0 \cdot A} \cdot \left(l + \frac{h^2}{l^2} \cdot h\right) \qquad A = 8 \cdot 16 = 128 \text{ cm}^2$$

$$U_{E,inst} = \frac{2}{3} \cdot \frac{48{,}6}{1100 \cdot 128} \cdot \left(600 + \frac{300^2}{600^2} \cdot 300\right) = 0{,}16 \text{ cm}$$

Verformungen aus der Schubbeanspruchung des Beplankungsmaterials

$$U_{G,inst} = \frac{F_{v,k} \cdot h}{G \cdot t \cdot l}$$ mit $G_{mean} = 108 \text{ kN/cm}^2$ $\quad t = 18 \text{ mm}$

$$U_{G,inst} = \frac{48{,}6 \cdot 300}{108 \cdot 1{,}8 \cdot 600} = 0{,}13 \text{ cm}$$

Verformung aus der Schwellenpressung unter der Randrippe

$$U_{v,inst} = v_{90} \cdot \frac{h}{l} \cdot \frac{\sigma_{c,90,k}}{1{,}2 \cdot k_{c,90} \cdot f_{c,90,k} \cdot k_{mod}} \qquad v_{90} = 1\text{ mm}$$

$$F_{c,k} = F_{v,k} \cdot \frac{h}{l} = 48{,}6 \cdot \frac{3}{6} = 24{,}3\text{ kN}$$

$$\sigma_{c,90,k} = \frac{F_{c,k}}{A_{ef}} = \frac{24{,}3}{176} = 0{,}138\text{ kN/cm}^2$$

$$U_{v,inst} = 0{,}1 \cdot \frac{300}{600} \cdot \frac{0{,}138}{1{,}2 \cdot 1{,}25 \cdot 0{,}25 \cdot 0{,}9} = 0{,}02\text{ cm}$$

Gesamtverformung

$$U_{ges} = 0{,}17 + 0{,}16 + 0{,}13 + 0{,}02 = 0{,}48 \quad \boxed{w_{q,inst} = 0{,}48 < l/150 = 300/150 = 2{,}0\text{ cm}}$$

2.4.1.8 Aufteilung der Horizontallasten nach der effektiven Steifigkeit

Werden Wandtafeln unterschiedlich ausgebildet (also z. B. unterschiedliche Beplankung, Verbindungsmittelabstände oder auch Zugverankerungen) dann kann die Aufteilung nicht mehr nach der Länge erfolgen, sondern muss nach der effektiven Steifigkeit erfolgen.

Für Holztafeln wird dazu eine Ersatzsteifigkeit aus der Verformung unter einer Einheitslast ermittelt. Die Berechnung der Verformung erfolgt dabei wie in Abschnitt 1.1.1.6 beschrieben.

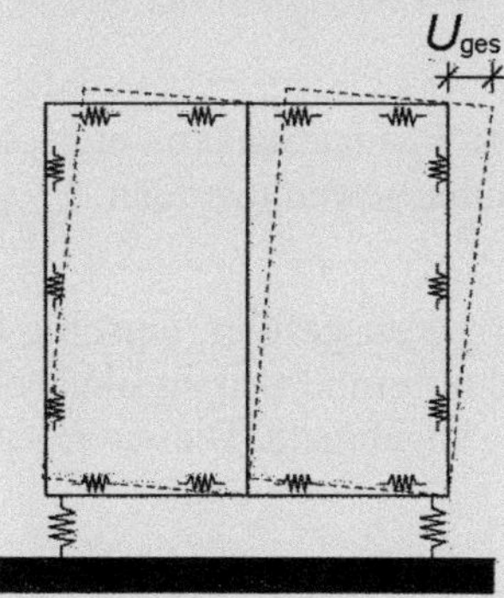

$$U_{ges} = U_{k,i} + U_{E,inst} + U_{G,inst} + U_{v1,inst} + U_{v2,inst}$$

$U_{k,inst}$ Verformung aus den Verbindungsmitteln
$U_{E,inst}$ Verformung aus der Normalkraftbelastung in den Randrippen
$U_{G,inst}$ Verformung aus der Schubbelastung der Beplankung
$U_{v1,inst}$ Verformung aus der Querdruckbelastung unter der Randrippe
$U_{v2,inst}$ Verformung aus dem Zuganschluss

Ersatzsteifigkeit

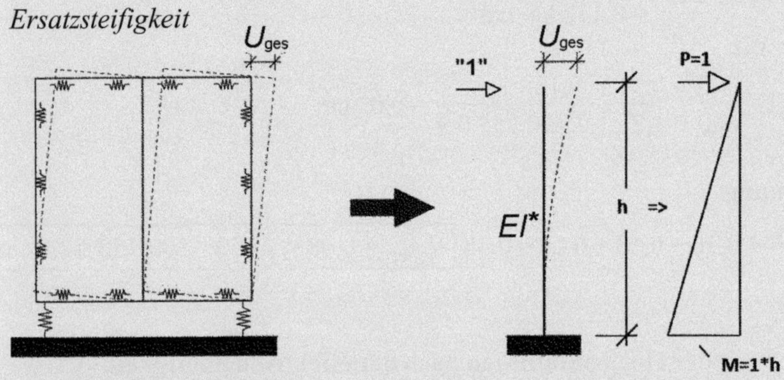

Herleitung aus dem Kraftgrößenverfahren

$$EI^* \cdot u_{ges} = \int M_0 \cdot \overline{M}\,dx = \overline{1} \cdot h \cdot h \cdot h \cdot \frac{1}{3} \quad \rightarrow \quad EI^* = \frac{h^3}{3 \cdot u_{ges}}$$

Aus der horizontalen Verformung unter der Belastung von 1 kN kann die Ersatzsteifigkeit berechnet werden.

Beispielgebäude

In der Praxis kommt es durchaus häufiger vor, dass sich die Wandaufbauten unterscheiden. Für das Beispielprojekt sind nun folgende Wandaufbauten gewählt worden.

Außenwand (W1–W4)

Die Außenwände sind, wie in dem Beispiel in Kapitel 2.4.1.5 ausgeführt, einseitig mit 18 mm OSB/3-Platten beplankt. Auf der Außenseite wird aufgrund bauphysikalischer Anforderungen eine diffusionsoffene Holzweichfaserplatte angebracht. Diese wird aber nicht statisch angesetzt.

Flur- und Treppenhauswand (W5–W8)

Die Flur- und Treppenhauswände sind aufgrund von Schallschutz- und Brandschutzanforderungen beidseitig doppelt mit Gipsfaserplatten beplankt (siehe Abbildung 2.35). Einseitig wird diese Beplankung aber auf Federschienen befestigt, sodass hier statisch nur eine einseitig beplankte Tafel vorliegt. Auch die zweite Lage kann nicht an der Lastabtragung beteiligt werden. Dies führt dazu, dass aus statischer Sicht eine Tafel mit einlagig 12,5 mm Gipsfaserplatten mit Klammern im Abstand von 60 mm betrachtet wird.

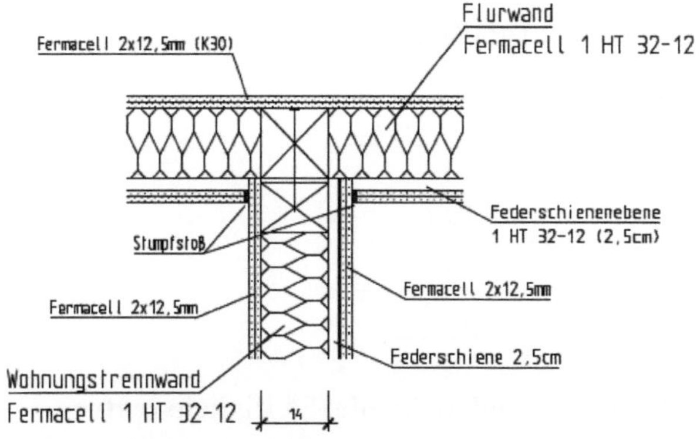

Abbildung 2.33: Detail Innenwandaufbau

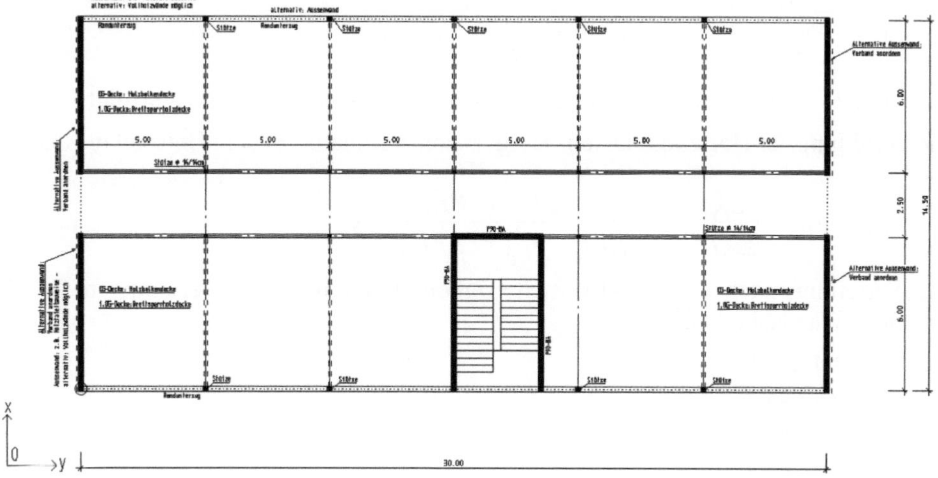

Abbildung 2.34: Grundriss EG

Berechnung der Ersatzsteifigkeiten

Für die Außenwandtafel aus 2.4.1.5 ergibt sich eine horizontale Verschiebung

$$U_{\text{ges}} = \frac{5,7}{59,1} = 0,097\ \text{mm}$$

$$EI^* = \frac{h^3}{3 \cdot U_{\text{Ges}}} = \frac{3^3}{3 \cdot 9,7 \cdot 10^{-5}} = 9,28 \cdot 10^4\ \text{kNm}^2$$

Ersatzsteifigkeit für die Flur- und Treppenhauswände

Gewählt: 12,5 mm Gipsfaserplatte
8/16 cm Rippen, C24
Klammer, $d = 1,53$ mm, $l = 60$ mm, $a_v = 60$ mm, zweireihig

Die Berechnung erfolgt wie unter 2.4.1.7 beschrieben.

Es ergibt sich eine horizontale Verformung für eine Wandlänge von 6 m von

$$U_{\text{Ges}} = 0,116\ \text{mm}$$

$$EI^* = \frac{h^3}{3 \cdot U_{ges}} = \frac{3^3}{3 \cdot 1{,}16 \cdot 10^{-4}} = 7{,}76 \cdot 10^4 \,\text{kNm}^2$$

	U_{ges} [mm]	EI^* [MNm²]
Außenwand, $l = 6$ m	0,097	92,8
Treppenhauswand, $l = 6$ m	0,116	77,6
Flurwand, $l = 16$ m	0,106	84,9
Flurwand, $l = 24$ m	0,134	67,2

Bestimmung des Schwerpunktes der aussteifenden Wände (Steifigkeitszentrum)

$$y_s = \frac{\sum_{i=1}^{4} J^*_{x,i} \cdot y_i}{\sum J^*_{x,i}} \qquad x_s = \frac{\sum_{i=1}^{4} J^*_{y,i} \cdot x_i}{\sum J^*_{y,i}}$$

mit $J^* = EI^*$, da die Aufteilung hier nach der effektiven Steifigkeit erfolgt.

Die Verteilung der Horizontallasten erfolgt ansonsten analog zu dem Beispiel in Abschn. 2.4.1.4.

$$F_{yi} = F_{H,y} \cdot \frac{EI^*_{yi}}{\sum EI^*_{y,i}} \pm \frac{M_e \cdot x_i \cdot EI^*_{yi}}{[\sum EI^*_{y,i} \cdot x_i^2] + [\sum EI^*_{x,i} \cdot y_i^2]}$$

Die Verteilung nach der effektiven Steifigkeit liefert folgende Belastungen für die einzelnen Wandscheiben:

$F_{y1} = 42{,}9$ kN
$F_{y2} = 42{,}9$ kN
$F_{y3} = 21{,}8$ kN
$F_{y4} = 21{,}8$ kN
$F_{y5} = 27{,}1$ kN
$F_{y6} = 25{,}0$ kN

Durch unterschiedliche Wandaufbauten kann die Lage des Steifigkeitszentrums in gewissen Grenzen beeinflusst werden. Ziel sollte es sein, dass das Steifigkeitszentrum möglichst mittig liegt.

Eine Alternative für die Berechnung und Aufteilung der Horizontallasten nach der effektiven Steifigkeit ist die Berechnung mittels eines Stabwerkmodells.

Hierzu wird für jede aussteifende Wandscheibe die Federsteifigkeit ermittelt. Diese Federn werden dann als elastische Auflager eingegeben. Allgemein ist die Federsteifigkeit eines Systems der Kehrwert der Durchbiegung unter der virtuellen Last $\bar{1}$.

$$C = \frac{\bar{1}}{\Delta s}$$

	U_{ges} [mm]	C [kN/m]
Außenwand, $l = 6$ m	0,097	10 309
Treppenhauswand, $l = 6$ m	0,116	8,621
Flurwand, $l = 16$ m	0,106	9,434
Flurwand, $l = 24$ m	0,134	7,463

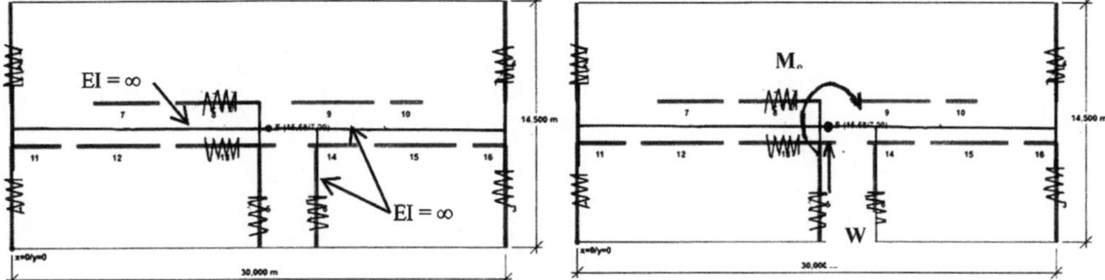

Abbildung 2.35: Statisches System der Wandtafeln

Die Stäbe bekommen eine nahezu unendlich große Steifigkeit, denn diese sind nur eine Hilfskonstruktion zur Ermittlung der Auflagerkräfte, die hier die Wandtafeln darstellen.

Die errechnete Federsteifigkeit der Wände wird den Auflagern des Stabwerkmodells zugeordnet.

S Steifigkeitszentrum

$W = 192{,}6$ kN

$M_e = 545{,}1$ kNm

Mit einem solchen Stabwerksmodell lassen sich mit vertretbarem Aufwand alle zu untersuchenden Lastfälle berechnen.

Vergleich der Aufteilung der Horizontallasten

Tabelle 2.11: Vergleich der Aufteilung der horizontalen Lasten

	Aufteilung nach der Länge [kN]	Aufteilung nach der effektiven Steifigkeit [kN]	Aufteilung mit einem Stabwerksmodell [kN]
W1; W2	41,3	42,8	42,3
W3	23,6	25,7	26,0
W4	32,4	28,6	28,6
W5; W6	30,4	27,1	27,1
Kontrolle: Σ	192,6	192,7	192,3

Der Vergleich der Berechnungen bzw. der Aufteilungen der Horizontallast zeigt einen nur geringen Einfluss unterschiedlicher Wandaufbauten bei der Aussteifung ausschließlich über Holztafeln. Deutlich größer ist der Einfluss verschiedener Wandkonstruktionen wie Massivholz- und Holztafelwände.

2.5 Außergewöhnliche Bemessungssituationen

2.5.1 Bemessung im Brandfall

„Heißbemessung“ – Bemessung auf Abbrand

System: Position D/3 Stütze

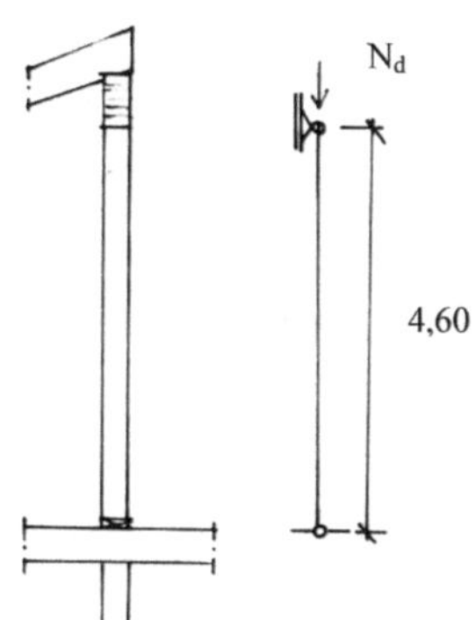

2.5.1.1 Nachweis nach dem vereinfachten Verfahren (DIN EN 1995-1-2 4.2.2)

Einwirkungen

Die Einwirkungen für die Bemessung im Brandfall dürfen im Holzbau vereinfacht angenommen werden

$E_{d,fi} = \eta_{fi} \cdot E_d = 0{,}6 \cdot E_d$

$E_{d,fi}$ Bemessungswert der Einwirkungen im Brandfall

E_d Bemessungswert der Einwirkungen für den Nachweis im GZT

η_{fi} Faktor zur Berücksichtigung verminderter Sicherheitsbeiwerte im Brandfall (vereinfacht: 0,6 nach DIN EN 1995-1-2 2.4.2 Anmerkung 2)

$E_d = N_d = 67{,}39$ kN

$E_{dA} = 0{,}6 \cdot E_d = 0{,}6 \cdot 67{,}39 = 40{,}34$ kN

Gewählt: 14/24 cm, C24

Bei dem vereinfachten Verfahren der Bemessung (Methode mit reduzierten Querschnitten) wird der Verlust an Festigkeit und Steifigkeit durch eine Erhöhung der Abbrandtiefe um $d_0 = 7$ mm berücksichtigt.

$d_{ef} = d_{char,n} + k_0 \cdot d_0$

k_0 Beiwert nach DIN EN 1995 EN 1995-1-2 Tabelle 4.1

d_{ef} ideelle Abbrandtiefe

$d_{char,n}$ Bemessungswert der ideellen Abbrandrate

$d_{char,n} = \beta_n \cdot t$

t geforderte Feuerwiderstandsdauer in min

β_n Abbrandrate in mm/min nach DIN EN 1995 EN 1995-1-2, Tabelle 3.1

Für einen Feuerwiderstand von F30 also ergibt sich eine Abbrandrate von

$$d_{ef} = 0{,}8 \cdot 30 + 7 = 31 \text{ mm}$$

Dies ergibt einen Restquerschnitt A_r von

$$A_r = (b - 2 \cdot d_{ef}) \cdot (h - 2 \cdot d_{ef}) = (14 - 2 \cdot 3{,}1) \cdot (24 - 2 \cdot 3{,}1) = 138{,}8 \text{ cm}^2$$

Die Drucktragfähigkeit für den Brandfall wird für das vereinfachte Verfahren ermittelt mit

$$f_{c,0,d,fi} = k_{c,fi} \cdot k_{fi} \cdot k_{mod,fi} \cdot f_{c,0,k}/\gamma_{M,fi}$$

$k_{mod,fi}$ 1,0 (nach DIN EN 1995-1-2, 4.2.2 (5))

k_{fi} Faktor zur Ermittlung des 20%-Fraktilwertes aus dem 5%-Fraktilwert (DIN EN 1995-1-2 Tabelle 2.1, vgl. Tabelle 2.12)

$\gamma_{M,fi}$ 1,0

Tabelle 2.12: Beiwert k_{fi}

Baustoff, Verbindung	k_{fi}
Vollholz	1,25
Brettschichtholz	1,15
Funierschichtholz	1,1
Holzwerkstoffe	1,15
Auf Abscheren beanspruchte Holz-Holz- und Holzwerkstoff-Holz-Verbindungen	1,15
Auf Abscheren beanspruchte Stahl-Holz-Verbindungen	1,05
Auf Herausziehen beanspruchte Verbindungen	1,05

Knickbeiwert $k_{c,fi}$

$$i = 0{,}289 \cdot h = 0{,}289 \cdot 7{,}8 = 2{,}25 \text{ cm} \qquad \lambda = l_{ef}/i = 432/2{,}25 = 192$$

$k_c = 0{,}089$ (k_c-Wert (Knickbeiwert) abgelesen aus Tabellenbuch)

$$f_{c,0,d,fi} = 0{,}089 \cdot 1{,}25 \cdot 1{,}0 \cdot 2{,}1/1{,}0 = 0{,}234 \text{ kN/cm}^2$$

$$\sigma_{c,0,d,fi} = \frac{E_{dA}}{A_r} = \frac{40{,}34}{138{,}8} = 0{,}29 \text{ kN/cm}^2 \qquad \boxed{\frac{\sigma_{c,0,d,fi}}{f_{c,0,d,fi}} = \frac{0{,}29}{0{,}23} = 1{,}26 > 1{,}0!}$$

Der Nachweis ist nicht erfüllt!

2.5.1.2 Nachweis nach dem genauen Verfahren

Nachfolgend wird die Stütze mit der Methode mit reduzierten Eigenschaften bemessen (DIN EN 1995-1-2 4.2.3).

$$E_d = \gamma_{G,A,j} \cdot G_{Kj} \oplus \psi_{1,1} \cdot Q_1 \oplus \psi_2 \cdot Q_{Ki}$$

$$\gamma_{G,A,j} = \gamma_{G,j}$$

ψ_i Kombinationsbeiwerte

$E_d = 1{,}35 \cdot 27{,}0 + 0{,}2 \cdot 17{,}9 + 0 \cdot 3{,}4 = 40{,}0$ kN wird maßgebend

$E_d = 1{,}35 \cdot 27{,}0 + 0{,}5 \cdot 3{,}4 + 0 \cdot 17{,}9 = 38{,}2$ kN wird maßgebend

Bei diesem Verfahren wird die Tragfähigkeit des Restquerschnittes unter Berücksichtigung der Abnahme der Festigkeiten aufgrund der Temperaturerhöhung ermittelt.

Der Restquerschnitt wird wie in dem vereinfachten Verfahren ermittelt, allerdings bleibt die zusätzliche Erhöhung der Abbrandtiefe d_0 unberücksichtigt.

Die Festigkeiten und Steifigkeiten berechnen sich zu

$$f_{d,fi} = k_{fi} \cdot k_{mod,fi} \cdot f_k / \gamma_{M,fi}$$

$$E_{d,fi} = k_{fi} \cdot k_{mod,fi} \cdot E_{0,05} / \gamma_{M,fi}$$

Modifikationsbeiwerte k_{mod} unter Berücksichtigung der Auswirkungen der Temperatur auf die Festigkeit und Steifigkeit

$$k_{mod,fi} = 1 - \frac{1}{225} \cdot \frac{p}{A_r}$$ für die Biegefestigkeit (4.2)

$$k_{mod,fi} = 1 - \frac{1}{125} \cdot \frac{p}{A_r}$$ für die Druckfestigkeit (4.3)

$$k_{mod,fi} = 1 - \frac{1}{333} \cdot \frac{p}{A_r}$$ für die Zugfestigkeit parallel zur Faser, den E-Modul und den G-Modul

p Restquerschnittsumfang der beflammten Seiten in m

A_r Restquerschnittsfläche in m^2

Der Restquerschnitt beträgt hier dann

$$A_r = (b - 2 \cdot d) \cdot (h - 2 \cdot d) = (14 - 2 \cdot 2{,}4) \cdot (24 - 2 \cdot 2{,}4) = 176{,}6 \text{ cm}^2$$

Der Restquerschnittsumfang beträgt

$$u_r = 2 \cdot [(b - 2 \cdot d) + (h - 2 \cdot d)] = 2 \cdot [(14 - 2 \cdot 2{,}4) + (24 - 2 \cdot 2{,}4)] = 56{,}8 \text{ cm}^2$$

Die reduzierten Modifikationsbeiwerte k_{mod} ergeben sich aus

$$k_{mod,fi} = 1 - \frac{1}{333} \cdot \frac{56{,}8}{176{,}6} = 1{,}00$$ für den E-Modul

$$k_{mod,fi} = 1 - \frac{1}{125} \cdot \frac{56{,}8}{176{,}6} = 1{,}00$$ für die Druckfestigkeit

Für den E-Modul darf im Brandfall also folgender Wert angesetzt werden

$$E_{d,fi} = 1{,}25 \cdot 1{,}0 \cdot 1100/1{,}0 = 1375 \text{ kN/cm}^2$$

Nachfolgend wird der Knickbeiwert berechnet. Der bezogene Schlankheitsgrad berechnet sich aus

$$\lambda_{rel,c,fi} = \sqrt{\frac{f_{c,0,k}}{\sigma_{c,crit}}} = \frac{\gamma}{\pi} \sqrt{\frac{f_{c,0,k}}{E_{d,fi}}}$$

$\beta = 0{,}7$ (Günstig ansetzbar nach DIN EN 1995-1-2, 4.3.3 (2))

$$l_{ef} = h \cdot \beta = 4{,}60 \cdot 0{,}7 = 3{,}22 \text{ m}$$

$$i_{fi} = \frac{I_{z,fi}}{A_r} = \frac{b_{fi}}{\sqrt{12}} = \frac{14 - 2 \cdot 2{,}4}{\sqrt{12}} = 2{,}66 \text{ cm}$$

$$\lambda_z = \frac{l_{ef}}{i} = \frac{322}{2,66} = 121,05$$

$$\lambda_{rel,c,fi} = \frac{121,1}{\pi} \cdot \sqrt{\frac{2,1}{1375}} = 1,51$$

$$k = 0,5 \cdot [1 + \gamma_c \cdot (\lambda_{rel,c} - 0,3) + \lambda_{rel,c}^2] = 0,5 \cdot [1 + 0,2 \cdot (1,51 - 0,3) + 1,51^2] = 1,76$$

$$k_{c,fi} = \min\left\{ \frac{1}{k + \sqrt{k^2 - \lambda_{rel,c}^2}} ; 1 \right\} = \min\left\{ \frac{1}{1,76 + \sqrt{1,76^2 - 1,51^2}} ; 1 \right\} = 0,38$$

Die Bemessungsdruckfestigkeit im Brandfall ergibt sich zu

$$f_{c,0,d,fi} = k_{c,fi} \cdot k_{fi} \cdot k_{mod,fi} \cdot f_{c,0,k} / \gamma_{M,fi} = 0,38 \cdot 1,25 \cdot 1,00 \cdot 2,1/1,0 = 1,00 \text{ kN/cm}^2$$

$$\sigma_{c,0,d,fi} = \frac{E_{dA}}{A_r} = \frac{40,34}{176,6} = 0,228 \text{ kN/cm}^2$$

$$\frac{\sigma_{c,0,d,fi}}{f_{c,0,d,fi}} = \frac{0,23}{1,00} = 0,23 < 1,0$$

2.5.1.3 Nachweis der raumabschließenden Funktion einer Wandkonstruktion

Für den Nachweis des Raumabschlusses wird exemplarisch eine Holzständerwand im Obergeschoss betrachtet. Diese Trennwand zwischen zwei Nutzungseinheiten soll nach Musterbauordnung für 30 Minuten den Raumabschluss gewährleisten (EI 30).

Wandaufbau:	OSB-Platte	15 mm
	Ständerwerk	C24, 16/8 cm
	Zwischenraumdämmung:	Glaswolle (> 1000 °C), $d = 16$ cm
	OSB-Platte	15 mm

Nach DIN EN 1995-1-2 Anhang E ist nachzuweisen, dass die Zeit bis zum Erreichen der zulässigen Temperaturerhöhung auf der feuerabgewandten Seite (Vorgabe nach DIN EN 1995-1-2 2.1.2 (3)) nicht kleiner ist als die erforderliche Feuerwiderstandsdauer für die raumabschließende Funktion der Konstruktion.

$$t_{ins} \geq t_{req}$$

$$t_{ins} = \sum t_{ins,0,i} \cdot k_{pos} \cdot k_j$$

$t_{ins,0,i}$ Grundwert der Wärmedämmung der Lage i (DIN EN 1995-1-2 Anhang E, Absatz E.2.2)

k_{pos} Positionsbeiwert (DIN EN 1995-1-2 Anhang E, Absatz E.2.3)

k_j Fugenbeiwert (DIN EN 1995-1-2 Anhang E, Absatz E.2.4)

Grundwerte der Wärmedämmung: (DIN EN 1995-1-2 Anhang E, Absatz E.3 – DIN EN 1995-1-2 Anhang E, Absatz E.8)

$t_{ins,0,OSB}$ $1,1 \cdot h_p = 1,1 \cdot 15 = 16,5$ min (mit $\rho > 600$ kg/m^3)

$t_{ins,0,Glaswolle}$ $0,1 \cdot h_{ins} \cdot k_{den} = 0,1 \cdot 160 \cdot 1,2 = 19,2$ min
(k_{dens} aus Tabelle DIN EN 1995-1-2 Anhang E, Absatz E.2 – für eine vorhandene Rohdichte $\rho = 26$ kg/m^3)

Positionsbeiwerte (Tabelle DIN EN 1995-1-2 Anhang E, Absatz E.3 – DIN EN 1995-1-2 Anhang E, Absatz E.5 und Gleichung (DIN EN 1995-1-2 Anhang E, Absatz E.9)):

OSB-Platte auf brandbeanspruchter Seite mit Steinwolle hinterlegt (Tabelle DIN EN 1995-1-2 Anhang E, Absatz E.3):

$$k_{pos} = \min \begin{cases} 0{,}02 \cdot h_p + 0{,}54 = 0{,}02 \cdot 18 + 0{,}54 = 0{,}9 \\ 1{,}0 \end{cases}$$ DIN EN 1995-1-2, Anhang E, Gl. (E.9)

Steinwolle hinter OSB-Bekleidung:

$k_{pos} = 1{,}0$ nach DIN EN 1995-1-2 Anhang E, Absatz E.2.3 (1)

OSB-Bekleidung auf der feuerabgewandten Seite (Tabelle DIN EN 1995-1-2 Anhang E, Absatz E.4 und Gl. DIN EN 1995-1-2 Anhang E, Absatz E.10):

$k_{pos} = 0{,}07 \cdot h_p - 0{,}17 = 0{,}88$

Auswirkung der Fugen:

OSB: (Fugentyp *d* nach Tabelle DIN EN 1995-1-2 Anhang E, Absatz E.6)

$k_j = 0{,}4$

Glaswolle: (DIN EN 1995-1-2 Anhang E, Absatz E.2.4 (3))

$k_j = 1{,}0$

≤ 2 mm

≥ 15 mm

Nachweis:

$$t_{ins} = 16{,}5\,\text{min} \cdot 0{,}9 \cdot 0{,}4 + 16\,\text{min} \cdot 1{,}2 \cdot 1{,}0 + 16{,}5\,\text{min} \cdot 0{,}88 \cdot 0{,}4 = 31\,\text{min} \geq 30\,\text{min}$$

Der Nachweis für den Raumabschluss im Brandfall ist erfüllt.

2.5.2 Erdbebenbemessung

Der Nachweis der Erdbebensicherheit nach Eurocode 8 wird hier nur vereinfacht und auszugsweise für das Beispielgebäude dargestellt. Die Grundlagen und wichtigsten Aspekte eines Erdbebennachweises sowie die Besonderheiten des Holzbaus im Erdbebenfall werden in der im Mai 2011 erschienenen Broschüre „Nachweis der Erdbebensicherheit von Holzgebäuden" von Burkhard Walter, Aachen und Tobias Wiesenkämper, Essen kurz beschrieben und mit weiteren Beispielen erläutert.

Beispiel nach DIN EN 1998-1 + NA:

Grundriss:

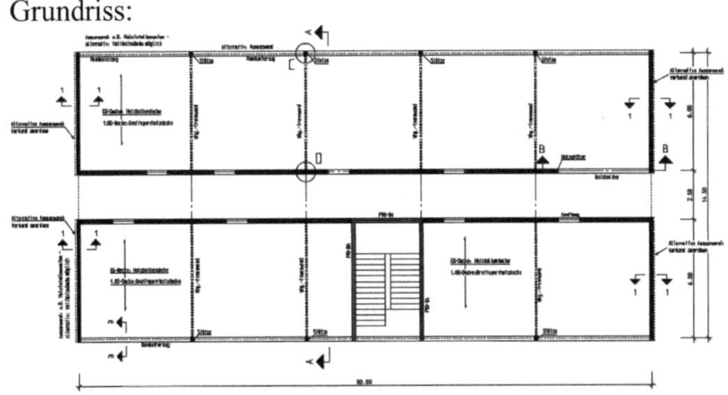

Aufriss:

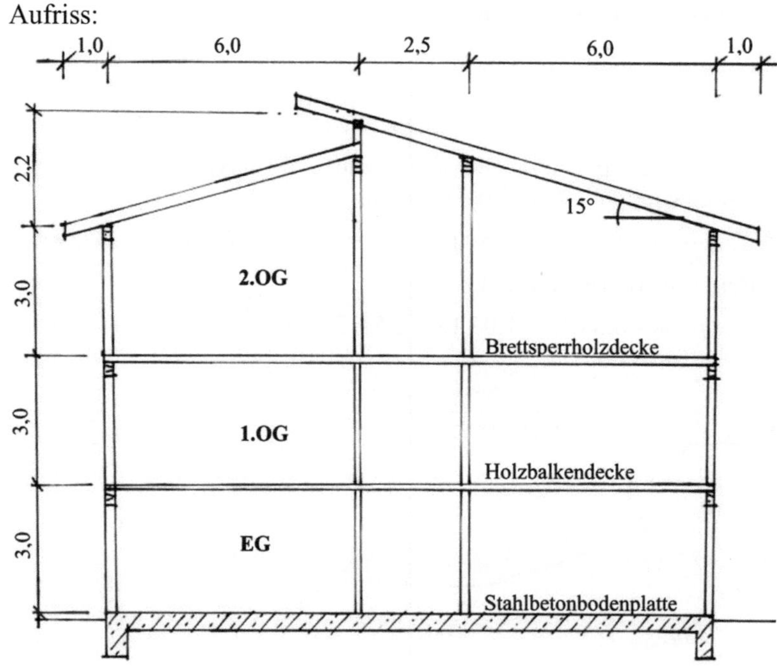

Bauart:	Holztafelbauweise 3-geschossig	
Standort:	Aachen	
Erdbebenzone:	**3**	(DIN EN 1998-1/NA; Bild NA.1)

Die Erdbebenzonen können über die folgende Internetadresse des Deutschen Geo Forschungszentrum GFZ für den jeweiligen Standort abgefragt werden.
http://www.gfz-potsdam.de/din4149-erdbebenzonenabfrage

Bemessungswert der Bodenbeschleunigung:	→ $a_{gR} = 0{,}8$ m/s²	(DIN EN 1998-1/NA; Tab. NA.3)
Nutzung:	Wohnen	
Bedeutungskategorie:	II	
Bedeutungsbeiwert	→ $\gamma_I = 1{,}0$	(DIN EN 1998-1/NA; Tab. NA.6)
Baugrundklasse – Untergrundklasse	A – R	(DIN EN 1998-1/NA; Bild NA.2)
→ Untergrundparameter	→ $S = 1{,}00$	(DIN EN 1998-1/NA; Tab. NA.4)
Beiwerte:		
Dämpfungs-Korrektur-Beiwert	→ $\eta = 1{,}0$	(DIN EN 1998-1; Abs. 3.2.2.2) (Referenzwert für 5%ige Viskose-Dämpfung)[1]
Verstärkungsbeiwert	→ $\beta_0 = 2{,}5$	

---

[1] Abweichende Ansätze der Viskose-Dämpfung durch Änderung des Dämpfungs-Korrektur-Beiwertes
$\xi = 5\ \% \rightarrow \eta = 1{,}0$ $\qquad \xi \neq 5\ \% \rightarrow \eta \neq 1{,}0$

Horizontales elastisches Antwortspektrum:

Die Bauwerksdaten und Bodenkennwerte bestimmen den Verlauf des elastischen Antwortspektrums. Aus dem elastischen Antwortspektrum wird anschließend die Bemessungsbeschleunigung abhängig von der Schwingdauer des Bauwerks ermittelt.

Auf der sicheren Seite liegend wird für das Beispielgebäude die maximale Bemessungsbeschleunigung (der sogenannte Plateauwert) berechnet.

für $T_B \leq T \leq T_C \rightarrow S_e(T) = a_g \cdot \gamma_I \cdot S \cdot \eta \cdot 2{,}5$ (DIN EN 1998-1; Gl. (3.3))

Mit den zuvor ermittelten Werten ergibt sich:

$$S_e(T) \; a_g \cdot \gamma_I \cdot S \cdot \eta \cdot \beta_0 = 0{,}8 \cdot 1{,}0 \cdot 1{,}0 \cdot 1{,}0 \cdot 2{,}5 = 2{,}00 \text{ m/s}^2$$

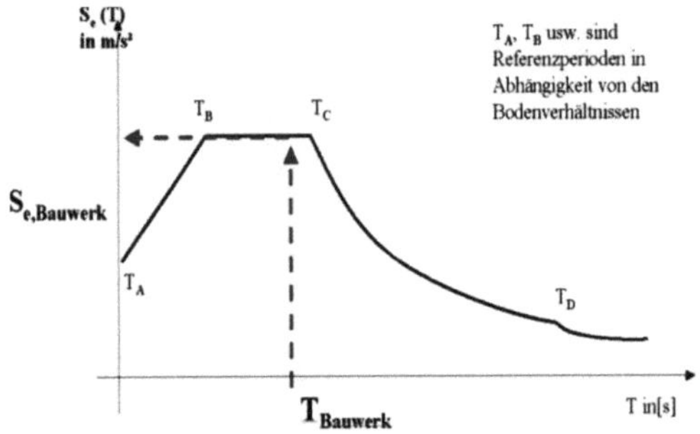

Ermittlung der maximalen Gesamterdbebenkraft (Plateauwert):

$F_{b,e} = S_e(T) \cdot M \cdot \lambda$ (DIN EN 1998-1; Gl. (4.2))

mit $\lambda = 0{,}85$ (Korrekturbeiwert) gemäß DIN EN 1998-1, Abs. 4.3.3.2.2 für Gebäude mit mehr als 3 Geschossen.

Ermittlung der Massen

Zur Ermittlung der Erdbebenersatzkraft wird weiter die Masse des Gebäudes oberhalb der Geländekante benötigt.

Die Ermittlung der Massen erfolgt gemäß Eurocode 8, Abschnitt 3.2.4 nach den Kombinationsregeln der DIN EN 1990 für die Bemessungssituation Erdbeben unter Berücksichtigung der Kombinationsbeiwerte ψ_{Ei}.

$$M = (\Sigma G_{kj} \oplus \Sigma \psi_{EI} \cdot Q_{ki})/9{,}81$$

$\psi_{EI} = \varphi \cdot \psi_{2i}$ (DIN EN 1998-1; Gl. (4.2))

$\varphi = 1{,}0$ für Verkehrslasten oberstes Geschoss

$\varphi = 0{,}7$ für Verkehrslasten andere Geschosse

Eigenlasten:

- Dachdecke (Dachdeckung, Spüarren, Unterdecke) $g_{k,DG} = 1{,}10 \text{ kN/m}^2$
- Geschossdecken (Estrich + Belag, Dämmung, Brettstapeldecke, Unterdecke) $g_{k,1} = 3{,}50 \text{ kN/m}^2$
- Wände je Geschoss (inkl. Fassade und Fenster) $G_{k,\text{Wände}} \approx 300 \text{ kN}$

Schneelast:

Schneelastzone 2, Pultdach, 15° Neigung = Formbeiwert $\mu_1 = 0{,}8$

$s_k = 0{,}85 \cdot 0{,}8 = 0{,}68$ kN/m²

$\psi_2 = 0{,}5$ für Schnee laut Ministerialblatt für NRW

$0{,}5 \cdot 0{,}68 = 0{,}34$ kN/m² $\quad s_k^* = 0{,}41$ kN/m²

Verkehrslasten:

Kategorie A3 $\quad q_k \leq 2{,}00$ kN/m²

$\psi_2 = 0{,}3$ für Wohngebäude Kat. A3
und mit $\varphi = 1{,}0$ für Verkehrslasten oberstes Geschoss

$q_{k,2}^* = 0{,}3 \cdot (2{,}00) = 0{,}6$ kN/m² $\quad q_{k,2} = 0{,}60$ kN/m²

$\psi_2 = 0{,}3$ für Wohngebäude Kat. A3
und mit $\varphi = 0{,}7$ für Verkehrslasten anderer Geschosse, deren Nutzung in Abhängigkeit zueinander steht.

$q_{k,1}^* = 0{,}3 \cdot 2{,}00 = 0{,}6$ kN/m² $\quad q_{k,2} = 0{,}42$ kN/m²

Massen Geschossweise:

$M_3 = [A_{DG} \cdot (s_k^* + g_{k,DG}) + 0{,}5 \cdot G_{k,Wände}]/9{,}81$
$= [16{,}0 \cdot 30{,}0 \cdot (0{,}34 + 1{,}50) + 0{,}5 \cdot 300]/9{,}81 = 86$ t

$M_2 = [A_{Geschoss} \cdot (g_{k1} + q_{k2}^*) + 2 \cdot G_{k,Wände}/2]/9{,}81$
$= [16{,}0 \cdot 30{,}0 \cdot (3{,}50 + 0{,}60) + 2 \cdot 300]/9{,}81 = 231$ t

$M_1 = [A_{Geschoss} \cdot (g_{k,1} + q_{k,1}^*) + 2 \cdot G_{k,Wände}/2]/9{,}81$
$= [16{,}0 \cdot 30{,}0 \cdot (3{,}50 + 0{,}42) + 2 \cdot 300]/9{,}81 = 222$ t

Gesamtmasse:

$M_{Gesamt} = M_3 + M_2 + M_1 = 86 + 231 + 222 = \mathbf{539\ t}$

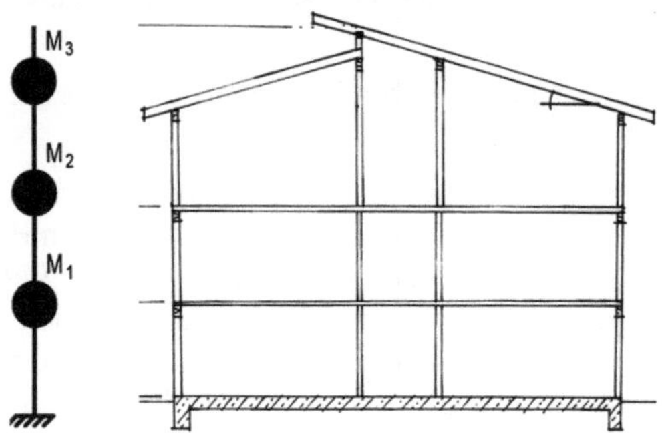

Ermittlung der Gesamterdbebenkraft:

$$F_{b,e} = S_e(T) \cdot M \cdot \lambda = 2{,}0 \cdot 539 \cdot 0{,}85 = 916 \text{ kN}$$

Die so ermittelte Erdbebenersatzlast wird über die Höhe des Bauwerks verteilt. Anschließend erfolgt der Nachweis der ausreichenden Tragfähigkeit der Aussteifungskonstruktion. Dazu ist die horizontal wirkende Erdbebenersatzlast auf die aussteifenden Holztafeln zu verteilen. Dies erfolgt analog wie in Abschnitt 2.4.1.4 Aufteilung der Horizontallasten auf die einzelnen Wandtafeln für Windlasten beschrieben.

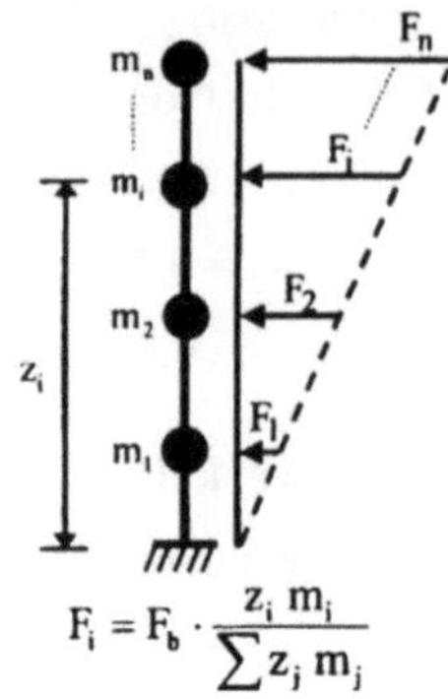

Einstufung in Duktilitätsklasse

Aufgrund der Größe der ermittelten Erdbebenersatzkraft wird der Nachweis des Lastabtrages und der ausreichenden Tragfähigkeit unter Ansatz der Mindestduktilität nur schwer zu führen sein.

Daher empfiehlt es sich für das Beispielgebäude die höhere vorhandene Duktilität zu berücksichtigen. Die mechanischen Verbindungsmittel der Holztafelelemente sind in der Lage im Erdbebenfall durch plastische Verformungen die Erdbebenenergie umzuwandeln. Daher kann die Bemessung für kleinere Kräfte durchgeführt werden als sie bei einer linear elastischen Antwort des Bauwerkes auftreten würden.

Das Beispielgebäude kann gemäß DIN EN 1998-1, Abs. 8.3 aufgrund seiner aussteifenden Wandscheiben in Holztafelbauweise in die Duktilitätsklasse DCH (entspricht Duktilitätsklasse 3 nach DIN 4149) eingestuft werden. Der Verhaltensbeiwert q beträgt 4,0.

Reduzierung der statischen Erdbebenersatzkraft:

$$F_b = F_{b,e}/q = 916/4{,}0 = 229 \text{ kN}$$

Der Bemessungswert der Erdbebenersatzkraft ist vergleichbar mit der Gesamtwindkraft (in y-Richtung). Aufgrund des günstigeren Teilsicherheits- und Modifikationsbeiwertes k_{mod} für den außergewöhnlichen Lastfall Erdbeben wird dieser für die Wandtafeln nicht maßgebend.

Aus diesem Grund wird der rechnerische Nachweis der Erdbebensicherheit hier nicht weiter geführt.

Zu beachten ist aber, dass bei dem Ansatz der Duktilitätklasse DCH immer eine Kapazitätsbemessung durchzuführen ist. Es ist sicherzustellen, dass die hoch duktilen Bauteile im Erdbebenfall so belastet werden, dass sie in den plastischen Bereich der Tragfähigkeit gelangen. Ein vorheriges sprödes Versagen anderer Bauteile ist auszuschließen. Daher sind beispielsweise stabilitätsgefährdete Bauteile wie die Druckrandrippe mit einer entsprechenden Überkapazität nachzuweisen. Für die untere Zug- und Schubverankerung im Beton der Bodenplatte ist der Ansatz eines maximalen Verhaltensbeiwertes q von 1,5 zulässig.

Empfehlung für die Kapazitätsbemessung:

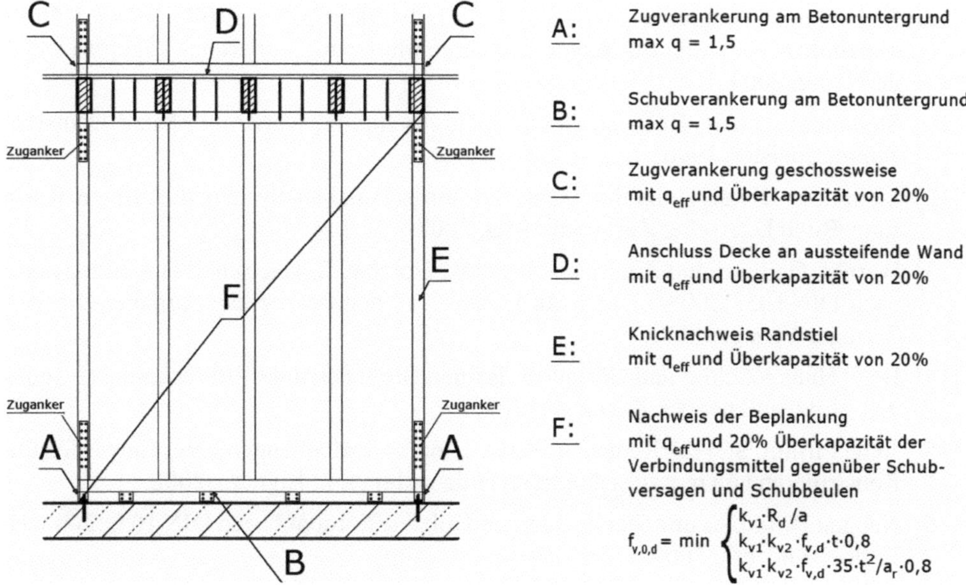

Abbildung 2.36: Kapazitätsbemessung einer Wandtafel

2.6 Literatur

[1] Schickhofer et al., BSPhandbuch. Graz: TU Graz; holz.bau forschungs gmbh; Karlsruher Institut für Technologie; TU München; ETH Zürich, 2009.

[2] Hamm, Patricia. Schwingungsverhalten von Decken bei Auflagerung auf Unterzügen. die neue quadriaga HOLZBAU. Januar 2008, S. 41–46.

[3] Zur Steifigkeit von Holztafeln. Kessel, Martin H. Hildesheimer Informationstag Holz: TU Braunschweig, 2009.

[4] Werner, Gerhard und Zimmer, Karlheinz. Holzbau 1, Grundlagen DIN1052 (neu 2008) und Eurocode, 4. neubearbeitete Auflage. Dresden: Springer, 2009.

[5] Neuhaus, Helmuth. Ingenieurholzbau, Grundlagen – Bemessung – Nachweise – Beispiele, 2. Auflage. s.l.: Vieweg + Teubner, 2009.

[6] Hamm, Patricia. Schwingungen bei Decken und Brücken – Theoretische Prognose und praktische Analyse. s. l.: Bruderverlag, 2005. Ingenieurholzbau; Karlsruher Tage, S. 27–36.

[7] Becker, Klaus Jürgen und Blaß, Hans Joachim. Ingenieurholzbau nach DIN 1052, Einführung mit Beispielen. s.l.: Ernst & Sohn, 2006.

[8] Wiegand, Tobias. Bauen mit Brettsperrholz.: Studiengemeinschaft Holzleimbau e. V., 2010.

[9] Scholz, Andreas. Schubanalogie in der Praxis. Ingenieurholzbau; Karlsruher Tage: s. l.: Bruderverlag, 2004.

[10] Riebenbauer, Johann. Modellbildung für faltwerkartige Konstruktionen mit Brettsperrholz – Ausgeführte Beispiel. Ingenieurholzbau; Karlsruher Tage: s. l.: Bruderverlag, 2009.

[11] Steinmetz, Dieter, Holzrahmenbau mehrgeschossig. Karlsruhe: Bund Deutscher Zimmermeister, 1996.

[12] Steinmetz, Dieter, Holzrahmenbau Bewährtes Holzbau-System, 4. Auflage. Karlsruhe: Bund Duetscher Zimmermeister, 2007.

[13] Werner, Gerhard und Zimmer, Karlheinz. Holzbau 2, Dach- und Hallentragwerke nach DIN 1052:2008-12 und Eurocode 5, 4., neu bearbeitete Auflage. Dresden: Springer Verlag, 2009.

[14] Blaß, Hans Joachim und Görlacher, Rainer. Brettsperrholz – Berechnungsgrundlagen. Holzbaukalender. Karlsruhe: 2003.

[15] Jung, Pirmin, Steiger, Rene und Wenk, Thomas. Erdbebengerechtes Entwerfen und Konstruieren von mehrgeschossigen Holzbauten. s. l.: Lignum, 2008.

[16] Nebgen, Nikolaus und Steck, Günther. Holzbau kompakt nach DIN 1052:2008-12. Berlin: Bauwerk, 2009.

[17] Richter, Antje und Hamm, Patricia. Personeninduzierte Schwinungen bei Holzdecken – Neue Erkenntnisse führen zu neuen Bewertungsverfahren. s. l.: Bruderverlag, 2009. Ingenieurholzbau; Karlsruher Tage, S. 9–17.

[18] DIN EN 1991-1-1:2010-12 – Allgemeine Einwirkungen auf Tragwerke; Wichten, Eingengewichte und Nutzlasten im Hochbau.

[19] DIN EN 1991-1-3:2010-12 – Allgemeine Einwirkungen auf Tragwerke; Schneelasten.

[20] DIN EN 1991-1-4:2010-12 – Allgemeine Einwirkungen auf Tragwerke; Windlasten.

[21] DIN EN 1995-1-2:2010-12 Eurocode 5 – Bemessung und Konstruktion von Holzbauten: Tragwerksbemessung für den Brandfall.

[22] DIN EN 1995-1-1:2010-12 Eurocode 5 – Bemessung und Konstruktion von Holzbauten: Allgemeine Regeln und Regeln für den Hochbau.

[23] DIN EN 1995-1-1/NA:2013-08 – Nationaler Anhang: Bemessung und Konstruktion von Holzbauten: Allgemeine Regeln und Regeln für den Hochbau.

[24] DIN EN 1995-1-2/NA:2010-12 – Nationaler Anhang: Bemessung und Konstruktion von Holzbauten: Tragwerksbemessung für den Brandfall.

[25] DIN EN14080:2013-09 – Holzbauwerke; Brettschichtholz und Balkenschichtholz.

[26] DIN EN 335:2013-06 – Dauerhaftigkeit von Holz und Holzprodukten – Gebrauchsklassen.

[27] DIN EN 15497:2014-07 – Keilgezinktes Vollholz für tragende Zwecke.

[28] DIN EN 1998-1:2010-12 Eurocode 8 – Auslegung von Bauwerken gegen Erdbeben; Grundlagen, Erdbebeneinwirkungen und Regeln für Hochbauten.

[29] DIN EN 1998-1/NA:2011-01 Nationaler Anhang – Auslegung von Bauwerken gegen Erdbeben; Grundlagen, Erdbebeneinwirkungen und Regeln für Hochbauten.

[30] DIN EN 338:2016-08 – Bauholz für tragende Zwecke; Festigkeitsklassen.

[31] DIN EN 1991-1-1/NA:2010-12 Nationaler Anhang – Allgemeine Einwirkungen auf Tragwerke; Wichten, Eigengewichte und Nutzlasten im Hochbau.

[32] DIN EN 1991-1-4/NA:2010-12 – Allgemeine Einwirkungen auf Tragwerke; Windlasten.

[33] DIN EN 1991-1-3/NA:2010-12 Nationaler Anhang – Allgemeine Einwirkungen auf Tragwerke; Schneelasten.

3 Beispiel Hallentragwerk

Beschreibung der Ausgangssituation

Für eine Schreinerei, die bisher in einer Dorfmitte angesiedelt war, wurden die räumlichen Verhältnisse, in den seit der Gründung durch die vorherige Generation unveränderten Gebäuden, zu eng. Der Inhaber beschloss, eine neue Halle am Dorfrand zu bauen, welche ganz auf die Bedürfnisse des expandierenden Betriebes ausgelegt sein sollte. Da in der Schreinerei qualitativ hochwertiger Innenausbau vorgefertigt wird, sollte das Gebäude dies auch nach außen widerspiegeln. Das hieß für den Bauherrn, dass nicht nur eine ansprechende Fassade geschaffen werden sollte, sondern er legte auch großen Wert auf ein innen sichtbares und gut gestaltetes Tragwerk. Seine ersten Vorstellungen kreisten um stahlunterspannte Holzträger bzw. Polonceauträger.

Das Grundstück, das der Bauherr zu diesem Zweck von der Gemeinde erworben hatte, liegt in der Talaue eines Flüsschens. Solche Lagen wurden von unseren Altvorderen nicht bebaut, weil der angeschwemmte Untergrund für die Gründung von Gebäuden meist nicht tragfähig genug ist. Diesem Nachteil gerecht werdend, gab es einen Preisnachlass, der in etwa den Mehrkosten für die Gründung entsprach.

Nach Vorliegen des Bodengutachtens ergaben vergleichende Berechnungen, dass eine Pfahlgründung mit Bohrpfählen in dieser Situation die günstigste Lösung war.

Jetzt galt es, ein diesen Umständen angepasstes Haupttragwerk zu finden. Wegen der vergleichsweise großen Momente, die am Fußpunkt von eingespannten Stützen auftreten und von den Bohrpfählen hätten aufgenommen werden müssen, wurde dem Bauherrn ein Rahmentragwerk vorgeschlagen, bei dem an den Fußpunkten nur Vertikal- und Horizontalkräfte, aber keine Momente auftreten.

Da die Halle über beide Giebel hinaus erweiterbar sein sollte, sind in den Giebelachsen die gleichen Fachwerkrahmen angeordnet, wie in den übrigen Achsen. Somit wurde es auch sinnvoll, mit Dachverbänden in den äußeren Feldern dafür zu sorgen, dass Winddruck- und -sogkräfte auf die Giebelwände auf dem kürzesten Weg auf die Verbände in den Längswänden weitergeleitet werden. Die Holztafelwände in den Giebeln übernehmen damit nur horizontale Kräfte und keine vertikalen. Damit dies auch sicher gewährleistet ist, muss die Verbindung dieser Wände mit dem Ortgang entsprechend ausgebildet werden.

Die Halle liegt in der Schneelastzone 2 und der Windlastzone 2 auf einer Höhe von 385 m über NN.

Entwicklungsschritte im Zuge der Vorplanung

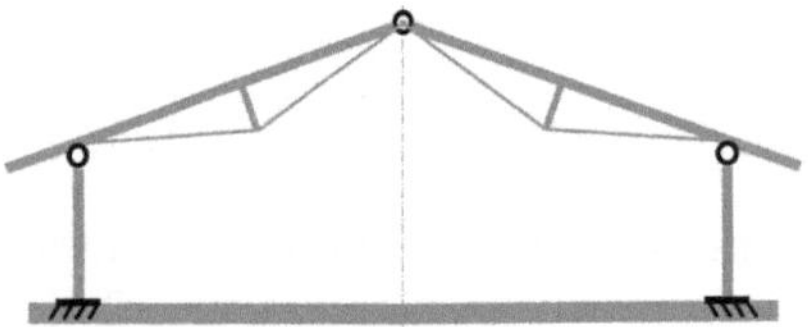

sehr große *Momente am Stützenfuß*

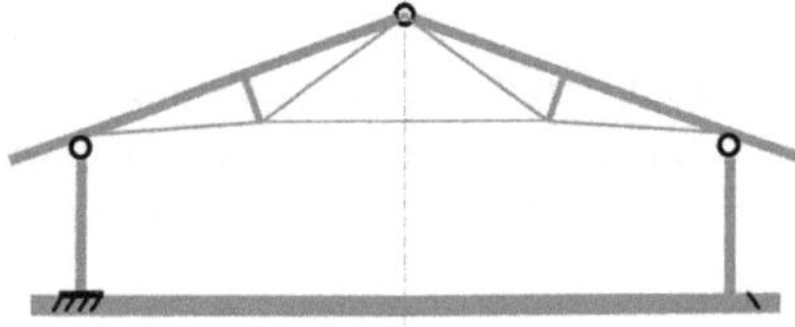

große *Momente am Stützenfuß*

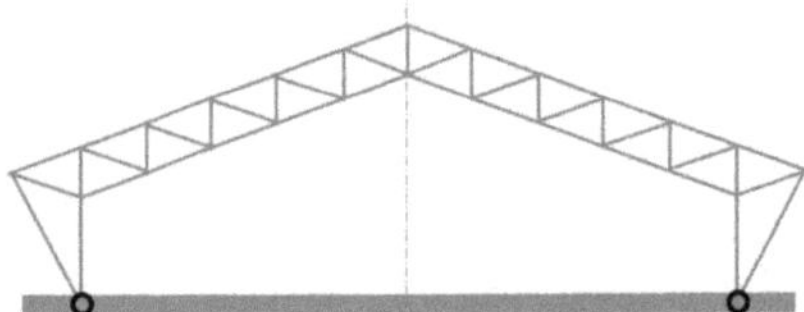

keine *Momente am Stützenfuß*

Abbildung 3.1: Alternative Tragwerke

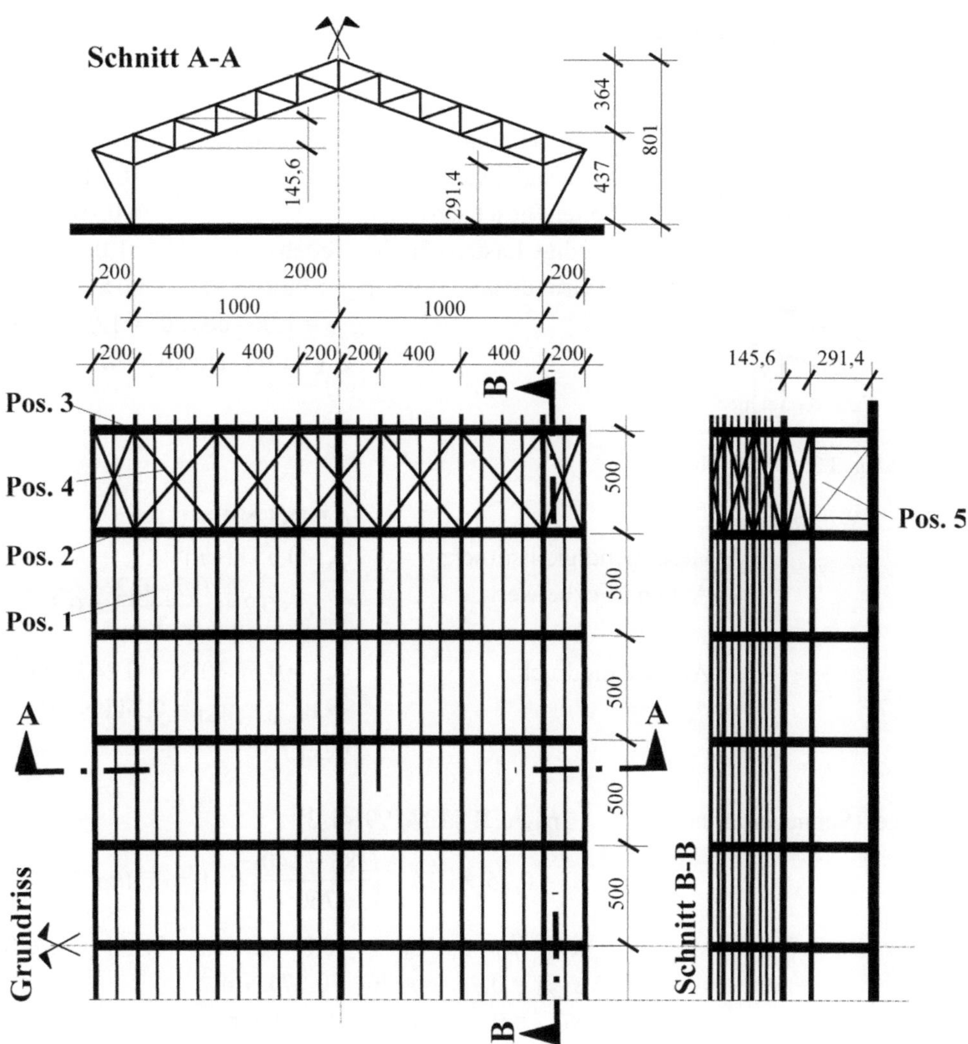

Abbildung 3.2: Übersichtsskizzen (Ersatz für einen Positionsplan)

3.1 Die Koppelpfetten

Ständige Lasten:

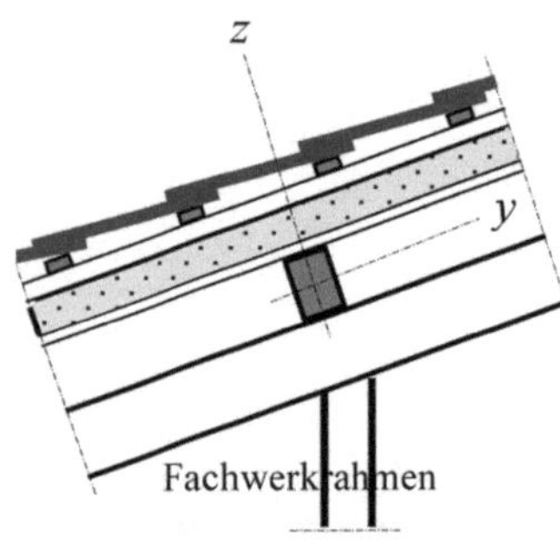

Abbildung 3.3: Dachaufbau

Falzziegel einschl. Lattung		$= 0{,}55\ \text{kN/m}^2$
Wärmedämmung inkl. Konterlattung		$= 0{,}24\ \text{kN/m}^2$
Holzschalung, d = 22 mm		$= 0{,}11\ \text{kN/m}^2$
Pfetten (geschätzt)		$\approx 0{,}10\ \text{kN/m}^2$
Ständige Lasten (für die Pfetten)	g_k'	$= 1{,}00\ \text{kN/m}^2$

im Grundriss: $g_k = 1.00/\cos 20° = 1{,}06\ \text{kN/m}^2\text{Gfl.}$

$g_{z,k} = 1.06 \cdot \cos 20° = 1{,}00\ \text{kN/m}^2$

$g_{y,k} = 1.06 \cdot \sin 20° = 0{,}36\ \text{kN/m}^2$

Wind: (Windzone II) DIN EN 1991-1-4

Geschwindigkeitsdruck: $q_p = 0{,}65\ \text{kN/m}^2$

Außendruckbeiwert: $c_{pe,10} = 0{,}2 + \dfrac{0{,}7 - 0{,}2}{3} = 0{,}37$

Außenwinddruck: $w_{e,k} = 0{,}65 \cdot 0{,}37 = 0{,}24\ \text{kN/m}^2$

$\rightarrow w_{e,z,k} = w_{e,k} = 0{,}24\ \text{kN/m}^2$

$w_{e,y,k} = 0$

Schnee: (Schneelastzone II) nach DIN EN 1991-1-3

$$s_k = 0{,}25 + 1{,}19 \cdot \left(\frac{385 + 140}{760}\right)^2 = 1{,}16\ \text{kN/m}^2\text{Gfl.}$$

$s_{1,k} = \mu_1 \cdot C_e \cdot C_t \cdot s_k = 0{,}8 \cdot 1{,}0 \cdot 1{,}0 = 0{,}93\ \text{kN/m}^2\text{Gfl.}$

$s_{1,z,k} = 0{,}93 \cdot \cos 20° = 0{,}87\ \text{kN/m}^2$

$s_{1,y,k} = 0{,}93 \cdot \sin 20° = 0{,}32\ \text{kN/m}^2$

Lastfallkombinationen: DIN EN 1990 6.4.3

Da für Wind und Schnee (unter 1000 m) für Wind die Lasteinwirkungsdauer „Mittelwert aus kurz/sehr kurz“ und für Schnee „kurz“ anzusetzen und die Schneelast > Windlast ist, müssen nur drei Kombinationen untersucht werden.

Die Sparrenpfetten werden als Koppelpfetten ausgebildet. Durch die Schräglage erhalten sie Doppelbiegung und eine kombinierte Beanspruchung der Verbindungen.

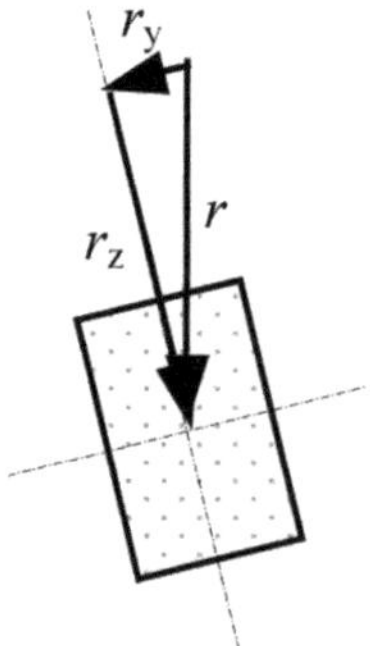

Abbildung 3.4: Belastung der Pfetten

Lokal z:

LFK1: $g_{y,d} = \gamma_G \cdot g_{y,k} = 1{,}35 \cdot 1{,}0 = 1{,}35\ \text{kN/m}^2$

LFK2: $g_{z,d} = \gamma_G \cdot g_{z,k} + \gamma_Q \cdot s_{z,k,s} = 1{,}35 \cdot 1{,}00 + 1{,}5 \cdot 0{,}88 = 2{,}67\ \text{kN/m}^2$

LFK3: $g_{z,d} = 1{,}35 \cdot g_{z,k} + \gamma_Q \cdot (s_{z,k} + \psi_o \cdot w_{z,k}) = 1{,}35 \cdot 1{,}0 + 1{,}5 \cdot (0{,}88 + 0{,}6 \cdot 0{,}24)$
$= 2{,}89\ \text{kN/m}^2$

maßgebende Lastfallkombination:
$1{,}35/k_{mod} = 1{,}35/0{,}6 = 2{,}25$[1)]
$2{,}67/k_{mod} = 2{,}67/0{,}9 = \mathbf{2{,}97}$[1)] **maßgebend!**
$2{,}89/k_{mod} = 2{,}89/1{,}0 = 2{,}89$[2)]

Lokal y:

LFK1: $g_{y,d} = \gamma_G \cdot g_{y,k} = 1{,}35 \cdot 0{,}36 = 0{,}49\ \text{kN/m}^2$

LFK2: $g_{y,d} = \gamma_{y,k} \cdot s_{y,k} = 1{,}35 \cdot 1{,}00 + 0{,}36 + 1{,}5 \cdot 0{,}32 = 0{,}97\ \text{kN/m}^2$

maßgebende Lastfallkombination:
$0{,}49/k_{mod} = 0{,}49/0{,}6 = 0{,}81$[1)]
$0{,}97/k_{mod} = 0{,}97/0{,}9 = \mathbf{1{,}07}$[1)] **maßgebend!**
$2{,}89/k_{mod} = 2{,}89/1{,}0 = 2{,}89$[2)]

$\Rightarrow$ ***g + s* (LFK2) ist die maßgebende Lastfallkombination.**

1) Die Einwirkung mit der kürzesten Dauer ist maßgebend.

2) Zusätzlich darf bei Wind für k_{mod} das Mittel aus „kurz“ und „sehr kurz“ angesetzt werden. [EC5 1-1, NA Tab.1]

Umrechnungsfaktor: $\mu_{z,y} = \dfrac{0{,}97}{2{,}67} = 0{,}36$

System

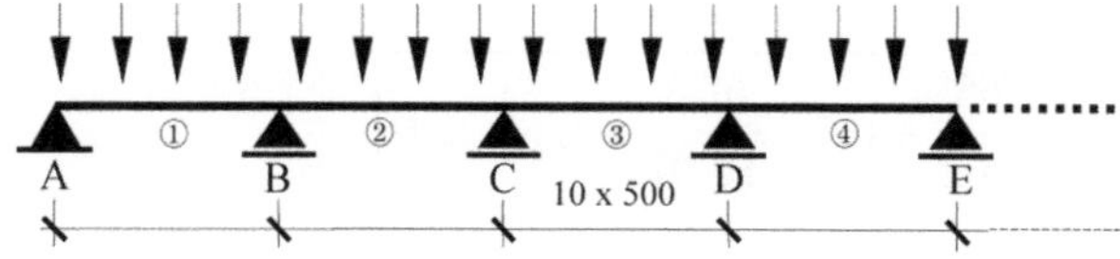

Der Dachüberstand am Giebel wird vernachlässigt

Abbildung 3.5: System mit Belastung

Auflager- und Schnittgrößen (pro m) z. B. nach [1] S.2.21 am Fünffeldträger

$A_{z,d} = 0{,}395 \cdot 2{,}67 \cdot 5{,}00 = 5{,}27\ \text{kN}$ $\quad A_{y,d} = 0{,}36 \cdot 5{,}27 = 1{,}89\ \text{kN}$

$B_{z,d} = 1{,}132 \cdot 2{,}67 \cdot 5{,}00 = 15{,}11\ \text{kN}$ $\quad B_{y,d} = 0{,}36 \cdot 15{,}11 = 5{,}44\ \text{kN}$

max $V_{z,d}$: $V_{Bl,z,d} = 0{,}605 \cdot 2{,}67 \cdot 5{,}00 = 8{,}07\ \text{kN} \rightarrow \max V_{yd} = 0{,}36 \cdot 8{,}07 = 2{,}91\ \text{kN}$

$V_{Br,z,d} = 0{,}526 \cdot 2{,}67 \cdot 5{,}00 = 7{,}02\ \text{kN} \rightarrow V_{Br,\,y,d} = 0{,}36 \cdot 7{,}02 = 2{,}53\ \text{kN}$

Endfeld:

$\max M_{1,y,d} = 0{,}078 \cdot 2{,}67 \cdot 5{,}00^2 = 5{,}21\ \text{kNm} \rightarrow \max M_{1,z,d} = 0{,}36 \cdot 5{,}21 = 1{,}87\ \text{kNm}$

Innenfelder:

$\max M_{2,y,d} = 0{,}033 \cdot 2{,}67 \cdot 5{,}00^2 = 2{,}20\,\text{kNm} \rightarrow \max M_{2,z,d} = 0{,}36 \cdot 2{,}20 = 0{,}79\,\text{kNm}$

$\max M_{3,y,d} = 0{,}046 \cdot 2{,}67 \cdot 5{,}00^2 = 3{,}07\,\text{kNm} \rightarrow \max M_{3,z,d} = 0{,}36 \cdot 3{,}07 = 1{,}11\,\text{kNm}$

Stützmomente:

$\min M_{B,y,d} = -0{,}105 \cdot 2{,}67 \cdot 5{,}00^2 = -7{,}01\,\text{kNm} \rightarrow \min M_{B,z,d} = 0{,}36 \cdot (-7{,}01) = -2{,}52\,\text{kNm}$

$\min M_{C,y,d} = -0{,}079 \cdot 2{,}67 \cdot 5{,}00^2 = -5{,}27\,\text{kNm} \rightarrow \min M_{B,z,d} = 0{,}36 \cdot (-5{,}27) = -1{,}89\,\text{kNm}$

Bemessung: Endfeldpfette

Gewählt: 100/180 VH C 24; $e = 1{,}00$ m (im Grundriss)

$A = 180 \cdot 10^2\,\text{mm}^2$ $W_z = 540 \cdot 10^3\,\text{mm}^3$ $I_z = 4860 \cdot 10^4\,\text{mm}^4$

$W_y = 300 \cdot 10^3\,\text{mm}^3$ $I_y = 1500 \cdot 10^4\,\text{mm}^4$

Die folgenden Nachweise gelten nur für die Pfettenstränge, die weder aus den Seitenlasten der Fachwerkrahmen noch aus Wind auf die Giebelwände Normalkräfte erhalten. Die übrigen Pfettenstränge werden im Zusammenhang mit den Dachverbänden bemessen.

Nachweis der Biegespannungen:

$$\sigma_{m,z,d} = e \cdot \frac{M_{z,d}}{W_z} = 1{,}0 \cdot \frac{1{,}87 \cdot 10^6}{30 \cdot 10^3} = 6{,}23\,\text{N/mm}^2$$

$$\sigma_{m,y,d} = e \cdot \frac{M_{y,d}}{W_y} = 1{,}0 \cdot \frac{5{,}21 \cdot 10^6}{54 \cdot 10^3} = 9{,}65\,\text{N/mm}^2$$

$$f_{m,d} = k_{mod} \cdot \frac{f_{m,k}}{\gamma_M} = 0{,}9 \cdot \frac{24}{1{,}3} = 16{,}2\,\text{N/mm}^2$$

$$\boxed{\frac{\sigma_{m,y,d}}{f_{m,d}} + k_m \cdot \frac{\sigma_{m,z,d}}{16{,}6} \leq 1 \rightarrow \frac{9{,}65}{16{,}62} + 0{,}7 \cdot \frac{6{,}23}{16{,}02} = 0{,}88 < 1}$$

[EC5 1-1, (6.11)]

mit $k_m = 0{,}7$ [EC5 1-1, 6.1.6 (2)]

Nachweis der Schubspannungen:

$$\tau_{z,d} = e \cdot \frac{3 \cdot V_{z,d}}{2A} = 1{,}00 \cdot 1{,}5 \cdot \frac{3 \cdot (8{,}07 \cdot 10^3)}{2 \cdot (18 \cdot 10^3)} = 0{,}67\,\text{N/mm}^2$$

$$\tau_{y,d} = e \cdot \frac{3 \cdot V_{y,d}}{2A} = 1{,}0 \cdot \frac{3 \cdot (2{,}91 \cdot 10^3)}{2 \cdot (18 \cdot 10^3)} = 0{,}24\,\text{N/mm}^2$$

$$f_{v,d} = k_{mod} \cdot \frac{f_{v,k}}{\gamma_M} = 0{,}9 \cdot \frac{4{,}0}{1{,}3} = 2{,}77\,\text{N/mm}^2$$

$$\left(\frac{\tau_{z,d}}{f_{v,d}}\right)^2 + \left(\frac{\tau_{y,d}}{f_{v,d}}\right)^2 = \left(\frac{0{,}67}{2{,}77}\right)^2 + \left(\frac{0{,}24}{2{,}77}\right)^2 = 0{,}07 < 1$$

[EC5 1-1. NCI NA zu 6.1.7]

Innenfeldpfette:

Gewählt: 80/180 VH C 24; $e = 1{,}00$ m (im Grundriss)

$A = 144 \cdot 10^2\ \text{mm}^2$ $\quad W_y = 432 \cdot 10^3\ \text{mm}^3$ $\quad I_y = 3888 \cdot 10^4\ \text{mm}^4$

$W_z = 192 \cdot 10^3\ \text{mm}^3$ $\quad I_z = 768 \cdot 10^4\ \text{mm}^4$

Nachweis der Biegespannungen:

$$\sigma_{m,z,d} = e \cdot \frac{M_{z,d}}{W_z} = 1{,}0 \cdot \frac{1{,}11 \cdot 10^6}{192 \cdot 10^3} = 5{,}78\ \text{N/mm}^2$$

$$\sigma_{m,y,d} = e \cdot \frac{M_{y,d}}{W_y} = 1{,}0 \cdot \frac{3{,}07 \cdot 10^6}{432 \cdot 10^3} = 7{,}11\ \text{N/mm}^2$$

$$f_{m,d} = k_{mod} \cdot \frac{f_{m,k}}{\gamma_M} = 0{,}9 \cdot \frac{24}{1{,}3} = 16{,}62\ \text{N/mm}^2$$

$$\frac{\sigma_{m,y,d}}{f_{m,d}} + k_m \cdot \frac{\sigma_{m,z,d}}{f_{m,d}} \leq 1 \rightarrow \frac{7{,}11}{16{,}62} + 0{,}7 \cdot \frac{5{,}78}{16{,}62} = 0{,}67 < 1$$

[EC5 1-1, 6.11]

Nachweis der Schubspannungen:

$$\tau_{z,d} = e \cdot \frac{3 \cdot V_{z,d}}{2A} = 1{,}0 \cdot \frac{3 \cdot (7{,}02 \cdot 10^3)}{2 \cdot (144 \cdot 10^2)} = 0{,}73\ \text{N/mm}^2$$

$$\tau_{y,d} = e \cdot \frac{3 \cdot V_{y,d}}{2A} = 1{,}0 \cdot \frac{3 \cdot (2{,}53 \cdot 10^3)}{2 \cdot (144 \cdot 10^2)} = 0{,}26\ \text{N/mm}^2$$

$$f_{v,d} = k_{mod} \cdot \frac{f_{v,k}}{\gamma_M} = 0{,}9 \cdot \frac{4{,}0}{1{,}3} = 2{,}77\ \text{N/mm}^2$$

$$\left(\frac{\tau_{z,d}}{f_{v,d}}\right)^2 + \left(\frac{\tau_{y,d}}{f_{v,d}}\right)^2 \leq 1 \rightarrow \left(\frac{0{,}73}{2{,}77}\right)^2 + \left(\frac{0{,}26}{2{,}77}\right)^2 = 0{,}08 < 1$$

[EC5 1-1, (NA.55)]

Über dem Auflager B:

Der folgende Nachweis wird für das volle Stützmoment aus der Schnittkraftermittlung am Fünffeldträger geführt. In Wirklichkeit sind die Momente kleiner.

An der Überkoppelung wirken die Querschnitte aus dem 1. und 2. Feld zusammen. Die Momentenanteile sind proportional zu den Trägheitsmomenten.

Querschnitt 1: 100/180 VH C 24

$$\Delta M_{B,Q1,y,d} = 7{,}01 \cdot \frac{4860}{4860 + 3888} = 3{,}89\ \text{kNm}$$

$$\Delta M_{B,Ql,z,d} = 2{,}52 \cdot \frac{1500}{1500 + 768} = 1{,}67\ \text{kNm}$$

$$\sigma_{m,z,d} = e \cdot \frac{M_{z,d}}{W_z} = 1{,}00 \cdot \frac{1{,}67 \cdot 10^6}{300 \cdot 10^3} = 5{,}27\ \text{N/mm}^2$$

$$\sigma_{m,y,d} = e \cdot \frac{M_{y,d}}{W_y} = 1{,}00 \cdot \frac{3{,}89 \cdot 10^6}{540 \cdot 10^3} = 7{,}20\ \text{N/mm}^2$$

$$f_{m,d} = k_{mod} \cdot \frac{f_{m,k}}{\gamma_M} = 0{,}9 \cdot \frac{24}{1{,}3} = 16{,}62\ \text{N/mm}^2$$

$$\boxed{\frac{\sigma_{m,y,d}}{f_{m,d}} + k_m \cdot \frac{\sigma_{m,z,d}}{f_{m,d}} \leq \rightarrow \frac{7{,}20}{16{,}62} + 0{,}7 \cdot \frac{5{,}27}{16{,}62} = 0{,}66 < 1}$$

[EC5 1-1, (6.11)]

Querschnitt 2: 80/180 VH C 24

$$\Delta M_{B,Q2,y,d} = 7{,}01 \cdot \frac{3888}{4860 + 3888} = 3{,}11\ \text{kNm}$$

$$\Delta M_{B,Q2,z,d} = 2{,}52 \cdot \frac{768}{1500 + 768} = 0{,}85\ \text{kNm}$$

$$\sigma_{m,z,d} = e \cdot \frac{M_{z,d}}{W_z} = 1{,}0 \cdot \frac{0{,}85 \cdot 10^6}{192 \cdot 10^3} = 4{,}43\ \text{N/mm}^2$$

$$\sigma_{m,y,d} = e \cdot \frac{M_{y,d}}{W_y} = 1{,}0 \cdot \frac{3{,}11 \cdot 10^6}{432 \cdot 10^3} = 7{,}20\ \text{N/mm}^2$$

$$f_{m,d} = k_{mod} \cdot \frac{f_{m,k}}{\gamma_M} = 0{,}9 \cdot \frac{24}{1{,}3} = 16{,}62\ \text{N/mm}^2$$

$$\boxed{\frac{\sigma_{m,y,d}}{f_{m,d}} + k_m \cdot \frac{\sigma_{m,z,d}}{f_{m,d}} \leq \rightarrow \frac{7{,}20}{16{,}62} + 0{,}7 \cdot \frac{4{,}43}{16{,}62} = 0{,}62 < 1}$$

[EC5 1-1, (6.11)]

Nachweis der Überkopplungen mit Dübeln besonderer Bauart

Wenn die Überkopplungslängen so gewählt werden, dass die Stützmomente nur in dem Bereich der Überkopplung größer sind als die benachbarten Feldmomente, erübrigen sich Spannungsnachweise über den Auflagern, da hier beide Querschnitte mitwirken.

Tabellen zur Ermittlung der Überkopplungslängen und der Kopplungskräfte finden sich in den einschlägigen Werken zum Holzbau.

Tabelle 3.1: Überkopplungslängen

Felder	$ü_{Bl}/l$	$ü_{Br}/l$	$ü_{Cl}/l$	$ü_{Cr}/l$	$ü_{Dl}/l$	$ü_{Dr}/l$
2	0,10	0,10				
3	0,10	0,18				
4	0,10	0,16	0,10	0,10		
5	0,10	0,17	0,10	0,10		
6	0,10	0,17	0,10	0,10	0,10	0,10
≥ 7	0,10	0,17	Alle weiteren Innenfelder: 0,10			

Überkopplungslängen (bei Anzahl der Felder ≥ 7)

$ü_1 \approx 0{,}17 \cdot 500 = 85$ cm $\qquad ü_2 \approx 0{,}10 \cdot 500 = 50$ cm

Tabelle 3.2: Kopplungskräfte

Felder	K_{Bl}/ql	K_{Br}/ql	K_{Cl}/ql	K_{Cr}/ql	K_{Dl}/ql	K_{Dr}/ql
2	0,625	0,625				
3	0,250	0,420				
4	0,360	0,442	0,354	0,354		
5	0,330	0,425	0,460	0,330		
6	0,340	0,423	0,430	0,340	0,430	0,430
≥ 7	weitere Innenfelder: 0,430					

Kopplungskräfte (Anzahl der Felder ≥ 7)

$K_{z,d} = 0{,}43 \cdot 2{,}67 \cdot 5{,}00 = 5{,}74$ kN $\qquad K_{y,d} = 0{,}36 \cdot 5{,}74 = 2{,}07$ kN

Gewählt: Dü ∅ 65 – A1 mit M12 (4.6) und U-Scheiben ∅ 58

$t_{1,req} = 3\, h_c = 45 \text{ mm} < 80$ bzw. 100 mm

$$F_{v,0,Rk} = \min\left\{\begin{array}{c} 35 \cdot d_c^{\,1,5} \\ 31{,}5 \cdot d_c \cdot h_c \end{array}\right\} = \min\left\{\begin{array}{c} 35 \cdot 65^{1,5} \\ 31{,}5 \cdot 65 \cdot 15 \end{array}\right\} = \min\left\{\begin{array}{c} 18\,341 \\ 30\,712 \end{array}\right\} = 18\,341 \text{ N}$$

[EC5 1-1, (8.61)]

$k_{c90} = 1{,}3 + 0{,}001 \cdot d_c = 1{,}3 + 0{,}001 \cdot 65 = 1{,}365$ [EC5 1-1, (8.68)]

$$F_{v,90,R_k} = \frac{f_{v,0,R_k}}{k_{90} \cdot \sin^2 90° + \cos^2 90°} = \frac{18\,341}{1{,}365 \cdot \sin^2 90° + \cos^2 90°} = 13\,436 \text{ N}$$

[EC5 1-1, (8.67)]

$$F_{v,90,R_d} = k_{mod} \cdot \frac{F_{v,90,R_k}}{\gamma_M} = 0{,}9 \cdot \frac{13\,436}{1{,}3} = 9301 \text{ N} \mathrel{\hat{=}} 9{,}30 \text{ kN}$$

$$\boxed{\frac{K_{z,d}}{F_{v,90,R_d}} = \frac{5{,}74}{9{,}3} = 0{,}62 < 1}$$

In der anderen Richtung wird die Pressung unter der U-Scheibe maßgebend.

$$A = \pi \cdot \frac{5{,}8^2 - 1{,}4^2}{4} = 24{,}9 \text{ cm}^2$$

(Auf eine Erhöhung der Fläche um je 30 mm in Faserrichtung wird verzichtet.)

[EC5 1-1, (6.1.5)]

$$F_{c,90,d} = k_{mod} \cdot \frac{F_{c,90,k_k}}{\gamma_M} = 0{,}9 \cdot \frac{2{,}5}{1{,}3} = 1{,}73 \text{ N/mm}^2$$

$$\sigma_{c,90,d} = \frac{K_{y,d}}{A} = \frac{2{,}07}{31{,}2} = 0{,}066 \text{ kN/cm}^2 \mathrel{\hat{=}} 0{,}66 \text{ N/mm}^2$$

$$\boxed{\frac{\sigma_{c,90,d}}{k_{c,90} \cdot f_{c,90,d}} = \frac{0{,}66}{1 \cdot 1{,}73} = 0{,}38 < 1}$$

[EC5 1-1, (6.3)]

mit $k_{c,90} = 1$ [EC5 1-1, (6.1.5)]

Der Nachweis der Gebrauchstauglichkeit wird hier nicht geführt, da die Durchbiegung der Pfetten im vorliegenden Fall bestenfalls eine optische Beeinträchtigung darstellt.

Die in EC5 1-1, Tabelle 7.2 angegebenen Grenzwerte sind lediglich Empfehlungen. Ob und in welcher Größenordnung Verformungen begrenzt werden sollen, liegt im Ermessen des Tragwerkplaners.

3.2 Die Fachwerkrahmen

System

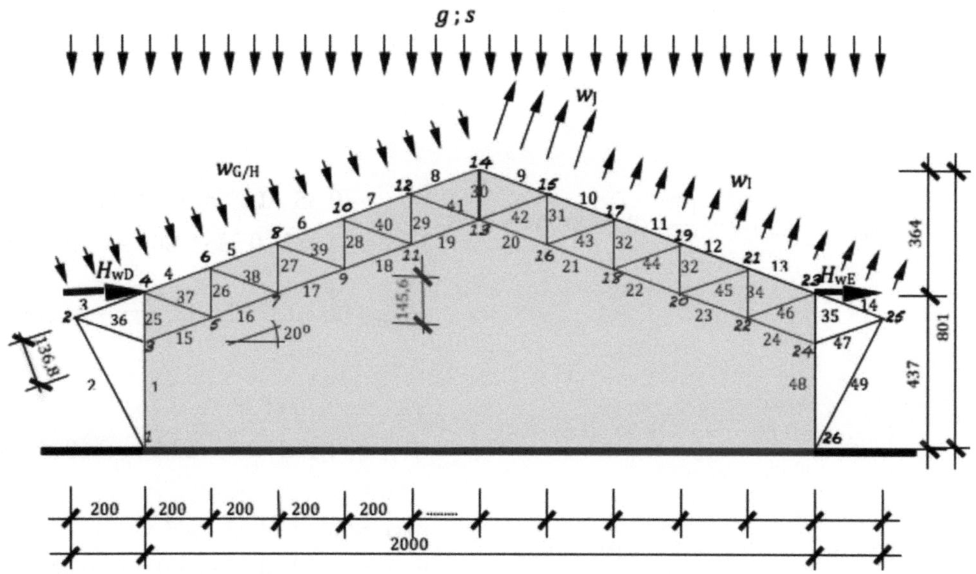

Abbildung 3.6: System mit Belastung

Belastung nach [1] S. 2.21 am Fünffeldträger

Am Fünffeldträger ergeben sich die Auflagerkräfte im Verhältnis $A/B/C = 0{,}392/1{,}132/0{,}974$. Würde man die Überkoppelung nicht starr ansetzen, sondern mit einer realistischen Drehfedersteifigkeit, die sich aus den Verbindungen ergibt, dann kämen die Auflagerkräfte denen aus Einfeldträgern noch näher.

Der Rahmen in Achse B, also unter Auflager B, erhält die größte Beanspruchung, der in Achse A die geringste. Die Rahmen in den Achsen A und B werden zusätzlich durch die Dachverbände beansprucht und müssen gegenüber dem im Folgenden bemessenen „Normalfall", in den Achsen C ff., nach deren Berechnung „nachgebessert" werden.

Für den „Normalfall" wird der Auflastfaktor 1,132 angesetzt.

Ständige Lasten: aus Koppelpfetten Abschnitt 1 = $1{,}132 \cdot 1{,}06 \cdot 5{,}00 = 6{,}00$ kN/m

Eigengewicht des Rahmens (geschätzt) $\approx 0{,}80$ kN/m

$g_k = 6{,}80$ kN/m

Schnee: DIN EN 1991-1-3

$$s_{1,k} = 1{,}132 \cdot 0{,}93 \cdot 5{,}00 = 5{,}26 \text{ kN/m}$$

Wind: DIN EN 1991-1-4

$$\frac{h}{d} = \frac{8{,}00 + 0{,}50^{*)}}{20{,}00} = 0{,}42$$ *) Höhe von Sockel und Dacheindeckung

$$C_{pe,D} = 0{,}70 + \frac{0{,}17}{0{,}75} \cdot (0{,}8 - 9{,}7) = 0{,}72$$

$$w_{D,k} = 0{,}72 \cdot 0{,}65 = 0{,}47 \text{ kN/m}^2$$
$$W_{D,k} = 1{,}132 \cdot 0{,}47 \cdot 5{,}00 = 2{,}66 \text{ KN/m}$$
$$H_{W,D,k} = 1{,}132 \cdot 2{,}35 \cdot \frac{4{,}37}{2} = 5{,}81 \text{ kN}$$

$$C_{pe,E} = -0{,}30 - \frac{0{,}17}{0{,}75} \cdot (0{,}5 - 0{,}3) = -0{,}35$$

$$w_{E,k} = -0{,}35 \cdot 0{,}65 = -0{,}23 \text{ kN/m}^2$$
$$W_{E,k} = -1{,}132 \cdot 0{,}23 \cdot 5{,}00 = -1{,}30 \text{ kN/m}$$
$$H_{W,E,k} = -1{,}132 \cdot 1{,}30 \cdot \frac{4{,}37}{2} = -3{,}18 \text{ kN}$$

$$C_{pe,G} = -0{,}80 + \frac{5}{15} \cdot (0{,}8 - 0{,}5) = -0{,}70$$

$$w_{G,k} = -0{,}70 \cdot 0{,}65 = -0{,}46 \text{ kN/m}^2$$
$$W_{G,k} = -1{,}132 \cdot 0{,}46 \cdot 5{,}00 = -2{,}60 \text{ kN/m}$$

bzw. $C_{pe,G} = 0{,}20 + \frac{5}{15} \cdot (0{,}7 - 0{,}2) = 0{,}37$

$$w_{G,k} = 0{,}37 \cdot 0{,}65 = 0{,}24 \text{ kN/m}^2$$
$$w_{G,k} = 1{,}132 \cdot 0{,}24 \cdot 5{,}00 = 1{,}36 \text{ kN/m}$$

$$C_{pe,H} = 0{,}20 + \frac{5}{15} \cdot (0{,}4 - 0{,}2) = 0{,}27$$

$$w_{H,k} = -0{,}27 \cdot 0{,}65 = -0{,}18 \text{ kN/m}^2$$
$$W_{H,k} = -1{,}132 \cdot 0{,}18 \cdot 5{,}00 = -1{,}02 \text{ kN/m}$$

bzw. $C_{pe,H} = 0{,}20 + \frac{5}{15} \cdot (0{,}4 - 0{,}2) = 0{,}27$

$$w_{G,k} = 0{,}27 \cdot 0{,}65 = 0{,}18 \text{ kN/m}^2$$
$$W_{G,k} = 1{,}132 \cdot 0{,}18 \cdot 5{,}00 = 1{,}02 \text{ kN/m}$$

$$C_{pe,I} = -0{,}40$$

$$w_{I,k} = -0{,}40 \cdot 0{,}65 = -0{,}26 \text{ kN/m}^2$$
$$W_{I,k} = -1{,}132 \cdot 0{,}26 \cdot 5{,}00 = -1{,}47 \text{ kN/m}$$

$$C_{pe,J} = -1{,}00 + \frac{5}{15} \cdot (1{,}0 - 0{,}5) = -0{,}83$$

$$w_{H,k} = -0{,}83 \cdot 0{,}65 = -0{,}54 \text{ kN/m}^2$$
$$W_{H,k} = -1{,}132 \cdot 0{,}54 \cdot 5{,}00 = -3{,}06 \text{ kN/m}$$

Die unsymmetrische Einwirkung Wind wurde hier von links nach rechts angesetzt, kann jedoch in gleicher Größe in entgegengesetzter Richtung auftreten. Im Folgenden werden die jeweils ungünstigsten Werte angesetzt.

Tabelle 3.3: Zusammenstellung der für die Bemessung erforderlichen Stabkräfte (mit einem Programm für ebene Stabwerke ermittelt)

	FW-Obergurt				FW-Untergurt			FW-Diagonalen		
	$N_{3/14}$ kN	$M_{3/14}$ kNm	$N_{7/10}$ kN	$M_{7/10}$ kNm	N_{19} kN	N_{23} kN	N_{24} kN	N_{37} kN	N_{41} kN	N_{47} kN
Ständige (g_k)	78,9	–5,5	–92,5	–1,8	55,5	–41,2	–110,4	69,3	–8,4	–110,4
Schnee (s_k)	61,0	–4,3	–71,6	–1,4	42,9	–31,9	–85,4	53,6	–6,5	–85,4
Wind (w_k)	14,1	0,4	–6,1	–0,5	9,9	–28,5	–21,4	–2,2	–16,0	–21,4
$1{,}35 \cdot g_k + 1{,}5 \cdot 3(s_k + w_k)$	209,4	–12,8	–231,4	–5,0	147,2	–138,2	–295,3	164,0	–42,0	–295,3
$19{,}2\, g_k + 1{,}5\, s_k$	198,0	–13,9	–232,3	–4,5	139,3	–103,5	–277,1	174,0	–21,1	–277,1

	FW-Pfosten		Stütze	Strebe
	N_{26} kN	N_{25} kN	N_{48} kN	N_{49} kN
Ständige (g_k)	–47,2	–65,7	–141,2	68,0
Schnee (s_k)	–36,5	–50,9	–109,2	52,6
Wind (w_k)	1,4	–3,1	–5,4	15,3
$1{,}35 \cdot g_k + 1{,}5 \cdot (s_k + w_k)$	–111,0	–161,7	–347,7	184,8
$1{,}35\, g_k + 1{,}5\, s_k$	–118,5	–165,0	–354,4	170,7

Bemessung der Hölzer (NKL 1, da alle im Inneren der beheizten Halle sind)

F-Obergurt: gewählt: 200/240 GL 24h mit eingeschlitztem 10 mm-Blech und SDü ∅ 16

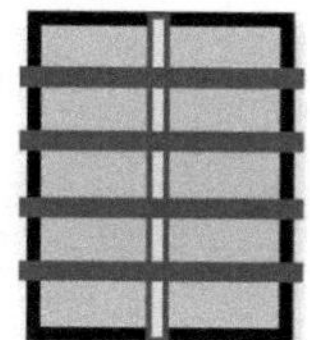

Abbildung 3.7: Querschnitt OG

$$A = 200 \cdot 240 = 480 \cdot 10^2\ \text{mm}^2$$

$$A_{\text{netto}} = (200 - 10) \cdot (240 - 4 \cdot 16) = 334 \cdot 10^2\ \text{mm}^2$$

$$I_y = \frac{200 \cdot 240^3}{12} = 23\,040 \cdot 10^4\ \text{mm}^4$$

$$I_{\text{netto}} = \frac{(200 - 10) \cdot 240^3}{12} - 2 \cdot 16 \cdot (200 - 10) \cdot (25^2 + 75^2) = 18\,088 \cdot 10^4\ \text{mm}^4$$

$$W_y = 1920 \cdot 10^3\ \text{mm}^3$$

$$W_{\text{netto}} = \frac{18\,088 \cdot 10^4}{\frac{240}{2}} = 1507 \cdot 10^3\ \text{mm}^3$$

Stab 3: $N_3 = 209{,}4$ kN $\quad M_3 = -13{,}9$ kNm

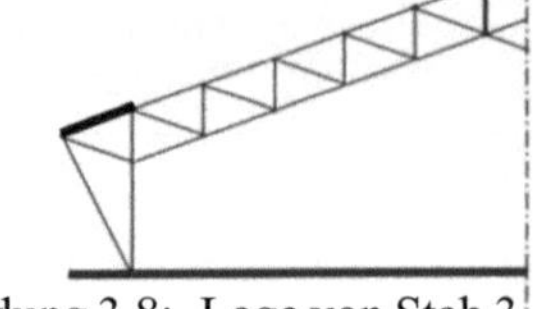
Abbildung 3.8: Lage von Stab 3

$$\sigma_{t,0,d} = \frac{209{,}4 \cdot 10^3}{334 \cdot 10^2} = 6{,}27 \text{ N/mm}^2$$

$$f_{t,0,d} = f_b{}^{1)} \cdot k_{mod} \cdot \frac{f_{t,0,k}}{\gamma_m} = 1{,}1 \cdot 0{,}9 \cdot \frac{19{,}2}{1{,}3} = 14{,}62 \text{ N/mm}^2$$

$$\sigma_{m,y,d} = \left| \frac{-13{,}9 \cdot 10^6}{151 \cdot 10^4} \right| = 9{,}20 \text{ N/mm}^2$$

$$f_{m,d} = k_h{}^{1)} \cdot k_{mod} \cdot \frac{f_{m,k}}{\gamma_M} = 1{,}1 \cdot 0{,}9 \cdot \frac{24}{1{,}3} = 18{,}28 \text{ N/mm}^2$$

$$\boxed{\frac{\sigma_{t,0,d}}{f_{t,0,d}} + \frac{\sigma_{m,y,d}}{f_{m,d}} \leq 1 \quad \rightarrow \quad \frac{6{,}27}{14{,}62} + \frac{9{,}20}{18{,}28} = 0{,}93 < 1}$$

[EC5 1-1, (6.17)]

1) Der charakteristische Festigkeitswert von Brettschichtholzträgern mit Höhen von weniger als 600 mm darf um k_h erhöht werden.

[EC5 1-1, 3.3]

Stäbe 6 + 7: $N_7 = -232{,}3$ kN $\quad M_7 = 5{,}0$ kNm

Die etwas größeren Werte von Stab 7 werden auf die gesamte Länge angenommen.

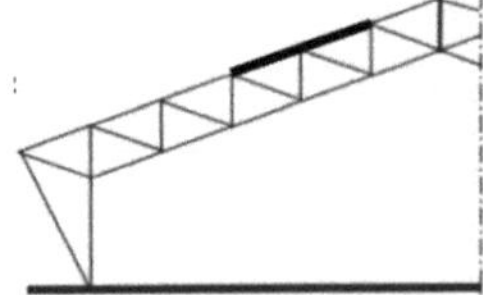
Abbildung 3.9: Lage der Stäbe 6 und 7

Nachweis nach dem Ersatzstabverfahren:

$$\sigma_{c,0,d} = \frac{232{,}3 \cdot 10^3}{334 \cdot 10^2} = 6{,}96 \text{ N/mm}^2 \qquad f_{c,0,d} = k_{mod} \cdot \frac{f_{c,0,k}}{\gamma_M} = 0{,}9 \cdot \frac{24}{1{,}3} = 16{,}6 \text{ N/mm}^2$$

$$\sigma_{m,y,d} = \left| \frac{-5{,}0 \cdot 10^6}{151 \cdot 10^4} \right| = 3{,}31 \text{ N/mm}^2$$

$$f_{m,d} = k_h{}^{1)} \cdot k_{mod} \cdot \frac{f_{m,k}}{\gamma_M} = 1{,}1 \cdot 0{,}9 \cdot \frac{24}{1{,}3} = 18{,}2 \text{ N/mm}^2$$

$$\boxed{\left(\frac{\sigma_{c,0,d}}{f_{t,0,d}}\right)^2 + \frac{\sigma_{m,y,d}}{f_{m,d}} \leq 1 \quad \rightarrow \quad \left(\frac{6{,}96}{14{,}62}\right)^2 + \frac{3{,}31}{18{,}28} = 0{,}36 < 1}$$

Trägheitsradius: $i_{y(z)} = 0{,}289 \cdot 200 = 57{,}8$ mm

Schlankheitsgrad: $\lambda_z = \frac{l_{ef}}{i_{y(z)}} = \frac{4260}{57{,}8} = 73{,}70$

$$\lambda_{rel,c} = \frac{\lambda_z}{\pi} \cdot \sqrt{\frac{f_{c,0,k}}{E_{0,05}}} = \frac{73{,}70}{\pi} \cdot \sqrt{\frac{24}{\frac{5}{6} \cdot 11\,500}} = 1{,}17$$

[EC5 1-1, (6.22)]

$\beta_c = 0{,}1$ für Brettschichtholz und Furnierschichtholz [EC5 1-1, (6.29)]

$$k = 0{,}5 \cdot [1 + \beta_c \cdot (\lambda_{rel,z} - 0{,}3) + \lambda_{rel,z}^2] = 0{,}5 \cdot [1 + 0{,}1 \cdot (1{,}17 - 0{,}3) + 1{,}17^2] = 1{,}23$$

[EC5 1-1, (6.28)]

Knickbeiwert: $k_{c,z} = \dfrac{1}{k_z + \sqrt{k_z^2 - \lambda_{rel,z}^2}} = \dfrac{1}{1{,}23 + \sqrt{1{,}23^2 - 1{,}17^2}} = 0{,}621$

[EC5 1-1, (6.26)]

$$\frac{\sigma_{c,0,d}}{k_{c,z} \cdot f_{c,0,d}} + \frac{\sigma_{m,y,d}}{f_{m,d}} = \frac{6{,}96}{0{,}621 \cdot 16{,}62} + \frac{3{,}31}{18{,}28} = 0{,}86 < 1$$

[EC5 1-1, (6.23)]

FW-Untergurt: gewählt 160/200 GL 24h mit eingeschlitztem 10 mm-Blech und SDü ∅ 16

$A_{netto} = (160 - 10) \cdot (200 - 3 \cdot 16) = 228 \cdot 10^2\ mm^2$

$A = 160 \cdot 200 = 320 \cdot 10^2\ mm^2$

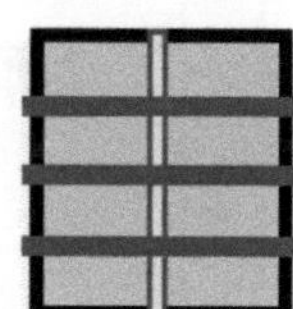

Abbildung 3.10: Querschnitt UG

Stab 19: $N_{19} = 147{,}2\ kN$ $M_{19} = 0$

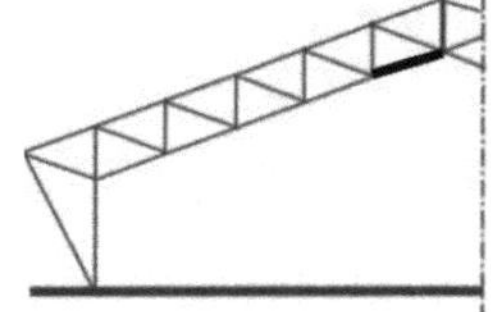

Abbildung 3.11: Lage von Stab 19

$$\sigma_{t,0,d} = \frac{147{,}2 \cdot 10^3}{228 \cdot 10^2} = 6{,}46\ N/mm^2$$

$$f_{t,0,d} = k_h{}^{1)} \cdot k_{mod} \cdot \frac{f_{t,0,k}}{\gamma_M} = 1{,}1 \cdot 0{,}9 \frac{19{,}2}{1{,}3} = 14{,}62\ N/mm^2$$

1) Siehe Nachweis Stab 3

$$\frac{\sigma_{t,0,d}}{f_{t,0,d}} \leq 1 \rightarrow \frac{6{,}46}{14{,}62} = 0{,}44 < 1$$

[EC5 1-1, (6.1)]

Stab 23-24 bzw. Stab 15-16 bei Wind von rechts:

$N_{23} = -138{,}2\ kN$ $N_{24} = -295{,}3\ kN$ $M_{23/24} = 0$

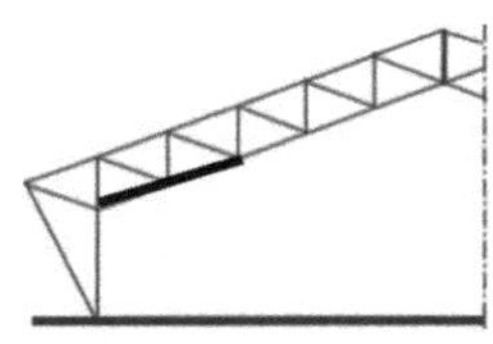

Abbildung 3.12: Lage der Stäbe 15-16 bzw. 24-23

Nachweis nach dem Ersatzstabverfahren:

$$\sigma_{c,0,d} = \frac{295{,}3 \cdot 10^3}{320 \cdot 10^2} = 9{,}22 \text{ N/mm}^2 \qquad f_{c,0,d} = k_{mod} \cdot \frac{f_{c,0,k}}{\gamma_M} = 0{,}9 \cdot \frac{24}{1{,}3} = 16{,}6 \text{ N/mm}^2$$

Der Untergurt ist am Anfang und am Ende (Knoten 3 und 7) des oben markierten Teils seitlich gehalten:

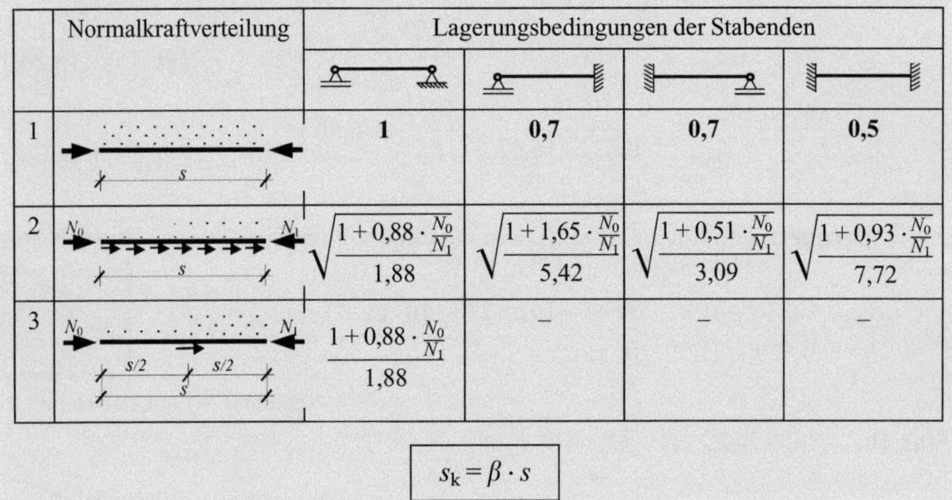

Knicklängenbeiwerte β
(für Druckstäbe mit konstantem Querschnitt und veränderlicher Längskraft)

	Normalkraftverteilung	Lagerungsbedingungen der Stabenden			
1		**1**	**0,7**	**0,7**	**0,5**
2	N_0, N_1, s	$\sqrt{\frac{1 + 0{,}88 \cdot \frac{N_0}{N_1}}{1{,}88}}$	$\sqrt{\frac{1 + 1{,}65 \cdot \frac{N_0}{N_1}}{5{,}42}}$	$\sqrt{\frac{1 + 0{,}51 \cdot \frac{N_0}{N_1}}{3{,}09}}$	$\sqrt{\frac{1 + 0{,}93 \cdot \frac{N_0}{N_1}}{7{,}72}}$
3	N_0, N_1, $s/2$, $s/2$, s	$\frac{1 + 0{,}88 \cdot \frac{N_0}{N_1}}{1{,}88}$	–	–	–

$$s_k = \beta \cdot s$$

Abbildung 3.13: Knicklängenbeiwerte für Druckstäbe mit veränderlicher Längskraft

Nach Zeile 3: $\beta = \left(0{,}75 + 0{,}25 \cdot \frac{-138{,}2}{-295{,}3}\right) = 0{,}87 \quad \ell_{ef} = \frac{4000}{\cos 20°} \cdot 0{,}87 = 3706 \text{ mm}$

Trägheitsradius: $i = 0{,}289 \cdot 160 = 46{,}24$ mm

Schlankheitsgrad: $\lambda_z = \frac{\ell_{ef}}{i} = \frac{3706}{46{,}24} = 80$

$$\lambda_{rel,z} = \frac{\lambda_z}{\pi} \cdot \sqrt{\frac{f_{c,0,k}}{E_{0,05}}} = \frac{80}{\pi} \cdot \sqrt{\frac{24}{\frac{5}{6} \cdot 11\,500}} = 1{,}27$$

[EC5 1-1, (6.22)]

$\beta_c = 0{,}1$ für Brettschichtholz und Furnierschichtholz [EC5 1-1, (6.29)]

$$k_z = 0{,}5 \cdot [1 + \beta_c \cdot (\lambda_{rel,z} - 0{,}3) + \lambda_{rel,z}^2] = 0{,}5 \cdot [1 + 0{,}1 \cdot (1{,}27 - 0{,}3) + 1{,}26^2] = 1{,}34$$

[EC5 1-1, (6.28)]

Knickbeiwert: $k_{c,z} \frac{1}{k_z + \sqrt{k_z^2 - \lambda_{rel,c}^2}} = \frac{1}{1{,}34 + \sqrt{1{,}34^2 - 1{,}27^2}} = 0{,}56$

[EC5 1-1, (6.26)]

$$\frac{\sigma_{c,0,d}}{k_c \cdot f_{c,0,d}} \leq 1 \quad \rightarrow \quad \frac{9{,}22}{0{,}56 \cdot 16{,}62} = 0{,}99 < 1$$

[EC5 1-1, (6.24)]

An der kritischen Stelle, am Knoten 5, wird ein eingeschlitztes Blech mit Stabdübeln als Verbindung der Fachwerkstäbe gewählt. Mit dem sich daraus ergebenden Nettoquerschnitt sind die Nachweisbedingungen nicht mehr zu erfüllen. Daher wird, entgegen der ursprünglichen Absicht, auch am Knoten 5 eine horizontale Halterung vorgesehen (siehe Abschnitt 3.2.1).

Mit $l_{ef} = 2130$ mm $\Rightarrow \lambda = \frac{l_{ef}}{i} = \frac{2130}{46{,}2} = 46$

Knickbeiwert $k_{c,y}$ nach [1] aus Tafel 4.29b: $k_{c,z} = 0{,}949 - \frac{0{,}949 - 0{,}898}{10} \cdot 6 = 0{,}918$

$$\frac{\sigma_{c,0,d}}{k_{c,z} \cdot f_{c,0,d}} \leq 1 \quad \rightarrow \quad \frac{9{,}22}{0{,}918 \cdot 16{,}62} = 0{,}60 < 1$$

[EC5 1-1, (6.24)]

FW-Diagonalen: gewählt 160/160 GL 24h mit eingeschlitztem 10 mm-Blech und SDü ∅ 16

$A_{netto} = (160 - 10) \cdot (160 - 2 \cdot 16) = 192 \cdot 10^2$ mm²

$A = 160 \cdot 160 = 256 \cdot 10^2$ mm²

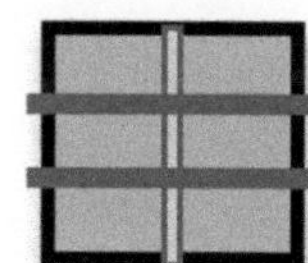

Abbildung 3.14: Querschnitt Diagonale

Stab 37: $N_{37} = 174{,}0$ kN $\quad M_{37} = 0$

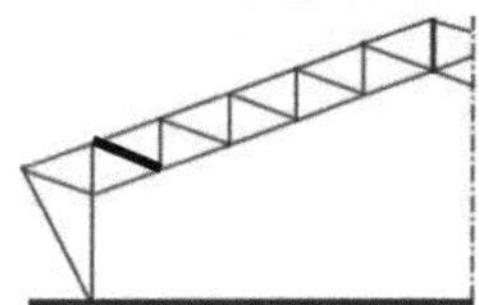

Abbildung 3.15: Lage von Stab 37

$$\sigma_{t,0,d} = \frac{174{,}0 \cdot 10^3}{192 \cdot 10^2} = 9{,}06 \text{ N/mm}^2$$

$$\frac{\sigma_{c,0,d}}{f_{t,0,d}} < 1 \quad \rightarrow \quad \frac{9{,}06}{12{,}57} = 0{,}72 < 1$$

[EC5 1-1, (6.1)]

Stab 41: $N_{41} = -42$ kN $\quad M_{41} = 0$

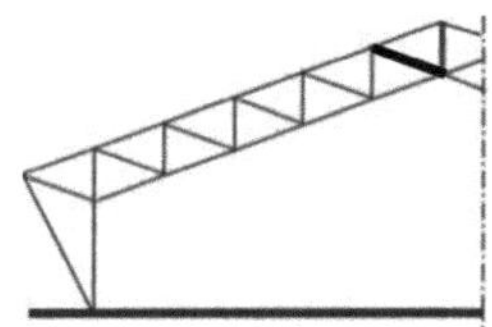

Abbildung 3.16: Lage von Stab 41

Der Knickbeiwert $k_{c,y}$ beträgt wie bei Stab 24: $k_{c,y} = 0{,}92$

$$\frac{\sigma_{c,0,d}}{k_{c,y} \cdot f_{c,0,d}} \leq 1 \quad \rightarrow \quad \frac{1{,}64}{0{,}918 \cdot 16{,}62} = 0{,}11 < 1$$

[EC5 1-1, (6.23)]

Stab 47 bzw. Stab 36 bei Wind von rechts:

Stabkräfte, Querschnitt und Knicklänge sind dieselben wie die der Untergurtstäbe 24 und 15

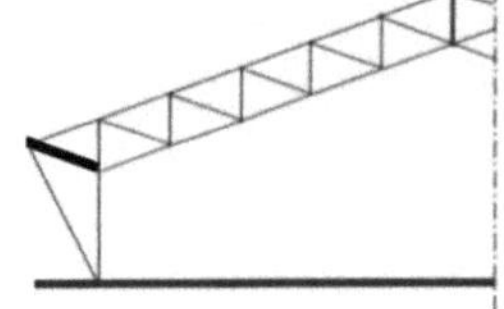

Abbildung 3.17: Lage der Stäbe 36 bzw. 47

FW-Pfosten: gewählt 160/160 GL 24h mit eingeschlitztem 10 mm-Blech und SDü ∅ 16

$A_{\text{netto}} = (160 - 10) \cdot (160 - 2 \cdot 16) = 192 \cdot 10^2 \text{ mm}^2$

$A = 160 \cdot 160 = 256 \cdot 10^2 \text{ mm}^2$

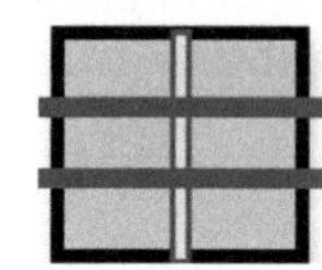

Abbildung 3.18: Querschnitt Pfosten

Stab 26: $N_{26} = -118{,}5 \text{ kN} \quad M_{26} = 0$

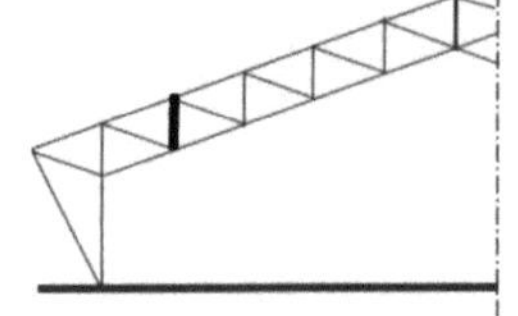

Abbildung 3.19: Lage von Stab 26

$$\sigma_{c,0,d} = \frac{118{,}5 \cdot 10^3}{256 \cdot 10^2} = 4{,}63 \text{ N/mm}^2 \qquad f_{c,0,d} = k_{\text{mod}} \cdot \frac{f_{c,0,k}}{\gamma_M} = 0{,}9 \cdot \frac{24}{1{,}3} = 16{,}62 \text{ N/mm}^2$$

$$\ell_{\text{ef}} = 1460 \text{ mm} \qquad i = 0{,}289 \cdot 160 = 46{,}2 \text{ mm} \qquad \lambda = \frac{\ell_{\text{ef}}}{i} = \frac{1460}{46{,}24} = 31{,}6$$

$$\lambda_{\text{rel},z} = \frac{\lambda_z}{\pi} \cdot \sqrt{\frac{f_{c,0,k}}{E_{0,05}}} = \frac{31{,}6}{\pi} \cdot \sqrt{\frac{24}{\frac{5}{6} \cdot 11\,500}} = 0{,}50$$

[EC5 1-1, (6.22)]

$\beta_c = 0{,}1$ für Brettschichtholz und Furnierschichtholz [EC5 1-1, (6.29)]

$$k_z = 0{,}5 \cdot [1 + \beta_c \cdot (\lambda_{\text{rel},z} - 0{,}3) + \lambda_{\text{rel},z}^2] = 0{,}5 \cdot [1 + 0{,}1 \cdot (0{,}50 - 0{,}3) + 0{,}50^2] = 0{,}635$$

[EC5 1-1, (6.27)]

$$\text{Knickbeiwert: } k_{c,z} = \frac{1}{k_z + \sqrt{k_z^2 - \lambda_{\text{rel},z}^2}} = \frac{1}{0{,}635 + \sqrt{0{,}635^2 - 0{,}50^2}} = 0{,}97$$

[EC5 1-1, (6.25)]

$$\boxed{\frac{\sigma_{c,0,d}}{k_{c,z} \cdot f_{c,0,d}} \leq 1 \quad \rightarrow \quad \frac{4{,}63}{0{,}97 \cdot 16{,}62} = 0{,}29 < 1}$$

[EC5 1-1, (6.24)]

Stützen: gewählt 200/200 GL 24h mit eingeschlitztem 10 mm-Blech und SDü ∅ 16

$A_{\text{netto}} = (200 - 10) \cdot (200 - 3 \cdot 16) = 289 \cdot 10^2 \text{ mm}^2$

$A = 200 \cdot 200 = 400 \cdot 10^2 \text{ mm}^2$

Abbildung 3.20: Querschnitt Stütze

Stab 48 bzw. Stab 1 bei Wind von rechts:

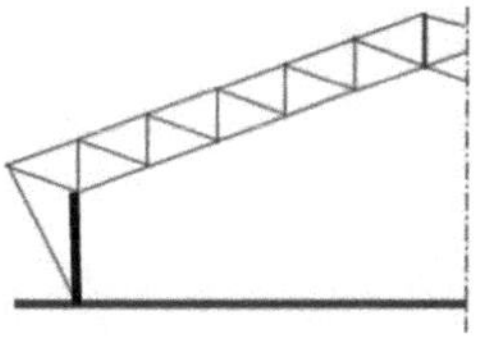

$N_{48} = -345{,}3\ \text{kN} \quad M_{48} = 0$

Abbildung 3.21: Lage der Stütze

$$\sigma_{c,0,d} = \frac{354{,}4 \cdot 10^3}{400 \cdot 10^2} = 8{,}86\ \text{N/mm}^2$$

$\ell_{ef} = 2910\ \text{mm} \qquad i = 0{,}289 \cdot 200 = 57{,}8\ \text{mm} \qquad \lambda = \frac{\ell_{ef}}{i} = \frac{2910}{57{,}8} = 50{,}3$

$$\lambda_{rel,c} = \frac{\lambda}{\pi} \cdot \sqrt{\frac{f_{c,0,k}}{E_{0,05}}} = \frac{50{,}3}{\pi} \cdot \sqrt{\frac{24}{\frac{5}{6} \cdot 11\,600}} = 0{,}80$$

[EC5 1-1, (6.22)]

$\beta_c = 0{,}1$ für Brettschichtholz und Furnierschichtholz [EC5 1-1, (6.29)]

$$k = 0{,}5 \cdot [1 + \beta_c \cdot (\lambda_{rel,z} - 0{,}3) + \lambda_{rel,z}^2] = 0{,}5 \cdot [1 + 0{,}1 \cdot (0{,}80 - 0{,}3) + 0{,}80^2] = 0{,}85$$

[EC5 1-1, (6.27)]

Knickbeiwert: $k_{c,z} = \dfrac{1}{k + \sqrt{k_z^2 - \lambda_{rel,z}^2}} = \dfrac{1}{0{,}85 + \sqrt{0{,}85^2 - 0{,}80^2}} = 0{,}88$

[EC5 1-1, (6.25)]

$$\frac{\sigma_{c,0,d}}{k_{c,z} \cdot f_{c,0,d}} \leq 1 \quad \rightarrow \quad \frac{8{,}86}{0{,}88 \cdot 16{,}62} = 0{,}61 < 1$$

[EC5 1-1, (6.26)]

Streben: gewählt 160/160 GL 24h mit eingeschlitztem 10 mm-Blech und SDü ∅ 16

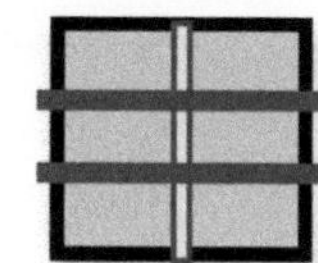
Abbildung 3.22: Querschnitt Strebe

$A_{netto} = (160 - 10) \cdot (160 - 2 \cdot 16) = 192 \cdot 10^2\ \text{mm}^2$

$A = 160 \cdot 160 = 256 \cdot 10^2\ \text{mm}^2$

Stab 49 bzw. Stab 2 bei Wind von rechts:

$N_{49} = -184{,}8\ \text{kN} \quad M_{49} = 0$

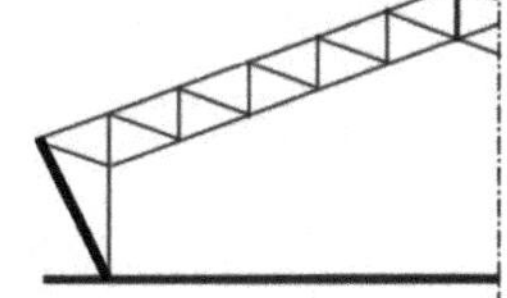
Abbildung 3.23: Lage der Strebe

Die Streben liegen außerhalb der Außenwand, sind aber nicht bewittert. Daraus ergibt sich die Einordnung in die Nutzungsklasse 2; k_{mod} bleibt jedoch gleich.

$$\sigma_{t,0,d} = \frac{183{,}5 \cdot 10^3}{192 \cdot 10^2} = 9{,}56\ \text{N/mm}^2$$

$$f_{t,0,d} = k_h^{1)} \cdot k_{mod} \cdot \frac{f_{t,0,k}}{\gamma_M} = 1{,}1 \cdot 0{,}9 \cdot \frac{16{,}5}{1{,}3} = 12{,}57\ \text{N/mm}^2$$

1) Siehe Nachweis Stab 3.

$$\frac{\sigma_{t,0,d}}{f_{t,0,d}} < 1 \quad \rightarrow \quad \frac{9{,}56}{12{,}57} = 0{,}76 < 1$$

[EC5 1-1, (6.1)]

Damit sind alle Querschnitte der Fachwerkrahmen festgelegt. Bemessen wurden jeweils die Stäbe mit den größten Beanspruchungen; alle anderen Stäbe der gleichen Kategorie (Obergurt, Untergurt, ...) werden mit denselben Querschnitten ausgeführt.

Bemessung der Anschlüsse:

Für die Anschlüsse werden Stabdübel in Verbindung mit eingeschlitzten Blechen verwendet:

Blechdicke: $t_S = 10\,\text{mm}$

Stabdübel ∅ 16, S 235, $f_{u,k} = 360\,\text{N/mm}^2$

$$f_{h,0,k} = 0{,}082 \cdot (1 - 0{,}01 \cdot d) \cdot \rho_k = 0{,}082 \cdot (1 - 0{,}01 \cdot 16) \cdot 380 = 26{,}2\,\text{N/mm}^2$$

[EC5 1-1, (8.32)]

$$M_{y,Rk} = 0{,}3 \cdot f_{u,k} \cdot d^{2,6} = 0{,}3 \cdot 360 \cdot 16^{2,6} = 145\,927\,\text{N}$$

[EC5 1-1, (8.30)]

Mindestholzdicke:

$$t_{req} = 1{,}15 \cdot 4 \cdot \sqrt{\frac{M_{y,Rk}}{f_{h,k} \cdot d}} = 1{,}15 \cdot 4 \cdot \sqrt{\frac{145\,927}{26{,}2 \cdot 16}} = 86 \begin{Bmatrix} > (160 - 10)/2 = 75\,\text{mm} \\ < (200 - 10)/2 = 95\,\text{mm} \end{Bmatrix}$$

[EC5 1-1, NA (116)]

Anschlüsse der Stäbe mit einer Breite von 20 cm:

$$R_k = \sqrt{2} \cdot \sqrt{2 \cdot M_{y,Rk} \cdot f_{h,l,k} \cdot d} = \sqrt{2} \cdot \sqrt{2 \cdot 145\,927 \cdot 26{,}2 \cdot 16} = 15\,643\,\text{N} \mathrel{\hat{=}} 15{,}6\,\text{kN}$$

[EC5 1-1, NA (115)]

$$R_{v,Rd} = k_{mod} \cdot \frac{F_{v,Rk}}{\gamma_M} = 0{,}9 \cdot \frac{15{,}6}{1{,}1} = 12{,}7\,\text{kN}$$

[EC5 1-1, NA (113)]

Anschlüsse der Stäbe mit einer Breite von 16 cm: [EC5 1-1, NCI NA zu 8.2.4]

Da die Mindestholzdicke hier nicht erreicht ist, wird die charakteristische Tragfähigkeit je Scherfuge mit dem Faktor „t/t_{req}“ abgemindert.

$$R_{v,Rk} = \frac{t}{t_{req}} \cdot \sqrt{2} \cdot \sqrt{2 \cdot M_{y,Rk} \cdot f_{h,1,k} \cdot d} = \frac{75}{86} \cdot \sqrt{2} \cdot \sqrt{2 \cdot 145\,927 \cdot 26{,}2 \cdot 16}$$

$$= 13\,642\,\text{N} \mathrel{\hat{=}} 13{,}6\,\text{kN}$$

$$F_{v,Rd} = k_{mod} \cdot \frac{F_{v,Rk}}{\gamma_M} = 0{,}9 \cdot \frac{13{,}6}{1{,}1} = 11{,}1\,\text{kN}$$

[EC5 1-1, NA (113)]

$$n_{ef} = \min \begin{Bmatrix} n \\ n^{0,9} \sqrt[4]{\dfrac{a_1}{13d}} \end{Bmatrix}$$

[EC5 1-1, (8.34)]

Tabelle 3.4: Bemessungswerte der Tragfähigkeit in kN/SDü

$n =$	1	2	3	4	5	6	7	8
$n_{ef} =$	1,00	1,47	2,12	2,74	3,38	3,95	4,54	5,12
$n_{ef}/n =$	1,000	0,735	0,706	0,686	0,670	0,658	0,648	0,639
$R_{d,n,16} =$	11,1	8,16	7,83	7,61	7,44	7,31	7,20	7,1
$R_{d,n,20} =$	12,7	9,33	8,96	8,71	8,51	8,36	8,23	8,11

Mindestabstände: [EC5 1-1, Tab.8.5]

$a_1 \quad = 5 \cdot d = 5 \cdot 16 = \ 80\ \text{mm}$

$a_2 \quad = 3 \cdot d = 3 \cdot 16 = \ 48\ \text{mm}$

$a_{1,c} \ = 3 \cdot d = 3 \cdot 16 = \ 48\ \text{mm}$

$a_{1,t} \ = 7 \cdot d = 7 \cdot 16 = 112\ \text{mm}$

$a_{2,t/c} = 3 \cdot d = 3 \cdot 16 = \ 48\ \text{mm}$

Obergurtknoten 6 bzw. 21

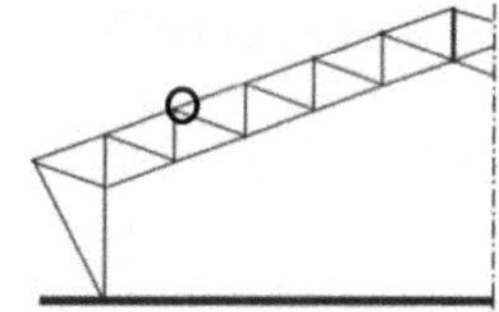

Abbildung 3.24: Lage des Knotens 6

Tabelle 3.5: Zusammenstellung der Stabkräfte an den Obergurtknoten 21 und 6

	Obergurt Knoten 21				Obergurt Knoten 6			
		Stab 13	Stab 34	Stab 45	Stab 4	Stab 5	Stab 26	Stab 38
b/h	20/24	20/24	16/16	16/16	20/24	20/24	16/16	16/16
		N_{13}	N_{34}	N_{45}	N_4	N_5	N_{26}	N_{38}
		kN	kN	kN	kN	kN	kN	kN
Ständige (g_k)	–43,8	7,6	–47,3	52,1	7,6	–48,5	–47,3	52,1
Schnee (s_k)	–33,9	5,9	–36,6	40,3	5,9	–37,4	–36,6	40,3
Wind (w_k)	25,7	23,6	3,8	–1,08	–28,8	–25,9	–0,25	–3,9
1,35 ($g_k + s_k + w_k$)	–70,2	50,5	–108,9	124,2	–20,8	–152,0	–114,4	120,3
Differenzkraft	–121,1				131,1			
1,35 g_k + 1,5s_k	–110,0	19,1	–118,8	130,8	19,1	–121,6	–118,8	130,8
Differenzkraft	–129,1				140,7			
Die unterlegten Werte sind für die Bemessung maßgebend.								

Berücksichtigung der Querkräfte am Obergurtknoten 6 bzw. 21?

$V_{6,\text{li},d} = 1{,}35 \cdot 4{,}55 + 1{,}5 \cdot 3{,}52 = 11{,}4\ \text{kN}$

$V_{6,\text{li},d} = 1{,}35 \cdot (-6{,}11) + 1{,}5 \cdot (-4{,}79) = -15{,}4\ \text{kN}$

$\Sigma V_{5,d} = 11{,}4 + |-15{,}4| = 26{,}8\ \text{kN}$

Winkel Kraft-Faserrichtung: $\alpha = \arctan \dfrac{26{,}8}{140{,}7} = 10{,}8°$

Resultierende Anschlusskraft im Obergurt: $R_{6,d} = \sqrt{26{,}8^2 + 140{,}7^2} = 143{,}2\ \text{kN}$

$$f_{h,11,k} = \frac{f_{h,0,k}}{k_{90} \cdot \sin^2\alpha + \cos^2\alpha} = \frac{26{,}2}{1{,}59 \cdot \sin^2 10{,}8° + \cos^2 10{,}8°} = 25{,}6\ \text{N/mm}^2$$

[EC5 1-1, (8.31)]

mit k_{90} nach [EC5 1-1, (8.33)]

$$F_{v,Rk} = \sqrt{2} \cdot \sqrt{2 \cdot M_{y,Rk} \cdot f_{h,l,k} \cdot d} = \sqrt{2} \cdot \sqrt{2 \cdot 145\,927 \cdot 25{,}6 \cdot 16} = 15\,462\ \text{N}$$

[EC5 1-1, NA (115)]

Fehler bei Nichtberücksichtigung: $\Delta = \dfrac{143{,}2}{140{,}7} \cdot \dfrac{15\,643}{15\,462} = 1{,}03 \rightarrow$ **3 %!**

Stab 4-5, 200/240, 2 Reihen, $N_4 - N_5 = 140{,}7\ \text{kN}$

$n_{req} = \dfrac{140{,}7}{8{,}71 \cdot 2^{*)}} = 8{,}08 \approx 8 \Rightarrow 2 \cdot 4 = 8$ *) 2-schnittige Verbindung

Stab 26, 160/160, 2 Reihen, $N_{26} = -118{,}8\ \text{kN}$

$n_{req} = \dfrac{118{,}8}{7{,}61 \cdot 2^{*)}} = 7{,}81 \Rightarrow 2 \cdot 4 = 8$ *) 2-schnittige Verbindung

Stab 38, 160/160, 2 Reihen, $N_{38} = -130{,}8\ \text{kN}$ $n_{req} = \dfrac{130{,}8}{7{,}44 \cdot 2^{*)}} = 8{,}79 \Rightarrow 2 \cdot 5 = 10$

*) 2-schnittige Verbindung

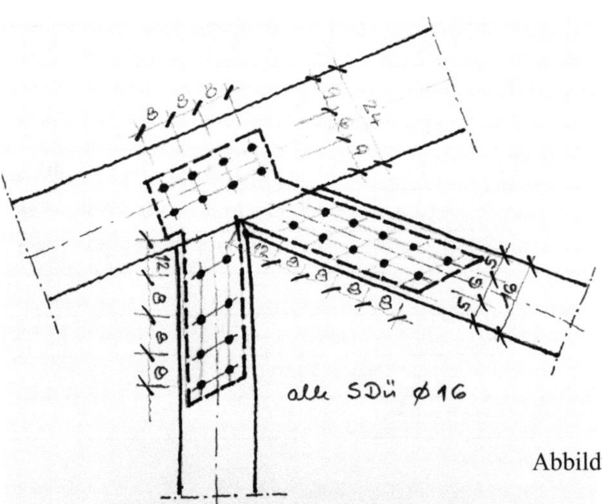

Abbildung 3.25: Skizze Obergurtknoten 6 bzw. 21

Obergurtknoten 24

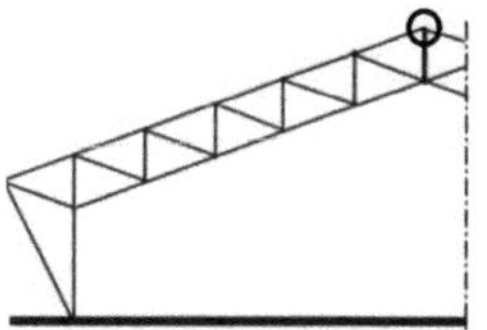

Abbildung 3.26: Lage des Knotens 14

Tabelle 3.6: Zusammenstellung der Stabkräfte am First (Knoten 14)

	Obergurt Knoten 24 (First)		
	Stab 8	Stab 9	Stab 30
b/h	20/24	20/24	16/16
	N_8 kN	N_9 kN	N_{30} kN
Ständige (g_k)	–79,8	–79,8	44,1
Schnee (s_k)	–61,7	–61,7	34,1
Wind (w_k)	9,0	7,6	–3,8
$1{,}35 + 1{,}5 \cdot (g_k + 0{,}6\, w_k)$	–180,2	–182,1	101,1
$1{,}35\, g_k + 1{,}5 s_k$	–200,3	–200,3	110,7
Die unterlegten Werte sind für die Bemessung maßgebend.			

Stab 8 bzw. 9, 200/240, 3 Reihen $\quad N_8 = -200{,}3$ kN

$$n_{req} = \frac{200{,}3}{8{,}71 \cdot 2^{*)}} = 11{,}50 \Rightarrow 3 \cdot 4 = 12$$

$^{*)}$ 2-schnittige Verbindung

Stab 30, 160/160, 2 Reihen, $\quad N_{30} = 110{,}7$ kN $\quad n_{req} = \dfrac{110{,}7}{7{,}61 \cdot 2^{*)}} = 7{,}27 \Rightarrow 2 \cdot 4 = 8$

$^{*)}$ 2-schnittige Verbindung

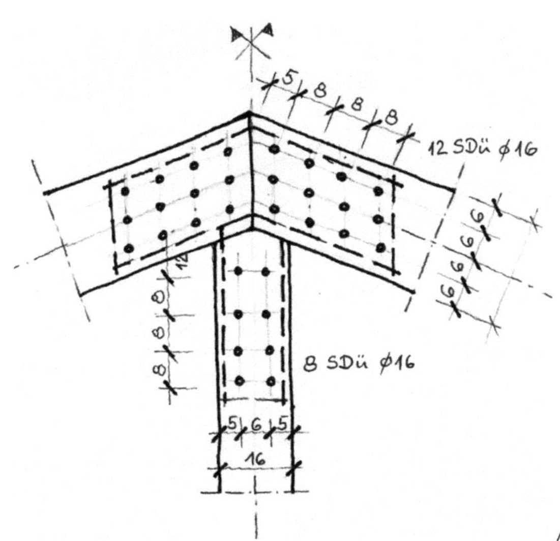

Abbildung 3.27: Skizze Obergurtknoten

Untergurtknoten 5 bzw. 22

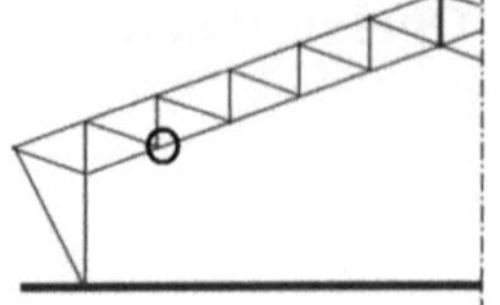

Abbildung 3.28: Lage des Knotens 5

Tabelle 3.7: Zusammenstellung der Stabkräfte an den Untergurtknoten 22 und 5

	Untergurt Knoten 22				Untergurt Knoten 5			
	Stab 23	Stab 24	Stab 34	Stab 46	Stab 16	Stab 15	Stab 26	Stab 37
b/*h*	16/20	16/20	16/16	16/16	16/20	16/20	16/16	16/16
	N_{23}	N_{24}	N_{34}	N_{46}	N_{16}	N_{15}	N_{26}	N_{37}
	kN	kN	kN	kN	kN	kN	kN	kN
Ständige (g_k)	–41,2	–110,4	–47,2	69,3	–41,2	–110,4	–47,2	69,3
Schnee (s_k)	–31,9	–85,4	–36,5	53,6	–31,9	–85,4	–36,5	53,6
Wind (w_k)	–28,5	–21,4	4,9	–7,1	33,6	38,6	1,36	–2,2
$1{,}35\,g_k + 1{,}5 \cdot (s_k + 0{,}6w_k)$	–138,2	–295,3	–107,1	157,4	–53,7	–213,7	–112,0	164,0
Differenzkraft	157,1				160,0			
$1{,}35\,g_k + 1{,}5\,s_k$	–103,5	–277,1	–118,5	174,0	–103,5	–277,1	–118,5	174,0
Differenzkraft	173,7				173,7			
Die unterlegten Werte sind für die Bemessung maßgebend.								

Stab 23-24, 160/200, 3 Reihen, $N_{23} - N_{24} = 173{,}7$ kN

$$n_{req} = \frac{173{,}7}{7{,}61 \cdot 2^{*)}} = 11{,}41 \Rightarrow 3 \cdot 4 = 12$$ *) 2-schnittige Verbindung

Stab 46, 160/160, 2 Reihen, $N_{46} = 174{,}0$ kN

$$n_{req} = \frac{174{,}0}{7{,}31 \cdot 2^{*)}} = 11{,}90 \Rightarrow 2 \cdot 6 = 12$$ *) 2-schnittige Verbindung

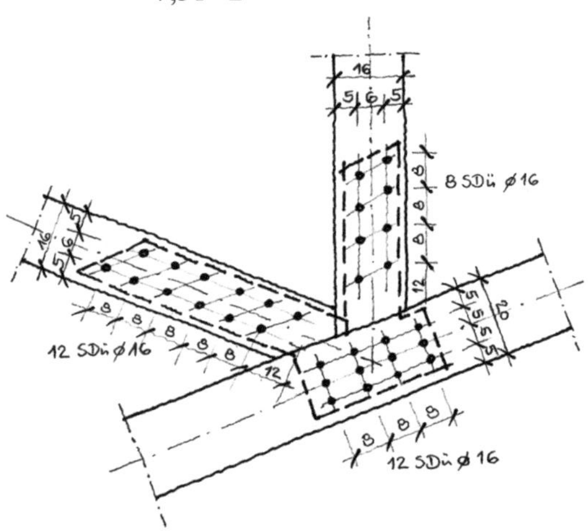

Abbildung 3.29: Skizze Untergurtknoten

Stütze-Strebe

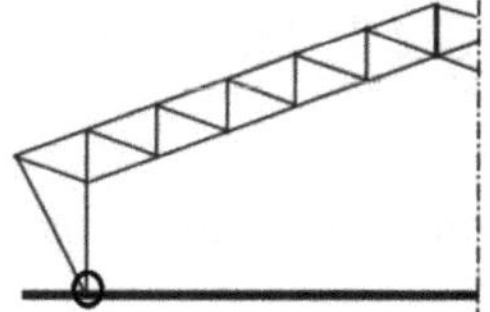

Abbildung 3.30: Lage des Knotens 1

Tabelle 3.8: Zusammenstellung der Stabkräfte am Stützenfußpunkt

	Auflager Knoten 1		Auflager Knoten 26	
	Stab 1	Stab 2	Stab 48	Stab 49
b/h	20/20	16/16	20/20	16/16
	N_1	N_2	N_{48}	N_{49}
	kN	kN	kN	kN
Ständige (g_k)	–141,2	68,0	–141,2	68,0
Schnee (s_k)	–109,2	52,6	–109,2	52,6
Wind (w_k)	23,2	–26,7	–5,4	15,3
$1{,}35 + 1{,}5 \cdot (s_k + 0{,}6 \cdot w_k)$	–308,8	127,7	–347,7	184,8
$1{,}35\, g_k + 1{,}5\, s_k$	–354,4	170,7	–354,4	170,7
Die unterlegten Werte sind für die Bemessung maßgebend.				

Stütze S1 bzw. 48, 200/200 3 Reihen $N_1 = -354{,}4$ kN

$$n_{req} = \frac{354{,}4}{8{,}11 \cdot 2^{*)}} = 21{,}85 \Rightarrow 3 \cdot 8 = 24$$

*) 2-schnittige Verbindung

Strebe S2 bzw. 49, 160/160 2 Reihen $N_1 = 184{,}8$ kN

$$n_{req} = \frac{184{,}8}{7{,}2 \cdot 2^{*)}} = 12{,}78 \Rightarrow 2 \cdot 7 = 14$$

*) 2-schnittige Verbindung

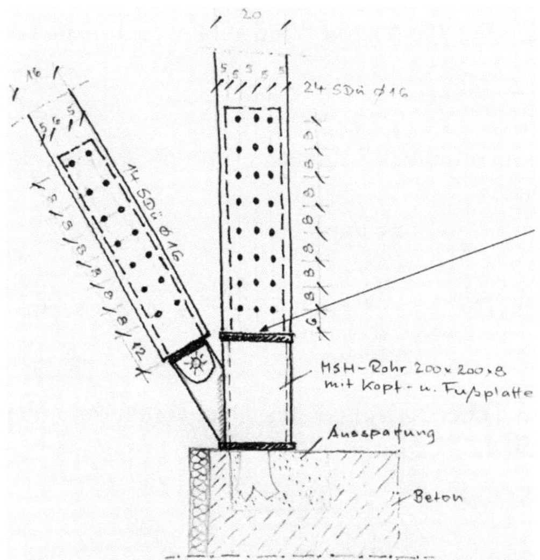

Hier könnte auch ein Kontaktstoß vorgesehen werden, der jedoch von den Ausführenden sehr präzises Arbeiten erfordert.

Abbildung 3.31: Auflager

Mit allen anderen Anschlüssen ist ebenso zu verfahren.

3.2.1 Die Untergurthalterung am Fachwerkrahmen

Der Untergurt wird im gedrückten Bereich an den Fachwerkknoten seitlich gehalten.

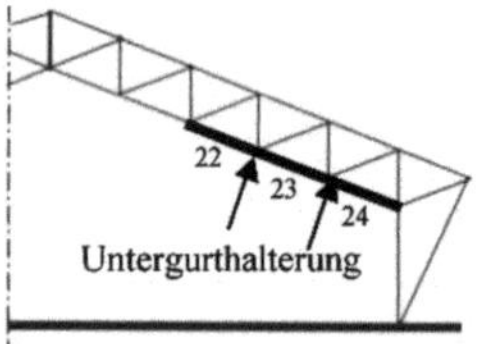

Abbildung 3.32: Druckbereich im Untergurt

Nach EC5 1-1, 9.2.5.2 sind die Ersatzlasten F_d, die auf die Zwischenabstützungen einwirken, wie folgt zu bemessen:

System:

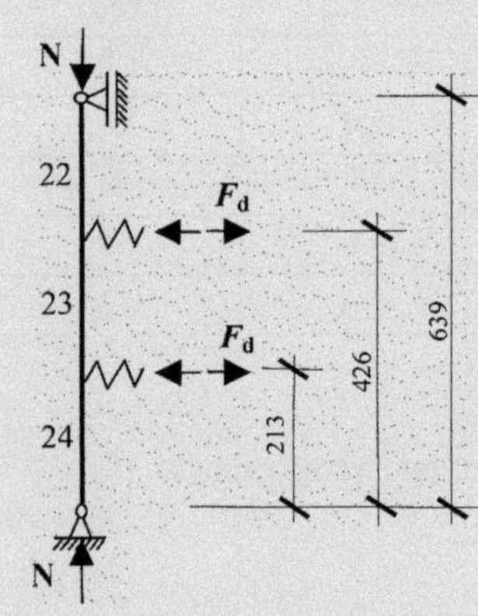

Abbildung 3.33: Statisches System mit Belastung

Belastung

Maßgebend wird hier die LFK2: $1{,}35\,g + 1{,}5 \cdot (s + 0{,}6\,w)$, mit Wind auf die Traufseite von links.

Druckkräfte in den Stäben unter LFK2:

(Hier wird die Druckkraft des maximal beanspruchten Rahmens ermittelt, welcher das erste Innenauflager der Koppelpfetten bildet.)

$N_{22,d} = -27$ kN; $N_{23,d} = -138$ kN; $N_{24,d} = -295$ kN

Mindestfedersteifigkeit je Abstützung: $C = k_s \cdot \dfrac{N_d}{a} = 4{,}0 \cdot \dfrac{153{,}3}{213} = 2{,}87$ kN/cm

[EC5 1-1, (9.34)]

Auf den Vergleich der vorhandenen Federsteifigkeit des Dachverbandes, über Pfetten und Streben, wird hier verzichtet.

Bemessungswert der Stabilisierungskraft F_d:

$F_d = \dfrac{N_d}{k_{f,2}} = \dfrac{-153}{80} = 1{,}92$ kN   mit $k_{f,2}$ nach Tab. NA.21   [EC5 1-1, (9.35)]

$F_d = \frac{N_d \cdot (1 - k_c)}{80}$ N_d: Bemessungswert der mittleren Normalkraft im Druckstab

$N_d = \frac{-27 - 138 - 295}{3} = -153{,}3 \text{ kN}$

Ersatzlast: $F_d = \frac{N_d}{k_{f,2}} = \frac{-153}{80} = 1{,}92 \text{ kN}$

mit $k_{f,2}$ nach Tab. NA.20 [EC5 1-1, (9.35)]

$l_{ef} = 639 \text{ cm}$ $i = 0{,}289 \cdot 16 = 4{,}62 \text{ cm}$ $\lambda_z = \frac{l_{ef}}{i_{y(z)}} = \frac{639}{4{,}62} = 138$

Strebenkraft: $S_d = 1{,}92 \cdot \sqrt{2} = 2{,}72 \text{ kN}$

Für diese geringe Kraft wird ohne weiteren Nachweis ein Rundstahl ∅ 12, S235 vorgesehen; auch die Anschlüsse werden nach konstruktiven Gesichtspunkten ausgebildet. Die betroffenen Pfetten werden durch die Untergurthalterung zusätzlich belastet. Dadurch ergibt sich eine Vielzahl von möglichen Lastfallkombinationen.

Vereinfachend wird angenommen, dass die eben ermittelte Strebenkraft der Zwischenabstützung an zwei Stellen zusätzlich zu den vertikalen Einwirkungen aus ständigen Lasten und Schnee angreift.

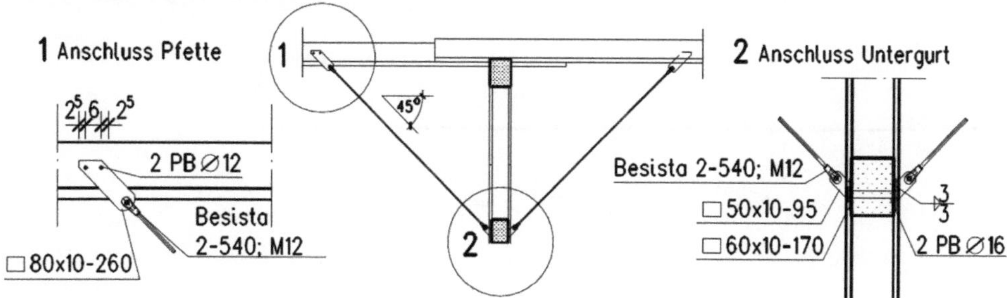

Abbildung 3.34: Skizze der seitlichen Abspannung

System:

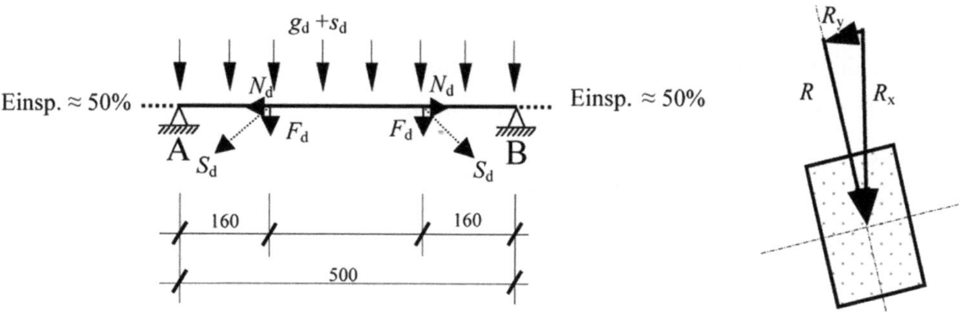

Abbildung 3.35: System mit Belastung

Als Ersatzsystem wird ein Einfeldträger mit ≈ 50 % Einspannung an den Auflagern herangezogen. Das entspricht in etwa dem Momentenverlauf bei Koppelpfetten.

Belastung:

Die Lasten die aus $g_d + s_d$ sind Abschnitt 3.1 zu entnehmen Sie ergeben sich zu:

$$g_{z,d} + s_{z,d} = (1{,}35 \cdot 1{,}06 + 1{,}5 \cdot 0{,}93) \cdot \cos 20° = 2{,}65 \text{ kN/m}^2 \cdot 1 = 2{,}65 \text{ kN/m}$$

$$g_{y,d} + s_{y,d} = (1{,}35 \cdot 1{,}06 + 1{,}5 \cdot 0.93) \cdot \cos 20° = 0{,}97 \text{ kN/m}^2 \cdot 1 = 0{,}97 \text{ kN/m}$$

Belastung aus der Abspannung: $F_{z,d} = 2{,}72 \cdot \sin 45° \cdot \cos 20° = 1{,}81 \text{ kN}$

$F_{y,d} = 2{,}72 \cdot \cos 45° \cdot \sin 20° = 0{,}66 \text{ kN}$

$N_d = 2{,}72 \cdot \cos 45° = 1{,}92 \text{ kN}$

Die Schnittgrößen wurden mit Hilfe eines Stabwerkprogramms ermittelt.

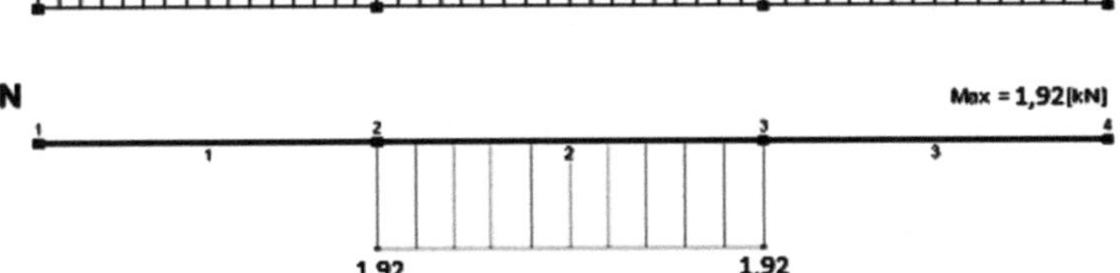

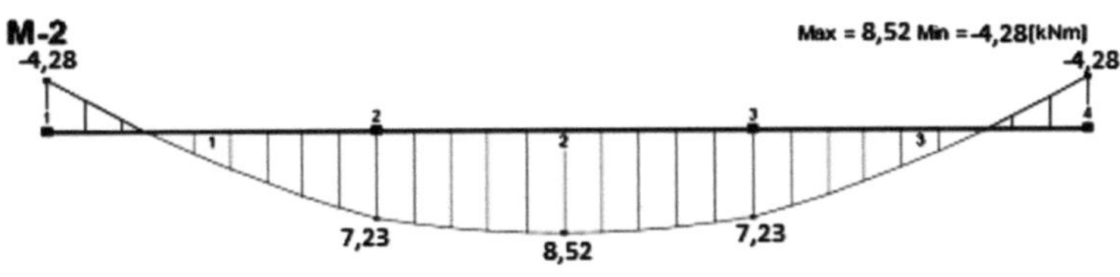

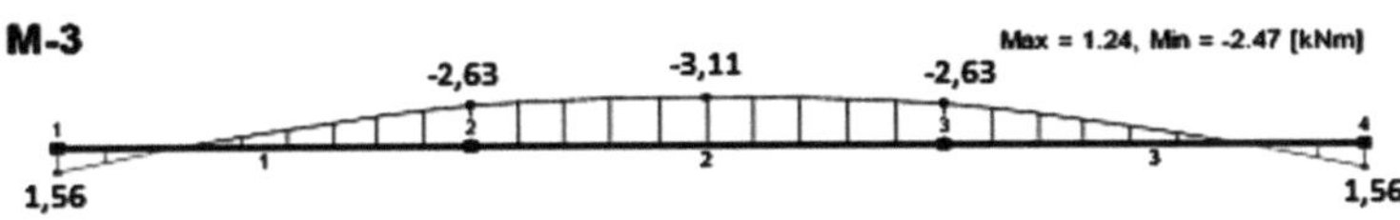

Abbildung 3.36: Schnittgrößen

Innenfeldpfette im Bereich der Zwischenabstützungen

Gewählt: 120/180 VH C 24; $e = 1{,}00$ m (im Grundriss)

$A = 216 \cdot 10^2 \text{ mm}^2$ $W_z = 648 \cdot 10^3 \text{ mm}^3$

$W_y = 432 \cdot 10^3 \text{ mm}^3$

Nachweis der Biegespannungen in Feldmitte:

$$\sigma_{m,z,d} = \frac{\max M_2}{W_z} = \frac{8{,}52 \cdot 10^6}{648 \cdot 10^3} = 13{,}14 \text{ N/mm}^2$$

$$\sigma_{m,y,d} = \frac{\max M_3}{W_y} = \frac{3{,}11 \cdot 10^6}{648 \cdot 10^3} = 4{,}8 \text{ N/mm}^2$$

Zugspannungen in Feldmitte:

$$\sigma_{t,d} = \frac{\max N_3}{A} = \frac{1{,}92 \cdot 10^3}{216 \cdot 10^2} = 0{,}09 \text{ N/mm}^2$$

$$f_{t,0,d} = k_{mod} \cdot \frac{f_{t,0,k}}{\gamma_M} = 0{,}9 \cdot \frac{14}{1{,}3} = 9{,}7 \text{ N/mm}^2$$

$$f_{m,d} = k_{mod} \cdot \frac{f_{m,k}}{\gamma_M} = 0{,}9 \cdot \frac{24}{1{,}3} = 16{,}62 \text{ N/mm}^2$$

$$\frac{\sigma_{t,d}}{f_{t,0,d}} + \frac{\sigma_{m,z,d}}{f_{m,d}} + k_m \cdot \frac{\sigma_{m,y,d}}{f_{m,d}} \leq 1 \quad \rightarrow \quad \frac{0{,}09}{9{,}7} + \frac{13{,}14}{16{,}62} + 0{,}7 \cdot \frac{4{,}8}{16{,}62} = 1{,}00 \leq 1$$

mit $k_m = 0{,}7$ [EC5-1-1, 6.1.6(2)] [EC5 1-1, (6.18)]

3.3 Die Wandstiele in der Giebelwand

Die Wandstiele werden von der Bodenplatte bis zum Ortgang vorgesehen; bis zum Ortgang, damit die horizontale Auflagerkraft direkt in die Dachfläche, d. h. in den Dachverband Abschnitt 3.4, eingeleitet werden kann.

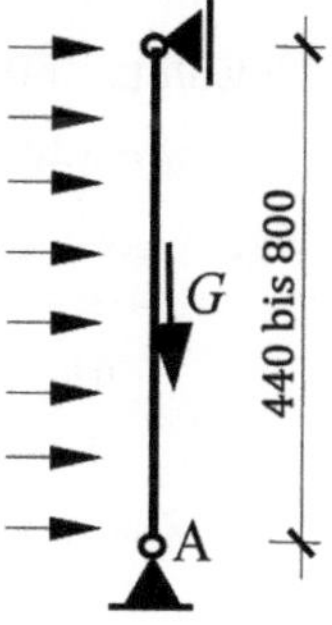

Abbildung 3.37: System

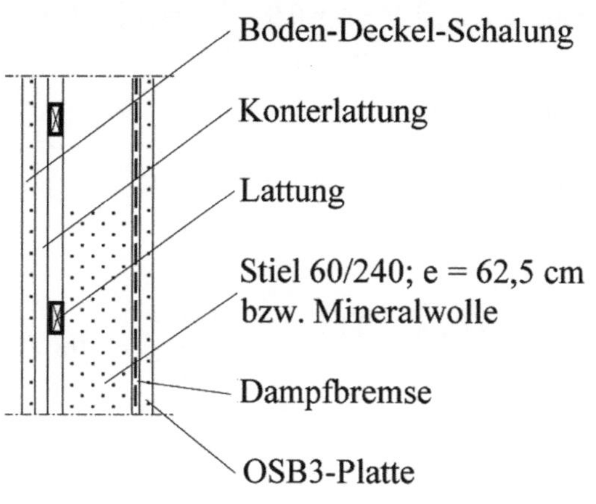

Abbildung 3.38: Wandaufbau

Ständige Lasten

Boden-Deckel-Schalung	$\approx 0{,}15$ kN/m^2
Lattung + Konterlattung	$\approx 0{,}04$ kN/m^2
Mineralwolle $24 \cdot 0{,}01$	$= 0{,}24$ kN/m^2
Eigengewicht der Stiele	$\approx 0{,}20$ kN/m^2
Dampfbremse	$\approx 0{,}02$ kN/m^2
OSB-Platte, $d = 25$ mm; $0{,}025 \cdot 6{,}0$	$= 0{,}15$ kN/m^2
Ständige Last	$= 0{,}80$ kN/m^2
pro Stiel $0{,}80 \cdot 0{,}625$	$= 0{,}50$ kN/m

Resultierende, die in 0,5 m Stielhöhe angesetzt wird $G_k = 0{,}50 \cdot 8{,}00 = 4{,}00$ kN
$G_d = 1{,}35 \cdot 4{,}00 = 5{,}40$ kN

Winddruck (siehe Pos. 2) $w_{D,k} = 0{,}47$ kN/m^2 $w_{D,k} = 0{,}47 \cdot 0{,}625 = 0{,}30$ kN/m
$w_{D,d} = 1{,}5 \cdot 0{,}30 = 0{,}45$ kN/m

Auflager- und Schnittgrößen $A_{v,d} = G_D = 5{,}4$ kN

$$A_{h,d} = B_{h,d} = \frac{0{,}45 \cdot 8{,}00}{2} = 1{,}8 \text{ kN}$$

$$\max M_d = \frac{0{,}45 \cdot 8{,}00^2}{8} = 3{,}6 \text{ kNm}$$

Bemessung NKL 2; KLED „kurz“ $\Rightarrow k_{mod} = 0{,}90$

Die oben ermittelte Normalkraftresultierende wird als Einzellast auf halber Stützenhöhe angenommen.

Die Stiele sind durch die Beplankung seitlich gehalten und können somit nur senkrecht zur Wand ausknicken.

Gewählt: 60/240 VH C 24; $e = 62{,}5$ cm

$A = 144 \cdot 10^2$ mm^2 $W_y = 576 \cdot 10^3$ mm^3 $I_y = 6.912 \cdot 10^4$ mm^4

Nachweis nach dem Ersatzstabverfahren:

$$\sigma_{c,0,d} = k_{mod} \cdot \frac{5{,}4 \cdot 10^3}{144 \cdot 10^2} = 0{,}375 \text{ N/mm}^2 \quad f_{c,0,d} = \frac{f_{c,0,k}}{\gamma_M} = 0{,}9 \cdot \frac{21}{1{,}3} = 14{,}54 \text{ N/mm}^2$$

$$\sigma_{m,y,d} = \frac{M_d}{W} = \frac{3{,}6 \cdot 10^6}{576 \cdot 10^3} = 6{,}25 \text{ N/mm}^2$$

$$f_{m,d} = k_{mod} \cdot \frac{f_{m,d}}{\gamma_M} = 0{,}9 \cdot \frac{24}{1{,}3} = 16{,}62 \text{ N/mm}^2$$

$$i_y = 0{,}289 \cdot 24 = 6{,}94 \text{ cm}$$

$$\lambda_y = \frac{l_{ef}}{i_y} = \frac{800}{6{,}94} = 115{,}27 \quad \lambda_{rel,c} = \frac{\lambda_y}{\pi} \cdot \sqrt{\frac{f_{c,0,k}}{E_{0,05}}} = \frac{115{,}3}{\pi} \cdot \sqrt{\frac{21}{7400}} = 1{,}96$$

$\beta_c = 0{,}2$ für Vollholz und Balkenschichtholz [EC5 1-1, (6.29)]

$$k_y = 0{,}5 \cdot [1 + \beta_c \cdot (\lambda_{rel,c} - 0{,}3) + \lambda_{rel,y}^2] = 0{,}5 \cdot [1 + 0{,}2 \cdot (1{,}98 - 0{,}3) + 1{,}96^2] = 2{,}59$$

[EC5 1-1, (6.27)]

$$\text{Knickbeiwert: } k_{c,y} = \frac{1}{k_y + \sqrt{k_y^{\,2} - \lambda_{rel,y}^2}} = \frac{1}{2{,}59 + \sqrt{2{,}59^2 - 1{,}96^2}} = 0{,}23$$

[EC5 1-1, (6.25)]

$$\boxed{\frac{\sigma_{c,0,d}}{k_{c,y} \cdot f_{c,0,d}} + \frac{\sigma_{m,y,d}}{f_{m,d}} \le 1 \quad \rightarrow \quad \frac{0{,}375}{0{,}23 \cdot 14{,}54} + \frac{6{,}25}{16{,}62} = 0{,}49 > 1}$$

[EC5 1-1, (6.23)]

Gebrauchstauglichkeit

$\psi_2 = 0$ [DIN EN 1990, Tab. A.1.1] $k_{\text{def}} = 0{,}8$ [EC5 1-1, Tab. 3.2]

$$u_{\text{inst,Q,1}} = \frac{5}{48} \cdot \frac{M_{\text{Q,k}} \cdot l^2}{E_{0,\text{mean}} \cdot I_y} = \frac{5}{48} \cdot \frac{0{,}3 \cdot 8000^4}{8 \cdot 11\,000 \cdot 6912 \cdot 10^4} = 21 \text{ mm}$$

$$u_{\text{fin,Q,1}} = u_{\text{inst,Q,1}} \cdot (1 + \psi_2 \cdot k_{\text{def}}) = 21{,}0 \cdot (1 + 0 \cdot 0{,}8) = 21{,}0 \text{ mm}$$

[EC5 1-1, Tab. 3.2]

Letztendlich liegt es im Ermessen des Tragwerksplaners, welchen Wert er in diesem Fall zulässt. Da hier keine Ausbauteile betroffen sind, wird der empfohlene Wert als Grenze vorausgesetzt.

$\frac{8000}{300} = 27 \text{ mm}$ $w_{\text{fin}} = u_{\text{fin,Q,t}} = 21 \text{ mm} < 27 \text{ mm}$ [EC5 1-1, NA Tab. 3.2]

3.4 Die Verbände in Dachebene

Schnittgrößen nach [4]

Die Schnittgrößen des Dachverbands, dessen Gurte mit den OG der Fachwerkrahmen des Haupttragwerks identisch sind, werden in drei Schritten ermittelt.

1. Schritt: Stabkräfte am „abgewickelten Verband“

Die am ebenen Fachwerk ermittelten Stabkräfte sind für die Füllstäbe bereits als endgültige Kräfte anzusehen; für die Verbandsgurte sind Zusatzkräfte aus dem zweiten Schritt zu beachten.

2. Schritt: Umlenkkräfte in den Knickpunkten des Dachverbandes

An den Knickpunkten des Verbandes sind die zuvor ermittelten Stabkräfte nicht im Gleichgewicht (z. B. am Firstpunkt $\Sigma V = 0$).

Die Gleichgewichtskräfte = Umlenkkräfte wirken wie äußere Kräfte auf den Hauptbinder und liefern für diesen zusätzliche Schnittgrößen.

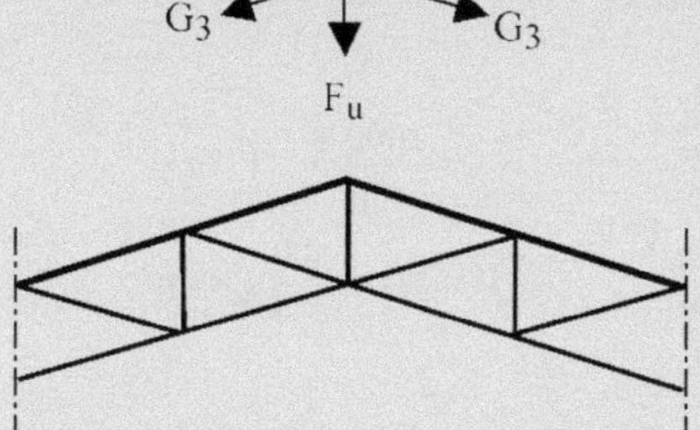

Abbildung 3.39: Umlenkkraft am First

Resultierende aus den Gurtkräften G im Firstpunkt = Umlenkkraft

$F_u = 2 \cdot G_3 \cdot \sin \alpha$

Die Umlenkkraft F_u belastet die Hauptbinder. Daraus ergeben sich für diese Auflagerkräfte und Stabkräfte.

(Am anderen Verbandsbinder ist G_3 eine Druckkraft, d. h. F_u wirkt nach oben!)

3. Schritt: Endgültige Stabkräfte für die Bemessung

Für die Diagonalen des Dachverbandes:

⇒ Stabkräfte aus dem abgewickelten Verband (1. Schritt)

Für die Hauptbinder:

⇒ Stabkräfte aus vertikalen Hauptlasten

+ Stabkräfte aus Umlenkkräften (2. Schritt)

Für die Obergurte der Hauptbinder:
⇒ Stabkräfte aus vertikalen Hauptlasten

+ Stabkräfte aus dem abgewickelten Verband (1. Schritt)

+ Stabkräfte aus den Umlenkkräften (2. Schritt)

Die Beispielhalle hat zwei Dachverbände. Je Dachverband müssen die folgenden Lasten aufgenommen werden:

1. Die Lasten aus Winddruck oder Windsog, je nach Lage des Verbandes. Es wird angenommen dass ein Verband die gesamten Winddruck- und der andere die Windsogkräfte aufnehmen muss.
2. Die Hälfte der Ersatzlasten durch die Abstützung der gedrückten Fachwerkgurte.
3. Die Lasten einer Giebelwand, die durch Schrägstellung entstehen.

Einwirkung: Wind auf die Giebelwand

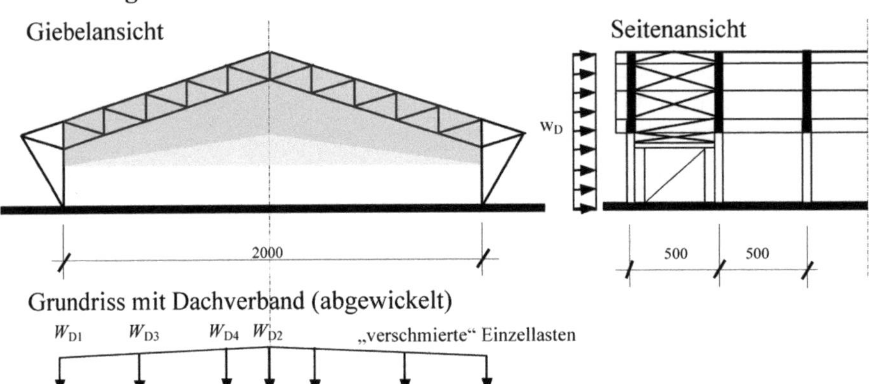

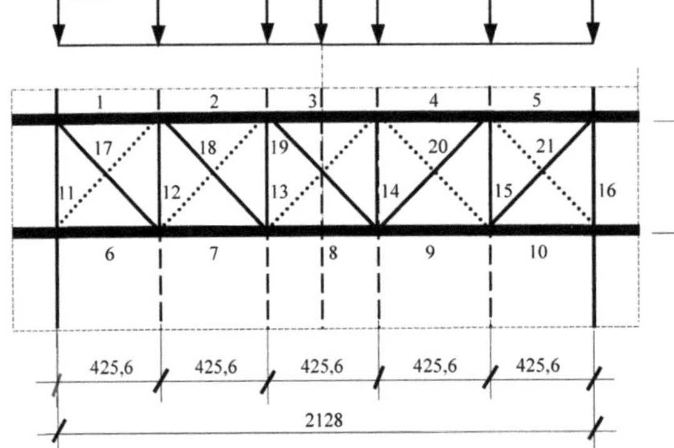

$$l = \frac{2000}{\cos 20°} = 2\,128 \text{ cm}$$

$$\beta = \arctan \frac{500}{426} = 49{,}6°$$

Abbildung 3.40:
Belastung und Verband für Wind auf den Giebel

Die Lastannahmen für Wind auf den Giebel sind DIN EN 1991-1-2, 7.2.5 zu entnehmen.

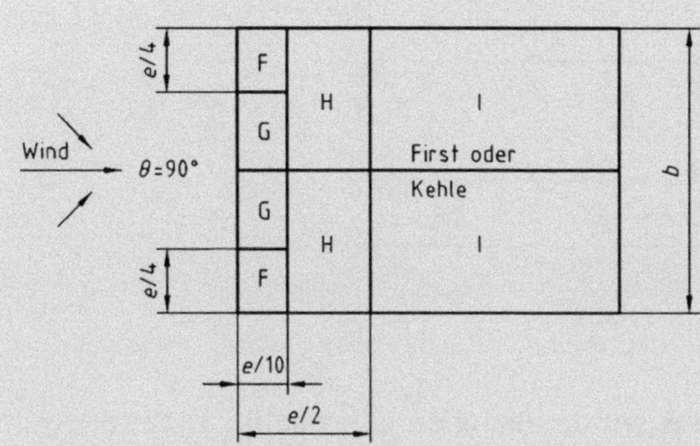

Aus der DIN EN 1991-1-2 geht hervor, dass bei einer Windeinwirkung unter 90° und einer Dachneigung von 20° keine Winddruckkräfte auf die Dachfläche anzusetzen sind. Die Sogkräfte werden nicht auf die Dachfläche angesetzt, da sie die Fachwerkrahmen entlasten würden.

Abbildung 3.41: Wind auf den Giebel [DIN EN 1991-1-2]

Es wird im Folgendem also nur der Winddruck bzw. Windsog auf die Giebelwände angesetzt. Als vertikale Lasten auf die Dachfläche werden Schnee und Eigengewicht berücksichtigt.

Winddruck auf den luvseitigen Hallengiebel:

$$\frac{h}{d} = \frac{8{,}00 + 0{,}50^{*)}}{50} = 0{,}17$$ *) Höhe von Sockel und Dacheindeckung

$q_p = 0{,}65$ kN/m² (siehe Pos. 3.1)

$c_{pe,D} = 0{,}7 \quad \rightarrow \quad w_D = q_p \cdot c_{pe,D} = 0{,}65 \cdot 0{,}7 = 0{,}46 \text{ kN/m}^2$

$c_{pe,E} = 0{,}7 \quad \rightarrow \quad w_E = q_p \cdot c_{pe,E} = 0{,}65 \cdot (-0{,}3) = -0{,}2 \text{ kN/m}^2$

$$w_{D,1,k} = 0{,}46 \cdot \frac{4{,}37 + 0{,}5^{*)}}{2} = 1{,}12 \text{ kN/m}^2 \text{ Gfl.} \Rightarrow w_{D,1,k} = 1{,}96 \cdot \cos 20° = 1{,}05 \text{ kN/m}^2 \text{ Dfl}$$

$$w_{D,2,k} = 0{,}46 \cdot \frac{8{,}0 + 0{,}5^{*)}}{2} = 1{,}96 \text{ kN/m}^2 \text{ Gfl.} \Rightarrow w_{D,2,k} = 1{,}96 \cdot \cos 20° = 1{,}84 \text{ kN/m}^2 \text{ Dfl}$$

$$w_{D,3,k} = \left[(1{,}84 - 1{,}05) \cdot \frac{2}{5}\right] + 1{,}05 = 1{,}37 \text{ kN/m}^2 \text{ Dfl}$$

$$w_{D,4,k} = \left[(1{,}84 - 1{,}05) \cdot \frac{4}{5}\right] + 1{,}05 = 1{,}68 \text{ kN/m}^2 \text{ Dfl}$$

Bei langen Gebäuden muss ggf. Wind infolge Reibung nach DIN 1991-1-4, 5.3 (4) berücksichtigt werden.

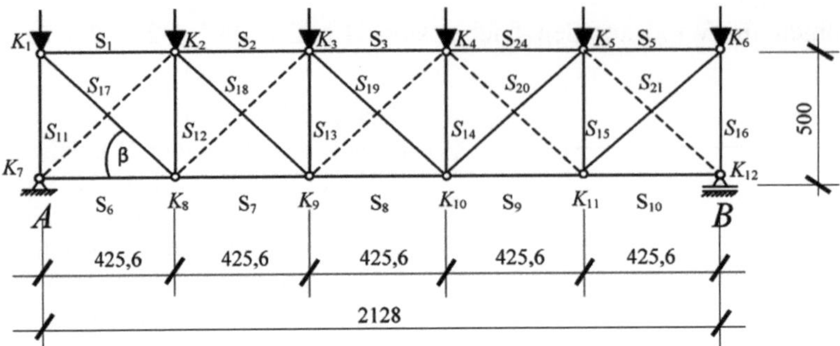

Abbildung 3.42: System mit Belastung

Für die Berechnung des Dachverbands wurde das oben dargestellte Fachwerksystem verwendet. Dieses vereinfachte Modell wurde gewählt, um die Rechnung auch ohne Stabwerksprogramm nachvollziehen zu können.

Die angreifenden Streckenlasten werden zu Einzellasten umgerechnet, welche in den Knotenpunkten des Fachwerksystems angreifen.

Die Streckenlasten sind hierzu auf die Knoten links und rechts ihrer Angriffsbreite umzurechnen.

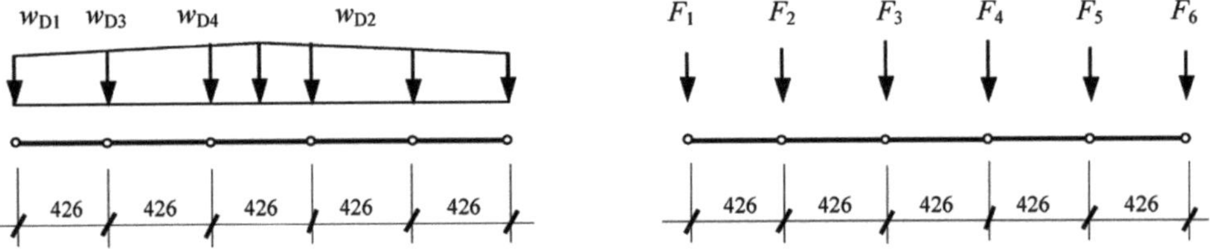

Abbildung 3.43: Streckenlasten in Einzellasten umrechnen

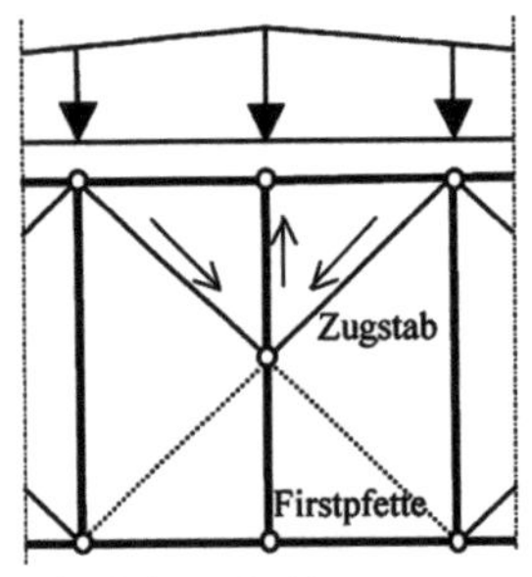

Abbildung 3.44: Krafteinleitung im Firstpunkt

Im Firstbereich läuft der Gurt des Verbandes nicht wirklich durch, er wird jedoch im abgewickelten Modell an dieser Stelle als durchlaufend angenommen. Hierdurch entsteht nur ein vernachlässigbar kleiner Fehler in der Berechnung. Die Einleitung der Kräfte im Firstpunkt muss jedoch gewährleistet werden. Die folgende Abbildung soll die Krafteinleitung an dieser Stelle verdeutlichen.

Die im First ankommende Kraft wird über die Firstpfette in die „Zugseile“ eingeleitet, diese leiten die Kraft in die Knotenpunkte des gewählten Fachwerkmodells ein.

Umrechnung der Streckenlasten zu Einzellasten:

$$F_{1,w,D,k} = F_{6,w,D,k} = \frac{1{,}05 + 4{,}26}{2} + \frac{1}{3} \cdot \frac{1{,}37 - 1{,}05}{2} \cdot 4{,}26 = 2{,}46 \text{ kN}$$

$$F_{2,w,D,k} = F_{5,w,D,k} = 1{,}37 \cdot 4{,}26 = 5{,}84 \text{ kN}$$

$$F_{3,w,D,k} = F_{4,w,D,k} = 1{,}68 \cdot 4{,}26 = 7{,}16 \text{ kN}$$

Windsog auf den leeseitigen Hallengiebel:

Die Schnittgrößen der Belastung aus Windsog lassen sich mittels eines Faktors aus den Schnittgrößen der Belastung aus Winddruck umrechnen:

$$w_E = -\frac{0{,}2}{0{,}46} \cdot w_D = -0{,}43 \cdot w_D$$

Da die Kraft aus Windsog jedoch wesentlich kleiner ist, ist der Winddruck für die Verbandsberechnung maßgebend.

Abstützung der gedrückten Gurte des Fachwerkrahmens

Die Ersatzlasten aus den gedrückten Gurten der Fachwerkrahmen lassen sich nach EC5 1-1, 9.2.5.3 bestimmen.

Abbildung 3.45: Lage der gedrückten Gurtstäbe

Vereinfachend wird für die Druckstäbe aus Ober- und Untergurt eine gemeinsame abstützende Streckenlast ermittelt. Die Abstützlast der Untergurte wird, wie in Pos. 2a beschrieben, über die seitliche Abspannung und weiter über die Koppelpfetten in den Verband eingeleitet. Die Obergurtabstützlast wird direkt über die Koppelpfetten in den Verband geführt.

Die Einwirkungen aus Eigengewicht und Schnee sind Pos. 2 zu entnehmen.

Tabelle 3.9: Zusammenstellung der Druckkräfte in den Gurten (mit einem Programm für ebene Stabwerke ermittelt)

	FW-Obergurt				FW-Untergurt	
	$N_{5/12}$ kN	$N_{6/11}$ kN	$N_{7/10}$ kN	$N_{8/9}$ kN	$N_{15/24}$ kN	$N_{16/23}$ kN
Ständige (g_k)	–45,9	–77,9	–90,2	–82,1	–110,4	–41,2
Schnee (s_k)	–35,5	–60,3	–69,8	–63,5	–85,4	–31,8

Mittlere Gurtkraft: $$N_{g,k} = \frac{-45{,}9 - 77{,}9 - 90{,}2 - 82{,}1 - 110{,}4 - 41{,}2}{6} = -74{,}6 \text{ kN}$$

$$N_{s,k} = \frac{-35{,}5 - 60{,}3 - 69{,}8 - 53{,}5 - 85{,}4 - 31{,}8}{6} = -57{,}7 \text{ kN}$$

Die Lastannahmen aus dem Dach wurden in Abschnitt 3.2 wegen der Durchlaufwirkung der Koppelpfetten am 5-Feldträger ermittelt, um den maximal beanspruchten Rahmen zu bemessen.

Für den Dachverband wird die Abstützlast aus der Hälfte der Fachwerkrahmen benötigt. Insgesamt verfügt die Halle über elf Rahmen. Von den elf Rahmen weisen die beiden äußeren in den Giebelflächen nur die halbe Einflussbreite auf. Daher wird gerechnet, dass ein Verband die Abstützlast aus 5,5 Fachwerkträgern aufnehmen muss.

Die mittlere Gurtkraft der gesamten Rahmen ergibt sich, indem man die oben ermittelte Kraft durch den Erhöhungsfaktor 1,132 (aus 5-Feldträgerberechnung, Abschnitt 3.2) teilt.

Ersatzlast je Verband: [EC5 1-1, 9.2.5.3]

$$q_{g,k} = \frac{n \cdot N_{g,k}}{k_{f,3} \cdot \ell} = 0{,}84 \cdot \frac{5{,}5 \cdot \left(\frac{74{,}6}{1{,}132}\right)}{30 \cdot 21{,}28} = 0{,}48 \text{ kN/m}$$ [EC5 1-1, (9.37)]

$$q_{g,k} = \frac{n \cdot N_{g,k}}{k_{f,3} \cdot \ell}\ \ell = 0{,}84 \cdot \frac{5{,}5 \cdot \left(\frac{57{,}7}{1{,}132}\right)}{30 \cdot 21{,}28} = 0{,}37 \text{ kN/m}$$

[EC5 1-1, NA Tab. 21]

$$k_{f,3} = 30$$

$$k_l = \min\left\{\sqrt[1]{\frac{15}{l}}\right\} = \sqrt{\frac{15}{21{,}28}} = 0{,}84 < 1$$ [EC5 1-1, (9.38)]

Auch diese Lasten werden zur einfacheren Berechnung am Fachwerkmodell zu Knotenlasten umgerechnet.

$$F_{1,g,k} = F_{6,g,k} = \frac{0{,}48 \cdot 4{,}26}{2} = 1{,}0 \text{ kN}$$

$$F_{2,g,k} = F_{3,g,k} = F_{4,g,k} = F_{5,g,k} = 0{,}48 \cdot 4{,}26 = 2{,}04 \text{ kN}$$

$$F_{1,s,k} = F_{6,s,k} = \frac{0{,}37 \cdot 4{,}26}{2} = 0{,}79 \text{ kN}$$

$$F_{2,s,k} = F_{3,s,k} = F_{4,s,k} = F_{5,s,k} = 0{,}48 \cdot 4{,}26 = 1{,}58 \text{ kN}$$

Stabilisierungslast der Giebelstützen:

Die Stützen im Giebelfeld werden bei dieser Halle so angeschlossen, dass sie außer ihrem Eigengewicht keine Vertikallasten abtragen.

Vereinfacht wird diese Last über die Giebellänge als konstant angenommen, auch wenn es sich bei einer genauen Betrachtung um eine dreiecksförmige Last handelt.

Nach EC5 1-1, 5.4.4 ist eine Schiefstellung der Stützen zu berücksichtigen. Die Stabilisierungslast, die der Dachverband aufnehmen muss, wird wie folgt ermittelt.

Eigengewicht der Giebelwand siehe Pos. 3.3: $g_k = 0{,}8\ \text{kN/m}^2$

Fläche der Giebelwand: $A = 4{,}37 \cdot 20 + \dfrac{3{,}64 \cdot 20}{2} = 123{,}8\ \text{m}^2$

Gesamtvertikallast der Giebelwand: $G_k = 0{,}8 \cdot 123{,}8 = 99\ \text{kN}$

Länge des abgewickelten Giebelverbands: $\ell = 21{,}28\ \text{m}$

$\ell = 21{,}28\ \text{m}$ mittlere Vertikallast der Giebelwand: $q_{g,k} = \dfrac{99{,}0}{21{,}28} = 4{,}65\ \text{kN/m}$

Verdrehung („Schiefstellung“)

$$\varphi = 0{,}005 \cdot \sqrt{\frac{5}{h}} = 0{,}005 \cdot \sqrt{\frac{5}{(4{,}37 + 3{,}64)}} = 0{,}004\ \text{(Bogenmaß)} \quad \text{(für } h < 5\ \text{m)}$$

[EC5 1-1, (5.1)]

→ Stabilisierungskraft: $q_{St,k} = \dfrac{4{,}65}{250} \approx 0{,}02\ \text{kN/m}$

Auch diese Lasten werden zur einfacheren Berechnung am Fachwerkmodell zu Knotenlasten umgerechnet:

$$F_{1,St,k} = F_{6,St,k} = \frac{0{,}02 \cdot 4{,}26}{2} = 0{,}04\ \text{kN}$$

$$F_{2,St,k} = F_{3,St,k} = F_{4,St,k} = F_{5,St,k} = 0{,}02 \cdot 4{,}26 = 0{,}09\ \text{kN}$$

Berechnungen der Stabkräfte des Verbands

Statisches System mit Belastungen

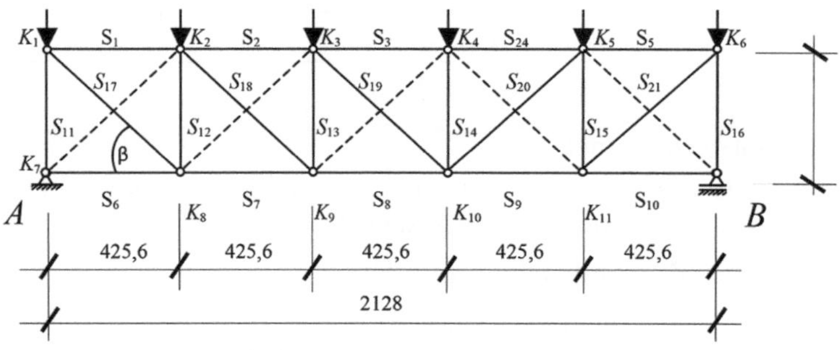

Abbildung 3.46: Statisches System mit Belastung

Es werden nur die Stäbe mit den maximalen Lasten bemessen (Stäbe S_{11} bzw. S_{16}, S_{17} bzw. S_{21} und S_8 bzw. S_3); mit den Anschlüssen wird ebenso verfahren.

Stabkräfte aus der Windbelastung (Winddruck auf den Giebel):

$$A_k = B_k = F_{1,w,D,k} + F_{2,w,D,k} + F_{3,w,D,k} = 2{,}46 + 5{,}84 + 7{,}16 = 15{,}5\ \text{kN}$$

$$S_{11} = S_{16} = 15{,}5\ \text{kN}$$

$$S_{17} = S_{21} = \frac{A_k - F_{1,w,D,k}}{\sin \beta} = \frac{15{,}46 - 2{,}46}{\sin 49{,}6} = 17{,}1 \text{ kN}$$

$$S_8 = -S_3 = \frac{F_{2,w,D,k} \cdot \frac{l}{5} + F_{3,w,D,k} \cdot \frac{2 \cdot l}{5}}{5} = \frac{5{,}84 \cdot 4{,}26 + 7{,}16 \cdot 2 \cdot 4{,}26}{5} = 17{,}2 \text{ kN}$$

Die Stabkräfte aus den Ersatzlasten und aus Stabilisierungslasten werden analog berechnet. Die Ergebnisse werden in der folgenden Tabelle dargestellt.

Tabelle 3.10: Zusammenstellung der Stab- und Auflagerkräfte

Lastfallkombination	S_{11} bzw. S_{16} kN	S_{17} bzw. S_{21} kN	S_8 kN	A bzw. B kN
$w_{D,k}$	–15,5	17,1	17,2	15,5
$1{,}5 \cdot w_{D,k}$	–23,3	25,7	25,8	23,3
$1{,}5 \cdot 0{,}6 \cdot w_{D,k}$	–14,0	15,4	15,5	14,0
$q_{g,k}$	–5,08	5,34	5,19	5,08
$1{,}35 \cdot q_{g,k}$	–6,86	7,21	7,01	6,86
$q_{s,k}$	–3,93	4,14	4,01	3,94
$1{,}5 \cdot q_{s,k}$	–5,90	6,21	6,02	5,91
$1{,}5 \cdot 0{,}5 \cdot q_{s,k}$	–2,95	3,10	3,01	2,95
$q_{St,k}$	–0,20	0,21	0,20	0,20
$1{,}35 \cdot q_{St,k}$	–0,27	0,28	0,27	0,27
LFK3: $1{,}35\, g + 1{,}5 \cdot w + 1{,}5 \cdot 0{,}5 \cdot s$	**–33,2**	**36,3**	**36,1**	**33,2**
LFK4: $1{,}35\, g + 1{,}5 \cdot s + 1{,}5 \cdot 0{,}6 \cdot w$	–27,0	29,1	28,8	27,0

Auswirkungen auf die Fachwerkrahmen

Zusätzlich zu den Kräften aus vertikaler Belastung erhalten die Rahmen, an denen ein Dachverband angeschlossen ist, noch weitere Lasten (siehe S. 131).

- Gurtkräfte des abgewickelten Dachverbands (Schritt 1)
- Stabkräfte infolge der Umlenkkraft am First (Schritt 2)
- Umlenkkraft: LFK3 $F_{u,d} = \pm\, 2 \cdot S_8 \cdot \sin \alpha = \pm\, 2 \cdot 36{,}1 \cdot \sin 20° = \pm\, 24{,}7$ kN
  LFK4 $F_{u,d} = \pm\, 2 \cdot S_8 \cdot \sin \alpha = \pm\, 2 \cdot 28{,}8 \cdot \sin 20° = \pm\, 19{,}7$ kN

Die Umlenkkraft wirkt bei Winddruck auf den Giebel am ersten Fachwerkrahmen nach oben und am zweiten nach unten.

Anschlüsse des Dachverbands

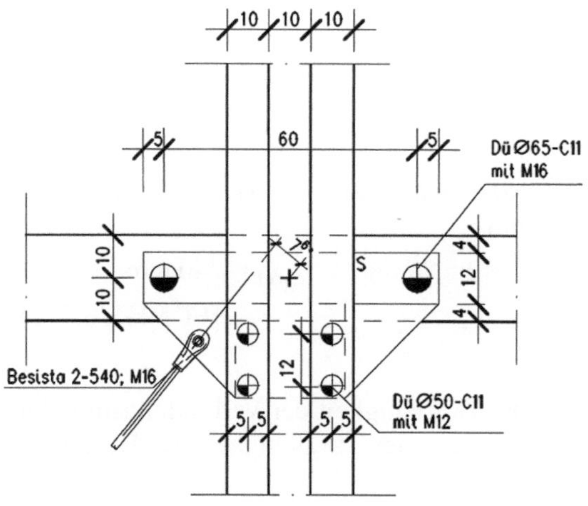

Abbildung 3.47: Anschlüsse im Knoten 1

Knoten 1

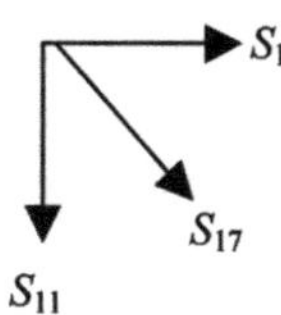

maßgebend: LFK3: $1{,}35 \cdot g + 1{,}5 \cdot s + 1{,}5 \cdot 0{,}6 \cdot w$

anzuschließende Kräfte:

$S_{17} = 36{,}3$ kN

$S_1 = S_{17} \cdot \cos \beta = 36{,}3 \cdot \cos 49{,}6° = 23{,}5$ kN

$S_{11} = S_{17} \cdot \sin \beta = 36{,}3 \cdot \sin 49{,}6° + 5.6^{*)} = 33{,}2$ kN

*) aus der Einzellast F_1

Die Zeichnung des Knotenpunktes 1 zeigt, dass die Kraft S_{17} mit einer Ausmitte von 7,6 cm angreift. Hierdurch entsteht ein Moment:

$$M = S_{17} \cdot e = 36{,}3 \cdot 7{,}6 = 275{,}9 \text{ kNcm}$$

Das Moment wird durch die Dübel besonderer Bauart im Obergurt aufgenommen. Sie haben einen Abstand von 60 cm und bekommen somit eine zusätzliche Kraft von:

$$F = \frac{M}{e} = \frac{275{,}9}{60} = 4{,}6 \text{ kN}$$

Anschluss von S_1 an den Obergurt des Fachwerkrahmens:

gewählt: 2 Dü ⌀ 65-C11; Bolzen ⌀ 16, S235; Obergurt 200/240 Gl 24h; Blech S235, $t = 8$ mm

Resultierende Kraft: $F_{res} = \sqrt{23{,}5^2 + 4{,}6^2} = 23{,}9$ kN

Kraft-Faser-Winkel: $\alpha = \arctan \dfrac{4,6}{23,9} = 10,9°$

Dübelabstände: [EC5 1-1, Tab. 8.9]

$$a_{3,req} \geq (1,2 + 0,8 \cdot \cos\alpha) \cdot d_c = (1,2 + 0,8 \cdot \cos 10,9) \cdot 65 = 129,1 \text{ mm} < a_{1,vorh} = 600 \text{ mm}$$

$$a_{4,t,req} \geq (0,6 + 0,2 \cdot \sin\alpha) \cdot d_c = (0,6 + 0,2 \cdot \sin 10,9) \cdot 65 = 41,5 \text{ mm} < a_{4,t,vorh} = 100 \text{ mm}$$

Mindestholzdicke: $t_1 \geq 2,25 \cdot h_e = 2,25 \cdot 12 = 27 \text{ mm} < t_{t,vorh} = 240 \text{ mm}$

[EC5 1-1, 8.9 (2)]

Tragfähigkeit der Verbindungsmitteleinheit:

Bei Scheibendübeln mit Dornen setzt sich die Tragfähigkeit der Verbindungsmitteleinheit aus der Tragfähigkeit des Scheibendübels und der Tragfähigkeit des Bolzens zusammen:

Tragfähigkeit der Scheibendübel je Scherfuge:

$F_{v,R_k} = 25 \cdot k_1 \cdot k_2 \cdot k_3 \cdot d_c^{1,5}$ [EC5 1-1, (8.72)]

$$k_1 = \min \begin{Bmatrix} 1 \\ \dfrac{t_1}{3h_e} \\ \dfrac{t_2}{5h_e} \end{Bmatrix} = 1$$ [EC5 1-1, (8.73)]

$$k_2 = \min \begin{Bmatrix} 1 \\ \dfrac{a_{3t}}{2,0\, d_c} \end{Bmatrix} = \begin{Bmatrix} 1 \\ \dfrac{97,5}{2,0 \cdot 65} = 0,75 \end{Bmatrix} = 0,75$$ [EC5 1-1, (8.76)]

$$k_3 = \min \begin{Bmatrix} 1,5 \\ \dfrac{\rho_k}{350} \end{Bmatrix} = \begin{Bmatrix} 1,5 \\ \dfrac{380}{350} = 1,09 \end{Bmatrix} = 1,09$$ [EC5 1-1, (8.78)]

$$a_{3t} = \max \begin{Bmatrix} 1,5\, d_c \\ 7\, d \\ 80 \text{ mm} \end{Bmatrix} = \begin{Bmatrix} 1,5 \cdot 65 = 97,50 \\ 7 \cdot 12 = 84 \\ 80 \end{Bmatrix} = 97,5 \text{ mm}$$

$$n_{ef} = \left[2 + \left(1 - \frac{n}{20}\right) \cdot (n-2)\right] = \left[2 + \left(1 - \frac{2}{20}\right) \cdot (2-2)\right] = 2$$

[EC5 1-1, (8.71)]

$F_{v,0,R_k} = 25 \cdot k_1 \cdot k_2 \cdot k_3 \cdot d_c^{1,5} = 25 \cdot 1 \cdot 0,75 \cdot 1,09 \cdot 65^{1,5} = 10\,710 \text{ N} = 10,7 \text{ kN}$

(pro Scheibendübel und Scherfuge)

Tragfähigkeit des Bolzens (Festigkeitsklasse 3.6):

Es handelt sich um eine einschnittige Verbindung mit außenliegendem Blech.

Nach EC5-1-1, 8.2.3(1) ist nach dicken und dünnen Blechen zu unterscheiden:

Dickes Blech: Blechdicke ≥ Verbindungsmitteldurchmesser

Dünnes Blech: Blechdicke ≤ 1/2 mal Verbindungsmitteldurchmesser

Zwischenwerte sind geradlinig zu interpolieren.

$$8 \text{ mm Blechdicke} \leq \frac{1}{2} \cdot d_{\text{Bolzen}} = \frac{1}{2} \cdot 16 = 8 \text{ mm} \Rightarrow \text{dünnes Blech}$$

Die Kraft-Faserrichtung muss hier mit berücksichtigt werden.

Für die Verbindung mit Bolzen und dünnem Blech gilt sinngemäß:

$$F_{\text{b,a,R}_\text{k}} = \sqrt{2 \cdot M_{\text{y,R}_\text{k}} \cdot f_{\text{h,a,k}} \cdot d}$$ [EC5 1-1, NA (110)]

$$M_{\text{y,R}_\text{k}} = 0{,}3 \cdot f_{\text{u,k}} \cdot d^{2,6} = 0{,}3 \cdot 300 \cdot 16^{2,6} = 121\,606 \text{ N}$$ [EC5 1-1, (8.30)]

$$f_{\text{h,0,k}} = 0{,}082 \cdot (1 - 0{,}01 \cdot d) \cdot \rho_\text{k} = 0{,}082 \cdot (1 - 0{,}01 \cdot 16) \cdot 380 = 26{,}17 \text{ N/mm}^2$$ [EC5 1-1, (8.32)]

$$k_{90} = 1{,}35 + 0{,}015 \cdot d = 1{,}35 + 0{,}015 \cdot 16 = 1{,}59$$ [EC5 1-1, (8.33)]

$$f_{\text{h,a,k}} = \frac{f_{\text{h,0,k}}}{k_{90} \cdot \sin^2 \alpha + \cos^2 \alpha} = \frac{26{,}17}{1{,}59 \cdot \sin^2 10{,}9^\circ + \cos^2 10{,}9^\circ} = 25{,}6 \text{ N/mm}^2$$ [EC5 1-1, (8.31)]

$$F_{\text{b,a,R}_\text{k}} = \sqrt{2 \cdot 121\,606 \cdot 25{,}6 \cdot 16} = 9981 \text{ N} \approx 10 \text{ kN}$$

Bemessungswert des Scheibendübels je Scherfuge:

$$F_{\text{v,0,R}_\text{d}} = k_{\text{mod}} \cdot \frac{F_{\text{v,0,R}_\text{k}}}{\gamma_\text{M}} = 1{,}0 \cdot \frac{10\,710}{1{,}3} = 8238 \text{ N} \mathrel{\widehat{=}} 8{,}2 \text{ kN}$$

Bemessungswert des Bolzens je Scherfuge:

$$F_{\text{b,a,R}_\text{d}} = k_{\text{mod}} \cdot \frac{F_{\text{b,a,R}_\text{k}}}{\gamma_\text{M}} = 1{,}0 \cdot \frac{10}{1{,}1} = 9{,}1 \text{ kN}$$

So ergibt sich die Tragfähigkeit einer Verbindungsmitteleinheit zu:

$$F_{\text{v,a,R}_\text{d}} = F_{\text{v,0,R}_\text{d}} + F_{\text{b,a,R}_\text{d}} = 8{,}2 + 9{,}1 = 17{,}3 \text{ kN}$$

Der Anschluss besteht aus zwei hintereinanderliegenden Verbindungsmitteleinheiten. Dadurch ergibt sich die Tragfähigkeit des Anschlusses zu:

$$\boxed{F_{\text{v,a,R}_\text{d}\text{,ges}} = n \cdot F_{\text{v,a,R}_\text{d}} = 2 \cdot 17{,}3 = 34{,}6 \text{ kN} > F_{\text{res}} = 23{,}9 \text{ kN}}$$

Anschluss von *S*11 an den Stiel (Pfetten) des Verbandes: [EC5 1-1, (8.10)]

gewählt: 2×2 Dü $\varnothing$ 50-C11; Bolzen $\varnothing$ 12, S235; Pfette $2 \times 140/180$ C24; Blech S235, $t = 8$ mm; Kraft-Faser-Winkel $\alpha = 0°$

Dübelabstände:

$$a_{1,\text{req}} \geq (1{,}2 + 0{,}8 \cdot \cos\alpha) \cdot d_c = (1{,}2 + 0{,}8 \cdot \cos 10{,}9) \cdot 65 = 99 \text{ mm} < a_{1,\text{vorh}} = 120 \text{ mm}$$

$$a_{4,\text{t,req}} \geq (0{,}6 + 0{,}2 \cdot \sin\alpha) \cdot d_c = (0{,}6 + 0{,}2 \cdot \sin 10{,}9) \cdot 50 = 32 \text{ mm} < a_{4,\text{t,vorh}} = 50 \text{ mm}$$

Mindestholzdicke: $t_1 \geq 2{,}25 \cdot h_e = 2{,}25 \cdot 12 = 27 \text{ mm} < t_{1,\text{vorh}} = 180 \text{ mm}$

[EC5-1-1, 8.9 (2)]

Tragfähigkeit der Verbindungsmitteleinheit: [EC5 1-1, (8.10)]

Tragfähigkeit der Scheibendübel je Scherfuge:

$F_{\text{v,R}_k} = 25 \cdot k_1 \cdot k_2 \cdot k_3 \cdot d_c^{1,5}$ [EC5 1-1, (8.72)]

$$k_1 = \min \begin{Bmatrix} 1 \\ \dfrac{t_1}{3h_e} \\ \dfrac{t_2}{5h_e} \end{Bmatrix} = 1$$ [EC5 1-1, (8.73)]

$$k_2 = \min \begin{Bmatrix} 1 \\ \dfrac{a_{3t}}{2{,}0 \cdot d_c} \end{Bmatrix} = \begin{Bmatrix} 1 \\ \dfrac{97{,}5}{2{,}0 \cdot 65} = 0{,}75 \end{Bmatrix} = 0{,}75$$ [EC5 1-1, (8.76)]

$$k_3 = \min \begin{Bmatrix} 1{,}5 \\ \dfrac{\rho_k}{350} \end{Bmatrix} = \begin{Bmatrix} 1{,}5 \\ \dfrac{350}{350} = 1 \end{Bmatrix} = 1$$ [EC5 1-1, (8.78)]

$$a_{3t} = \max \begin{Bmatrix} 1{,}5 \cdot d_c \\ 7 \cdot d \\ 80 \text{ mm} \end{Bmatrix} = \begin{Bmatrix} 1{,}5 \cdot 50 = 75 \\ 7 \cdot 12 = 84 \\ 80 \end{Bmatrix} = 0{,}84 \text{ mm}$$

$$n_{ef} = \left[2 + \left(1 - \frac{n}{20}\right) \cdot (n-2)\right] = \left[2 + \left(1 - \frac{2}{20}\right) \cdot (2-2)\right] = 2$$

[EC5 1-1, (8.71)]

$$F_{\text{v,0,R}_k} = 25 \cdot K_1 \cdot K_2 \cdot K_3 \cdot d_c^{1,5} = 25 \cdot 1 \cdot 0{,}75 \cdot 1 \cdot 50^{1,5} = 6629 \text{ N} = 6{,}6 \text{ kN}$$

(pro Scheibendübel und Scherfuge)

Tragfähigkeit des Bolzens (Festigkeitsklasse 3.6):

Es handelt sich um eine einschnittige Verbindung mit außenliegendem Blech.

Nach EC5-1-1, 8.2.3 (1) ist nach dicken und dünnen Blechen zu unterscheiden:

Dickes Blech: Blechdicke ≥ Verbindungsmitteldurchmesser

Dünnes Blech: Blechdicke ≤ 1/2 mal Verbindungsmitteldurchmesser

Zwischenwerte sind geradlinig zu interpolieren.

8 mm Blechdicke > 0,5 d = 0,5 · 12 = 6 mm → Interpolation zwischen Werten für dünnes und dickes Blech.

Für die Verbindung mit Bolzen und dünnem Blech gilt:

$$F_{b,0,R_k} = \sqrt{2 \cdot M_{y,R_k} \cdot f_{h,0,k} \cdot d}$$ [EC5 1-1, NA (117)]

$$M_{y,R_k} = 0{,}3 \cdot f_{u,k} \cdot d^{2,6} = 0{,}3 \cdot 300 \cdot 16^{2,6} = 57\,559\ \text{N}$$ [EC5 1-1, (8.30)]

$$f_{h,0,k} = 0{,}082 \cdot (1 - 0{,}01 \cdot d) \cdot \rho_k = 0{,}082 \cdot (1 - 0{,}01 \cdot 12) \cdot 350 = 25{,}3\ \text{N/mm}^2$$ [EC5 1-1, (8.32)]

$$t_{req} = 1{,}15 \cdot (2 + \sqrt{2}) \cdot \sqrt{\frac{M_{y,R_k}}{f_{h,0,k} \cdot d}} = 1{,}15 \cdot 4 \cdot \sqrt{\frac{57\,559}{25{,}3 \cdot 12}} = 54{,}0\ \text{mm} < 120\ \text{mm}$$ [EC5 1-1, NA (119)]

$$F_{b,0,R_k} = \sqrt{2 \cdot M_{x,R_k} \cdot f_{h,0,k} \cdot d_b} = \sqrt{2 \cdot 57\,559 \cdot 25{,}3 \cdot 12} = 5912\ \text{N} \mathrel{\hat{=}} 5{,}9\ \text{kN}$$

Für die Verbindung mit Bolzen und dickem Blech gilt:

$$F_{b,0,R_k} = \sqrt{2} \cdot \sqrt{2 \cdot M_{y,R_k} \cdot f_{h,0,k} \cdot d}$$ [EC5 1-1, NA (115)]

$$M_{y,k_k} = 0{,}3 \cdot f_{u,k} \cdot d^{2,6} = 0{,}3 \cdot 300 \cdot 16^{2,6} = 57\,559\ \text{N}$$ [EC5 1-1, (8.30)]

$$f_{h,0,k} = 0{,}082 \cdot (1 - 0{,}01 \cdot d) \cdot \rho_k = 0{,}082 \cdot (1 - 0{,}01 \cdot 12) \cdot 350 = 25{,}3\ \text{N/mm}^2$$ [EC5 1-1, (8.32)]

$$t_{req} = 1{,}15 \cdot 4 \cdot \sqrt{\frac{M_{y,R_k}}{f_{h,0,k} \cdot d}} = 1{,}15 \cdot 4 \cdot \sqrt{\frac{57\,559}{25{,}3 \cdot 12}} = 63{,}3\ \text{mm} < 120\ \text{mm}$$ [EC5 1-1, NA (116)]

Interpolation:

$$5{,}9 + (8{,}4 - 5{,}9) \cdot \frac{2}{6} = 6{,}7\ \text{kN}$$

Bemessungswert des Scheibendübels je Scherfuge:

$$F_{v,0,R_d} = k_{mod} \cdot \frac{F_{v,0,R_k}}{\gamma_M} = 1{,}0 \cdot \frac{6629}{1{,}3} = 5099\ \text{N} \mathrel{\hat{=}} 5{,}1\ \text{kN}$$

Bemessungswert des Bolzens je Scherfuge:

$$F_{b,0,R_d} = k_{mod} \cdot \frac{F_{b,0,R_k}}{\gamma_M} = 1{,}0 \cdot \frac{6{,}7}{1{,}1} = 6{,}1\ \text{kN}$$

So ergibt sich die Tragfähigkeit einer Verbindungsmitteleinheit zu:

$$F_{v,R_d} = F_{v,0,R_d} + F_{b,0,R_d} = 5{,}1 + 6{,}1 = 11{,}2\ \text{kN}$$

Der Anschluss besteht aus zwei hintereinanderliegenden Verbindungsmitteleinheiten. Dadurch ergibt sich die Tragfähigkeit des Anschlusses zu:

$$F_{v,R_d,ges} = n \cdot F_{v,R_d} = 2 \cdot 2 \cdot 11{,}2 = 44{,}8\ \text{kN} > S_1 = 33{,}2\ \text{kN}$$

Anschluss des diagonalen Zugstabes

Für den diagonalen Zugstab wird ein Stabsystem der Firma BESISTA verwendet. Er muss die Kraft $S_{17} = 38{,}3\text{kN}$ übertragen können.

Abmessungen in mm für BESISTA\R 2-540												
Gewindegrößen		M8	M10	M12	M14	M16	M18	M20	M22	M24	M27	M30
Zugstäbe	∅ d	8	10	12	14	16	18	20	22	24	27	30
Stabanker	∅ d1Z	8	10	12	14	16	18	20	22	24	27	30
	∅ d1D[1)]	10	12	14	16	18	20	22	24	27	30	33
	V[2)]	14	16	18	20	22	24	27	30	36	40	44
	L6[3]	23	28	32	37	42	46	51	57	63	71	78
Anschluss-bleche	w2 (t)	6	8	10	12	15	15	18	18	20	22	25
	C2 min	28	35	41	47	52	57	62	70	75	85	93
	∅ d2 Z	8,5	11	13	15	17	19	21	23	25	28	31
	∅ d2 D	10,5	13	15	17	19	21	23	25	28	31	34
	L5[4)]	16	20	23	27	31	34	37	42	5	51	56
Kreis-scheiben	∅ Da	96	118	140	162	184	204	224	248	268	302	334
	∅ Di	30	36	42	48	54	60	66	72	78	88	98
	∅ Sm	64	78	94	108	122	136	150	164	178	200	222
Abhängestäbe	∅ d	8										

Gebrauchszugkräfte $N_{R,d}$ in kN

Werkstoffkombinationen			M8	M10	M12	M14	M16	M18	M20	M22
1	Standard Zugstäbe Bleche	S460N (R_e 540) S 355	19	31	43,7	59,6	81,4	100	127	157
2	Zugstäbe Bleche	S460N (R_e 540) GJS-400-15	16,4	27,3	40,9	57,3	81,4	92	123	135
3	Zugstäbe Bleche	S460N (R_e 540) S235	15,4	25,6	38,5	53,8	76,9	86,5	110	121
4	Zugstäbe Bleche	S355 (R_e 540) S235	12,4	19,6	28,5	38,9	53,1	65,3	82,9	102
5	Zugstäbe Bleche	S235 (R_e 540) S235	9,5	15	21,9	29,8	40,7	50	63,5	77,8

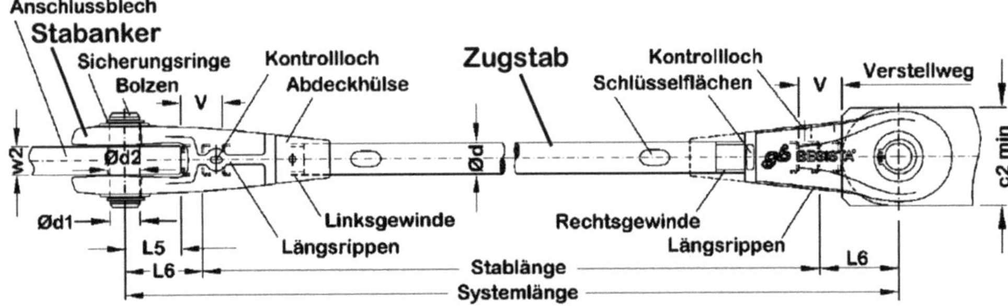

Abbildung 3.40: Tabellen und Aufbau Besista Zugstabsystem 2-540 (Auszug aus den Unterlagen der BESISTA-Betschard GmbH, nach der ETA-08/0038)

Gewählt wurde das Zugstabsystem BESISTA 2-540 mit ∅ 16 mm und Werkstoffkombination 5.

Da die Maulöffnung des Stabankers $w_2\,(t) = 15$ mm beträgt, das Anschlussblech jedoch nur 8 mm aufweist, müssen im Anschlussbereich auf das Blech beidseitig 3,5 mm dicke Bleche aufgeschweißt werden.

Bemessung der Hölzer

Die den Dachverband bildenden Hölzer müssen neben den Beanspruchungen aus vertikalen Lasten zusätzlich die des Verbands aufnehmen.

Im Folgenden werden beispielhaft die Koppelpfette und der max. belastete Stab 3 aus Abschnitt 3.2 erneut mit der zusätzlichen Normalkraft nachgewiesen.

Erneute Bemessung der Koppelpfetten in den Randfeldern

Die Pfetten, die gleichzeitig als Verbandsstiele dienen, sind als Zangenkonstruktion mit 2 × 100/180 C24 VH ausgebildet und durch Füllhölzer 100/140 miteinander verbunden. Die maximalen Belastungen aus der Verbandswirkung treten in S_{11} auf.

Gleichzeitig müssen die Anteile aus Schnee und Wind aus den vertikalen Lasten berücksichtigt werden.

Mögliche Lastfallkombinationen: LFK3: $1{,}35 \cdot g + 1{,}5 \cdot w + 1{,}5 \cdot 0{,}5 \cdot s$

LFK4: $1{,}35 \cdot g + 1{,}5 \cdot s + 1{,}5 \cdot 0{,}6 \cdot w$

Beanspruchungen aus dem Verband: LFK3: $S_{11} = -33{,}2$ kN

LFK4: $S_{11} = -27{,}0$ kN

Beanspruchungen aus vertikalen Einwirkungen: (siehe Abschnitt 3.1)

$g_k = 1{,}06\ \text{kN/m}^2$

$s_k = 0{,}93\ \text{kN/m}^2$

$g_{z,k} = 1{,}06 \cdot \cos 20 = 1{,}00\ \text{kN/m}^2$

$g_{y,k} = 1{,}06 \cdot \cos 20 = 0{,}36\ \text{kN/m}^2$

$s_{z,k} = 0{,}93 \cdot \cos 20 = 0{,}87\ \text{kN/m}^2$

$s_{y,k} = 0{,}93 \cdot \cos 20 = 0{,}32\ \text{kN/m}^2$

Der Verbandsstiel bildet gleichzeitig das Endfeld des Fünffeldträgers aus der Pfettenwirkung. Da jedoch im Endfeld an diesen Stellen zwei Pfetten nebeneinander wirken, beträgt die Einflussbreite pro Pfette nur 0,5 m.

$$\max M_{z,k} = 0{,}078 \cdot 0{,}5 \cdot q_{y,k} \cdot 5^2$$

$$\max M_{y,k} = 0{,}078 \cdot 0{,}5 \cdot q_{z,k} \cdot 5^2$$

Tabelle 3.12: Zusammenstellung der Maximalmomente

	aus g_k	aus s_k	LFK3	LFK4
max M_z [kNm]	0,975	0,848	1,95	2,56
max M_y [kNm]	0,351	0,312	0,72	0,95

Bemessung: 100/180 VH C24

$A = 180 \cdot 10^2\ mm^2 \quad W_y = 540 \cdot 10^3\ mm^3 \quad I_y = 4860 \cdot 10^4\ mm^4$

$W_z = 300 \cdot 10^3\ mm^3 \quad I_z = 1500 \cdot 10^4\ mm^4$

Biegespannungen: LFK3: $\sigma_{m,y,d} = \frac{M_{y,d}}{W_y} \frac{1{,}95 \cdot 10^6}{540 \cdot 10^3} = 3{,}61\ N/mm^2$

$\sigma_{m,z,d} = \frac{M_{z,d}}{W_z} \frac{1{,}95 \cdot 10^6}{300 \cdot 10^3} = 2{,}40\ N/mm^2$

LFK4: $\sigma_{m,y,d} = \frac{M_{y,d}}{W_y} \frac{2{,}56 \cdot 10^6}{540 \cdot 10^3} = 4{,}74\ N/mm^2$

$\sigma_{m,z,d} = \frac{M_{z,d}}{W_z} \frac{0{,}95 \cdot 10^6}{300 \cdot 10^3} = 3{,}17\ N/mm^2$

Druckspannungen: LFK3: $\sigma_{c,0,d} = \frac{S_{11}}{A} = \frac{33{,}2 \cdot 10^3}{2 \cdot 180 \cdot 10^3} = 0{,}92\ N/mm^2$

LFK4: $\sigma_{c,0,d} = \frac{S_{11}}{A} = \frac{27{,}0 \cdot 10^3}{2 \cdot 180 \cdot 10^3} = 0{,}75\ N/mm^2$

$i_{y(z)} = 0{,}289 \cdot 100 = 29\ mm \qquad \beta = 1 \Rightarrow l_{ef} = l = 5000\ mm$

Die Teileinspannung durch die Durchlaufpfette wird vernachlässigt.

$$\lambda = \frac{5000}{29} = 172$$

Knickbeiwert k_c z. B. aus Tafel 4.29a [1]: $k_c = 0{,}109$

$$f_{c,0,d} = k_{mod} \cdot \frac{f_{c,0,k}}{\gamma_m} = 0{,}9 \cdot \frac{21}{1{,}3} = 14{,}5\ N/mm^2$$

$$f_{m,d} = k_{mod} \cdot \frac{f_{m,k}}{\gamma_M} = 0{,}9 \cdot \frac{24}{1{,}3} = 16{,}6\ N/mm^2$$

$$\frac{\sigma_{c,0,d}}{k_c \cdot f_{c,0,d}} + k_m \cdot \frac{\sigma_{m,z,d}}{f_{m,d}} + \frac{\sigma_{m,y,d}}{f_{m,d}} < 1$$

$$\text{LFK1: } \frac{0{,}92}{0{,}109 \cdot 14{,}5} + 0{,}7 \cdot \frac{2{,}40}{16{,}6} + \frac{3{,}61}{16{,}6} = 0{,}90 < 1$$

$$\text{LFK2: } \frac{0{,}75}{0{,}109 \cdot 14{,}5} + 0{,}7 \cdot \frac{3{,}17}{16{,}6} + \frac{4{,}74}{16{,}6} = 0{,}89 < 1$$

Alternative Berechnung als zusammengesetzter Druckstab **EC5 1-1, Anhang C**

Die gewählte Zangenkonstruktion mit Zwischenhölzern lässt sich auch als zusammengesetzter Druckstab mit nachgiebigem Verbund und doppelsymmetrischem Querschnitt berechnen.

Hierbei wird die Verbindung der nebeneinanderliegenden Druckstäbe mitberücksichtigt, wodurch man eine höhere Tragfähigkeit erhält, als bei dem oben geführten Nachweis, bei dem die Druckstäbe als unverbundene Einzelstäbe angesetzt wurden. Obwohl bereits der einfachere Nachweis für unverbundene Einzelstäbe erfüllt wurde, soll hier gezeigt werden, welche Verbesserung durch die Verbundwirkung erreicht werden kann.

Anstelle des Schlankheitsgrades λ eines starr verbundenen Querschnittes muss hierzu der Schlankheitsgrad λ_{ef} ermittelt werden.

Dieser enthält neben dem Schlankheitsgrad des als starr verbunden angenommenen Gesamtquerschnitts auch noch den Schlankheitsgrad λ_1 des Einzelstabs sowie den Faktor η mit dem die Nachgiebigkeit der Querverbindung näherungsweise erfasst wird. Dieser Faktor η ist Tabelle C.1 des EC5 zu entnehmen.

Da die im EC5 beschriebene Berechnungsart nur für beidseitig gelenkig gelagerte Druckstäbe gilt, wird auch hier die einseitige Einspannwirkung durch die Koppelpfetten wieder vernachlässigt.

Abmessungen des vorhandenen Druckstabes:

$l = 500$ cm
$l_1 = 167$ cm
$l_2 = 50$ cm
$a = 10$ cm
$h = 10$ cm
$A = 180\ \text{cm}^2$

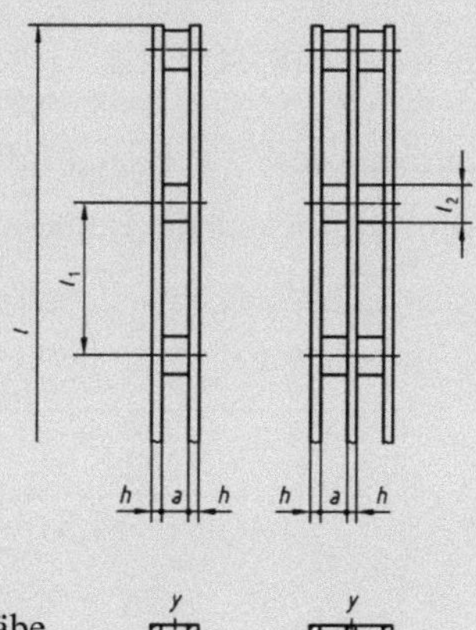

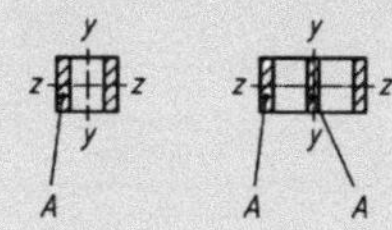

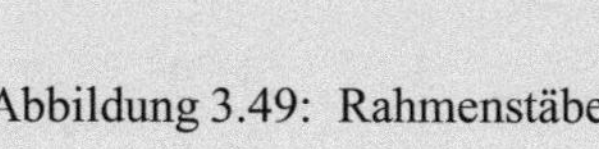

Abbildung 3.49: Rahmenstäbe

Es müssen folgende Voraussetzungen erfüllt sein:

- Anzahl an Feldern ≥ 3 ***erfüllt***
- $\frac{a}{h} = \frac{10}{10} = 1 \leq 3$ ***erfüllt***
- $\frac{l_2}{a} = \frac{50}{10} = 5 \leq 1{,}5$ ***erfüllt***
- in jeder Fuge Querverbinder-Stab mindestens 2 Dübel oder mindestens 4 Nägel → ***erfüllt***

So ergibt sich der effektive Schlankheitsgrad λ_{ef} zu:

$$\lambda_{ef} = \sqrt{\lambda^2 + \eta \cdot \frac{n}{2} \cdot \lambda_1{}^2}$$

$$\lambda = l_{ef,(y,z)} \cdot \sqrt{\frac{A_{tot}}{I_{tot}}} = 5000 \cdot \sqrt{\frac{360 \cdot 10^2}{390 \cdot 10^6}} = 48$$ [EC5 1-1, (C.11)]

$$A_{tot} = 2 \cdot A_{1(3)} = 360 \cdot 10^2 \text{ mm}^2$$

$$I_{tot} = \frac{b \cdot [(2 \cdot h + a^3)]}{12} = \frac{180 \cdot [(2 \cdot 100 + 100)^3 - 100^3]}{12} = 390 \cdot 10^6 \text{ mm}^4$$

$$l_{ef} = l_{ef,z} = l_{ef,y} = \beta \cdot h_k = 1{,}0 \cdot 5{,}0 = 5{,}0 \text{ m}$$ [EC5 1-1, Tab. NA.24]

und $\lambda_1 = \sqrt{12} \cdot \frac{l_1}{h} = \sqrt{12} \cdot \frac{1670}{100} = 58$ [EC5 1-1, (C.12)]

n = Anzahl der Einzelstäbe = 2

η = Beiwert nach Tabelle C.1 = 2,5 für kurzandauernde Belastung und Dübel als Verbindungsmittel

$$\lambda_{ef} = \sqrt{48{,}04^2 + 2{,}5 \cdot \frac{2}{2} \cdot 57{,}9^2} = 103$$

Knickbeiwert k_c z. B. aus Tafel 4.29a [1]: $k_c = 0{,}281$

Somit ergibt sich die Bemessung zu:

$$\frac{\sigma_{c,0,d}}{k_c \cdot f_{c,0,d}} + k_m \cdot \frac{\sigma_{m,z,d}}{f_{m,d}} + \frac{\sigma_{m,y,d}}{f_{m,d}} < 1$$

$$\text{LFK1: } \frac{0{,}92}{0{,}281 \cdot 14{,}5} + 0{,}7 \cdot \frac{2{,}40}{16{,}6} + \frac{3{,}61}{16{,}6} = 0{,}54 < 1$$

$$\text{LFK2: } \frac{0{,}75}{0{,}281 \cdot 14{,}5} + 0{,}7 \cdot \frac{3{,}17}{16{,}6} + \frac{4{,}74}{16{,}6} = 0{,}60 < 1$$

Es ist zu erkennen, dass durch die Berücksichtigung der Verbindung der Stäbe untereinander, die Tragfähigkeit wesentlich erhöht wird. Der Rechenaufwand ist jedoch höher, denn neben dem Knicknachweis des Gesamtstabes, muss auch der Nachweis der Verbindungsmittel, sowie der Zwischenhölzer die die beiden Druckstäbe miteinander verbinden, geführt werden.

Wenn der zuerst geführte Nachweis erfüllt wird, genügt es, die Verbindung der Einzelstäbe nur konstruktiv auszuführen, ohne hierfür Berechnungen anstellen zu müssen.

Belastung der Verbindungsmittel sowie der Zwischenhölzer [EC5 1-1, C3.3]

Für den Nachweis der Verbindungsmittel ist eine Querkraft zu ermitteln, die über die gesamte Stablänge als konstant angenommen wird. Hier wird die LFK3 maßgebend, da sie die höhere Druckkraft $F_{c,0,d} = S_{11}$ ergibt:

$$\text{LFK3:} \quad V_d = \frac{F_{c,d}}{60 \cdot k_c} = \frac{33{,}2}{60 \cdot 0{,}281} = 2{,}0 \text{ kN}$$

Die Querverbindungen müssen für eine Schubkraft T_d ermittelt werden:

$$T_d = \frac{V_d \cdot l_1}{a_1} = \frac{2{,}0 \cdot 167}{20} = 16{,}7 \text{ kN}$$

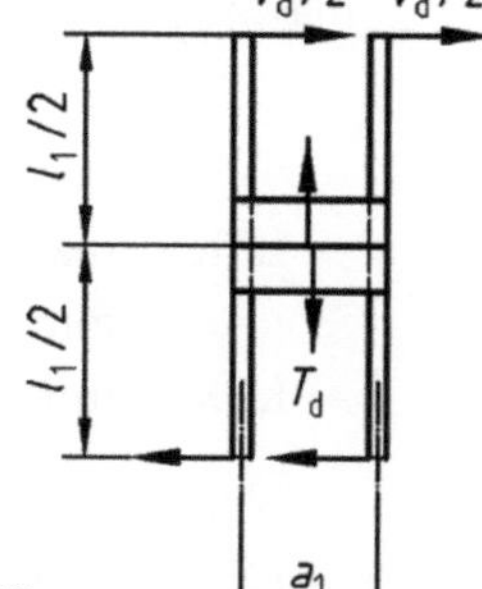

Abbildung 3.50: Querkraftverteilung und Belastung der Querverbindung

Diese Schubkraft muss von der Verbindungsmitteleinheit in jeder Berührungsfuge von Zwischenholz und durchgehenden Einzelstab aufgenommen werden können.

Somit ergibt sich die Belastung eines Verbindungsmittels zu:

$$F_d = \frac{T_d}{2} = \frac{16{,}7}{2} = 8{,}4 \text{ kN}$$

Das Zwischenholz ist für eine Schubspannung τ_d nachzuweisen:

$$\boxed{\tau_{2,\max,d} = \frac{T_d}{b \cdot l_2} = \frac{16{,}7 \cdot 10^3}{140 \cdot 500} = 0{,}24 \text{ N/mm}^2 < f_{v,d} = 2{,}77 \text{ N/mm}^2}$$

Auf weitere Nachweise wird verzichtet.

Erneute Bemessung der Fachwerkrahmen

Auch die Fachwerkrahmen werden zusätzlich durch den Verband beansprucht. Neben den Stabkräften aus dem abgewickelten Verband, die die Obergurte der Rahmen zusätzlich beanspruchen, werden alle Stäbe durch die Umlenkkräfte am First zusätzlich belastet.

Hier wird nur die Umlenkkraft am zweiten Fachwerkrahmen angesetzt, da dieser Rahmen durch die vertikalen Lasten bereits wesentlich höher belastet ist, als der Rahmen, der direkt im Giebel der Halle steht.

Die Umlenkkraft am zweiten Fachwerkrahmen wird als zusätzliche vertikale Einzellast auf den Rahmen angesetzt. Die sich daraus ergebenden Stabkräfte werden an einem ebenen Stabwerkmodell ermittelt. Es werden hier nicht alle Stäbe erneut nachgewiesen, sondern nur Stab 3, der bereits in Abschnitt 3.2 die höchste Auslastung aufwies.

Stab 3:

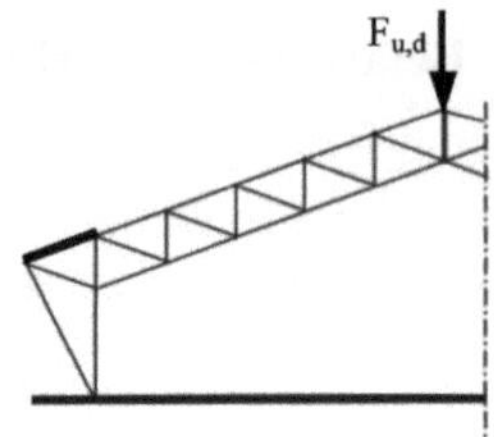

Stablasten aus vertikaler Last:

$\max N_{g,k} = 78{,}9$ kN $\max N_{s,k} = 61{,}0$ kN

Abbildung 3.51: Lage von Stab 3

→ LFK3: $\max N_d = 152{,}3$ kN → LFK4: $\max N_d = 198$ kN
$\min M_{g,k} = -5{,}53$ kNm $\min M_{s,k} = -4{,}28$ kNm
→ LFK3: $\min M_d = -10{,}7$ kNm → LFK4: $\min M_d = -13{,}9$ kNm

Stablasten aus den Umlenkkräften:
→ LFK3: $\max N_d = 21{,}6$ kN → LFK4: $\max N_d = 17{,}7$ kN
→ LFK3: $\min M_d = -0{,}71$ kNm → LFK4: $\min M_d = -0{,}58$ kNm

Bemessung:

gewählt: 200/240 GL 24h mit eingeschlitztem Blech,
$t = 10$ mm und SDü ∅ 16 mm

$A_{netto} = (200 - 10) \cdot (240 - 4 \cdot 16) = 334 \cdot 10^2\ \text{mm}^2$

$A = 200 \cdot 240 = 480 \cdot 10^2\ \text{mm}^2$

$W_y = 192 \cdot 10^4\ \text{mm}^3$

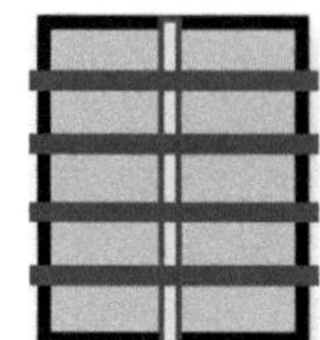

Abbildung 3.52: Querschnitt OG

Biegespannungen: LFK3: $\sigma_{m,y,d} = \dfrac{M_{y,d}}{W_y} \quad \dfrac{(10{,}7 + 0{,}71) \cdot 10^6}{192 \cdot 10^4} = 5{,}94\ \text{N/mm}^2$

LFK4: $\sigma_{m,y,d} = \dfrac{M_{y,d}}{W_y} \quad \dfrac{(13{,}7 + 0{,}58) \cdot 10^6}{192 \cdot 10^3} = 7{,}44\ \text{N/mm}^2$

Zugspannungen: LFK3: $\sigma_{t,0,d} = \dfrac{N_d}{A} = \dfrac{(152{,}3 + 21{,}6) \cdot 10^3}{334 \cdot 10^2} = 5{,}21\ \text{N/mm}^2$

LFK4: $\sigma_{t,0,d} = \dfrac{N_d}{A} = \dfrac{(198 + 17{,}7) : 10^3}{334 \cdot 10^2} = 6{,}46\ \text{N/mm}^2$

$$f_{t,0,d} = k_{mod} \cdot \frac{k_h^{*)} \cdot f_{t,0,k}}{\gamma_M} = 0{,}9 \cdot \frac{1{,}1^{*)} \cdot 19{,}2}{1{,}3} = 14{,}6\ \text{N/mm}^2$$

$$f_{m,d} = k_{mod} \cdot \frac{k_h^{*)} \cdot f_{m,k}}{\gamma_M} = 0{,}9 \cdot \frac{1{,}1^{*)} \cdot 24}{1{,}3} = 18{,}3\ \text{N/mm}^2$$

*) Erhöhung der Biegefestigkeit bei Flachkantbeanspruchung der Lamellen für Träger mit $h < 600$ mm EC5 1-1, 3.3

$$\text{LFK3:}\quad \frac{5{,}21}{14{,}6}+\frac{5{,}94}{18{,}3}=0{,}78<1$$

$$\text{LFK4:}\quad \frac{6{,}46}{14{,}6}+\frac{7{,}54}{18{,}3}=0{,}98<1$$

Nachweis der Verformung der Aussteifungskonstruktion

Um den vereinfachten Nachweis der Aussteifungskonstruktion mittels Ersatzlasten anwenden zu dürfen, darf die Ausbiegung des Verbandes nach [EC5 1-1, 9.2.5.3 (2)] unter q_d und anderen äußeren Einwirkungen $l/500$ nicht überschreiten.

Die Ausbiegung ist im Grenzzustand der Tragfähigkeit zu ermitteln.

Die Steifigkeitskennwerte sind wie folgt anzusetzen:

$$E=\frac{E_{\text{mean}}}{\gamma_{\text{m}}}\;;\qquad K=\frac{K_{\text{u,mean}}}{\gamma_{\text{m}}}\qquad \text{mit}\qquad K_{\text{u,mean}}=\frac{2}{3}\cdot K_{\text{ser}}$$

Die Verformungen werden nach dem Prinzip der virtuellen Verformungen ermittelt. Grundlage dieser Verformungsberechnung ist die Arbeitsgleichung (Prinzip der virtuellen Kräfte).

Die virtuelle Arbeit $\overline{A_{\text{a}}}$ der äußeren Kräfte ist gleich der negativen virtuellen Arbeit $\overline{A_{\text{i}}}$ der inneren Kräfte: $\overline{A_{\text{a}}}=\overline{A_{\text{i}}}$ bzw. $\overline{A_{\text{a}}}+\overline{A_{\text{i}}}=0$

Die Längenänderung Δs_{i} setzt sich hierbei aus unterschiedlichen Ursachen zusammen:

1. aus der elastischen Längenänderung aus äußerer Belastung $\qquad \Delta s_{\text{i}}=\dfrac{N_{\text{i}}\cdot s_{\text{i}}}{E_{\text{i}}\cdot A_{\text{i}}}$
2. aus der Nachgiebigkeit der mechanischen Verbindungsmittel $\qquad \Delta s=\dfrac{N}{n\cdot K}$

Um die Durchbiegen in Verbandsmitte zu ermitteln, ist dort eine virtuelle Kraft von $\overline{N}=1$ angesetzt worden.

Hier wird diese über die beiden mittleren Knoten mit je 1/2 eingeleitet.

Statisches System

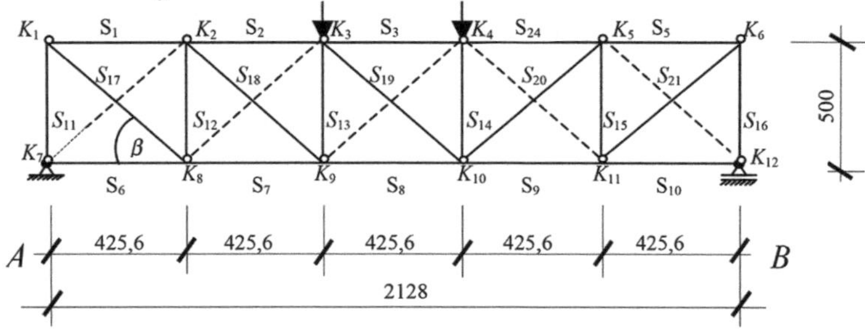

Abbildung 3.53: Statisches System mit virtueller Kraft

Anschlussnachgiebigkeit in den Verbindungsmitteln

Die Anschlüsse der diagonalen Zugstäbe werden als Stahl-Stahl-Verbindungen ausgeführt. Hier wird keine Anschlussnachgiebigkeit betrachtet, da die Stähle nach dem Einbau geringfügig vorgespannt werden, womit der Schlupf, der durch das Übermaß der Bohrungen entsteht, bereits ausgeglichen wird.

Maßgebend ist LFK3, da hier die größeren Stabkräfte auftreten.

Der Verschiebungsmodul K_{ser} wird nach [EC5 1-1, Tab. 7,1] ermittelt.

Für die Dübel besonderer Bauart Typ C11 gilt:

$$K_{ser,\varnothing 65} = \rho_m \cdot \frac{d_c}{2} = 380 \cdot \frac{65}{2} = 12350 \text{ N/mm}$$

$$K_{ser,\varnothing 50} = \rho_m \cdot \frac{d_c}{2} = 350 \cdot \frac{50}{2} = 8750 \text{ N/mm}$$

$$K_{u,\varnothing 65,d} = \frac{2}{3} \cdot \frac{K_{ser,\varnothing 65}}{\gamma_m} = \frac{2}{3} \cdot \frac{12350}{1{,}3} = 6333 \text{ N/mm}$$

$$K_{u,\varnothing 50,d} = \frac{2}{3} \cdot \frac{K_{ser,\varnothing 50}}{\gamma_m} = \frac{2}{3} \cdot \frac{8750}{1{,}3} = 4487 \text{ N/mm}$$

Für die Stabdübel, die für die Verbindung im First verwendet wurden, gilt:

$$K_{ser,\varnothing 16} = \rho_m{}^{1{,}5} \cdot \frac{d}{23} \cdot 380^{1{,}5} \cdot \frac{16}{23} = 5926 \text{ N/mm}$$

$$K_{u,\varnothing 16,d} = \frac{2}{3} \cdot \frac{K_{ser,\varnothing 16}}{\gamma_m} = \frac{2}{3} \cdot \frac{5926}{1{,}3} = 3039 \text{ N/mm}$$

Verformungsanteile der Verbindungsmittel:

Diagonalen: $$\Delta_{S17} = \Delta_{S21} = 2 \cdot \frac{S_1}{n \cdot K_{u,\varnothing 65,d}} \cdot \cos\beta = 2 \cdot \frac{23{,}5 \cdot 10^3}{2 \cdot 6333} \cdot \cos 49{,}6° = 2{,}4 \text{ mm}$$

$$\Delta_{S18} = \Delta_{S20} = 2 \cdot \frac{S_1 - S_2}{n \cdot K_{u,\varnothing 65,d}} \cdot \cos\beta = 2 \cdot \frac{(-23{,}5 + 36{,}1) \cdot 10^3}{2 \cdot 6333} \cdot \cos 49{,}6° = 1{,}3 \text{ mm}$$

Stiele: $$\Delta_{S11} = \Delta_{S16} = 2 \cdot \frac{S_{11}}{n \cdot K_{u,\varnothing 50,d}} \cdot \cos\beta = 2 \cdot \frac{-33{,}2 \cdot 10^3}{4 \cdot 4487} \cdot \cos 49{,}6° = -2{,}4 \text{ mm}$$

$$\Delta_{S12} = \Delta_{S15} = 2 \cdot \frac{S_{12}}{n \cdot K_{u,\varnothing 50,d}} \cdot \cos\beta = 2 \cdot \frac{-27{,}4 \cdot 10^3}{4 \cdot 4487} \cdot \cos 49{,}6° = -2{,}0 \text{ mm}$$

$$\Delta_{S13} = \Delta_{S14} = 2 \cdot \frac{S_{13}}{n \cdot K_{u,\varnothing 50,d}} \cdot \cos\beta = 2 \cdot \frac{-14{,}6 \cdot 10^3}{4 \cdot 4487} \cdot \cos 49{,}6° = -1{,}05 \text{ mm}$$

Obergurt: $$\Delta_{S3} = 2 \cdot \frac{S_3}{n \cdot K_{u,\varnothing 16,d}} \cdot \cos\beta = 2 \cdot \frac{-36{,}1 \cdot 10^3}{2 \cdot 12 \cdot 3039} = -1{,}04 \text{ mm}$$

Untergurt: $\Delta_{S8} = 2 \cdot \dfrac{S_8}{n \cdot K_{u,\varnothing 16,d}} \cdot \cos\beta = 2 \cdot \dfrac{36{,}1 \cdot 10^3}{2 \cdot 12 \cdot 3039} = 1{,}04\ \text{mm}$

Verformungsanteile der einzelnen Stäbe und Verbindungen:

$$E_{GL24h} = \frac{E_{mean}}{\gamma_m} = \frac{11\,500}{1{,}3} = 8846\ \text{N/mm}^2; \qquad A = 200 \cdot 240 = 48 \cdot 10^3\ \text{mm}^2$$

$$E_{C24} = \frac{E_{mean}}{\gamma_m} = \frac{11\,000}{1{,}3} = 8462\ \text{N/mm}^2; \qquad A = 2 \cdot 100 \cdot 180 = 36 \cdot 10^3\ \text{mm}^2$$

$$E_{S235} = \frac{E_{mean}}{\gamma_m} = \frac{210\,000}{1{,}1} = 190\,909\ \text{N/mm}^2; \qquad A = \frac{16^2 \cdot \pi}{4} = 201\ \text{mm}^2$$

Stab	Länge s_i	Stab-kraft N_i	Quer-schnitt A_i	E-Modul E_i	$\frac{N_1 \cdot 10^3}{E_i \cdot A_i} \cdot s_i$	Stab-kraft $\overline{N_i}$	$\frac{N_i \cdot 10^3 \cdot \overline{N_i}}{E_i \cdot A_i} \cdot s_i$	Δs_i	$\Delta s_i \cdot \overline{N_i}$
	mm	kN	mm²	N/mm²	mm	kN	mm	mm	mm
S_1	4256	–23,5	48 000	8923	–0,23	–0,43	0,10	0	0,00
S_2	4256	–36,1	48 000	8923	–0,36	–0,85	0,30	0	0,00
S_3	4256	–36,1	48 000	8923	–0,36	–0,85	0,30	–1,04	0,88
S_4	4256	–36,1	48 000	8923	–0,36	–0,85	0,30	0	0,00
S_5	4256	–23,5	48 000	8923	–0,23	–0,43	0,10	0	0,00
S_6	4256	0	48 000	8923	0,00	0	0,00	0	0,00
S_7	4256	23,5	48 000	8923	0,23	0,43	0,10	0	0,00
S_8	4256	36,1	48 000	8923	0,36	0,85	0,30	1,04	0,88
S_9	4256	23,5	48 000	8923	0,23	0,43	0,10	0	0,00
S_{10}	4256	0	48 000	8923	0,00	0	0,00	0	0,00
S_{11}	5000	–33,2	36 000	8462	–0,55	–0,5	0,27	–2,4	1,20
S_{12}	5000	–27,4	36 000	8462	–0,45	–0,5	0,22	–3,60	1,00
S_{13}	5000	–14,6	36 000	8462	–0,24	–0,5	0,12	–1,05	0,53
S_{14}	5000	–14,6	36 000	8462	–0,24	–0,5	0,12	–1,05	0,53
S_{15}	5000	–27,4	36 000	8462	–0,45	–0,5	0,22	–2	1,00
S_{16}	5000	–33,2	36 000	8462	–0,54	–0,5	0,27	–2,4	1,20
S_{17}	6566	36,2	201	190 909	6,21	0,66	4,10	2,4	1,58
S_{18}	6566	19,2	201	190 909	3,29	0,66	2,17	1,3	0,86
S_{19}	6566	0	201	190 909	0,00	0	0,00	0	0,00
S_{20}	6566	19,2	201	190 909	3,29	0,66	2,17	1,3	0,86
S_{21}	6566	36,3	201	190 909	6,21	0,66	4,10	2,4	1,58
						Summe:	**15,39**		**12,10**

Somit ergibt sich eine Gesamtverformung von:

$$15{,}39 + 12{,}10 = 27{,}49\ \text{mm} < \frac{l}{500} = \frac{21\,280}{500} = 42{,}6\ \text{mm}$$

3.5 Wandverbände in den Längswänden

Statisches System:

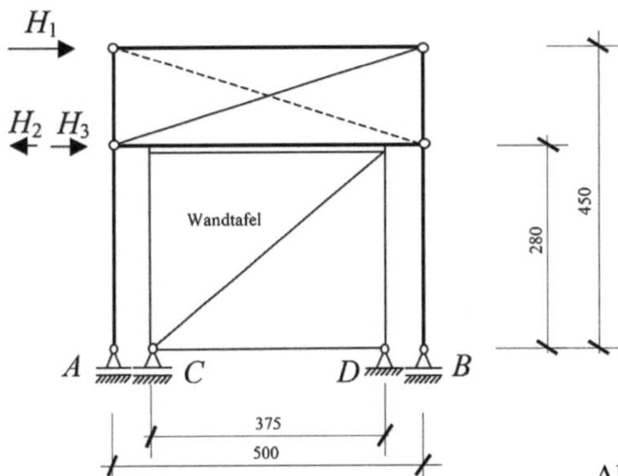

Abbildung 3.54: Statisches System mit Belastung

Der Wandverband besteht im oberen Feld aus einer Auskreuzung mittels diagonaler Zugstangen und im unteren Feld aus einer Wandtafel.

Zur Berechnung wird der Verband in zwei Teilsysteme aufgeteilt:

Teilsystem 1:

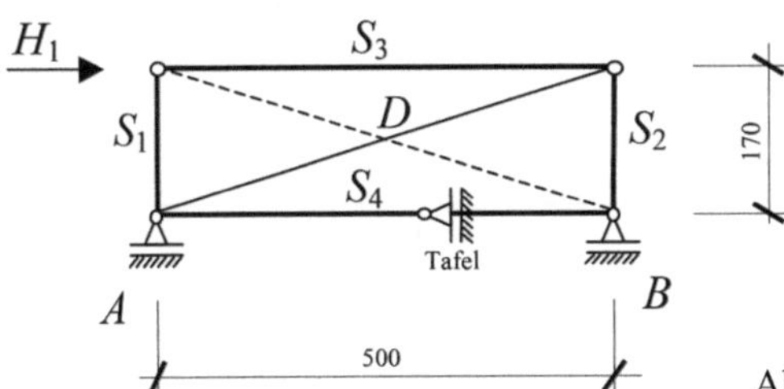

Abbildung 3.55: Teilsystem 1 mit Belastung

Länge des diagonalen Zugstabes: $l_4 = \sqrt{170^2 + 500^2} = 528$ cm

Einwirkungen H_1

Die auf die Auskreuzung einwirkenden Horizontalkräfte entsprechen den Auflagerkräften des Dachverbands und sind Pos.4 zu entnehmen:

- aus Winddruck auf der Giebelwand: $H_{1,w,k} = 15{,}5$ kN
- aus der Stabilisierungslast Giebelwand: $H_{1,St,k} = 0{,}2$ kN
- aus der Abstützung des gedrückten Fachwerkrahmens: $H_{1,g,St,k} = 5{,}08$ kN
  $H_{1,s,St,k} = 3{,}94$ kN

Stabkräfte aus Horizontalbelastung H_1 von links nach rechts

Mögliche Lastfall-kombinationen:
LFK3 = $1{,}35 \cdot g + 1{,}5 \cdot w + 1{,}5 \cdot 0{,}5 \cdot s$
LFK4 = $1{,}35 \cdot g + 1{,}5 \cdot s + 1{,}5 \cdot 0{,}6 \cdot w$
mit w auf die Giebelseite bzw. 90°
LFK3: $F_{h,l,d} = 1{,}35 \cdot 0{,}2 + 1{,}5 \cdot 15{,}5 + 1{,}35 \cdot 5{,}08 + 1{,}5 \cdot 0{,}5 \cdot 3{,}94 = 33{,}3\ \text{kN}$
LFK4: $F_{h,l,d} = 1{,}35 \cdot 0{,}2 + 1{,}5 \cdot 0{,}6 \cdot 15{,}5 + 1{,}35 \cdot 5{,}08 + 1{,}5 \cdot 3{,}94 = 27{,}0\ \text{kN}$

LFK3:

Auflagerkräfte: $A_{v,d} = -33{,}3 \cdot \frac{170}{500} = -11{,}3\ \text{kN} \Rightarrow B_{v,d} = 11{,}3\ \text{kN}$

Auf die Tafel wirkt die horizontale Last: $H_1 = 33{,}3\ \text{kN}$

Stützen: $S_{1,d} = -A_{v,d} = 11{,}3\ \text{kN}$; $S_{2,d} = -B_{v,d} = -11{,}3\ \text{kN}$

diagonaler Zugstab: $D = 33{,}3 \cdot \frac{528}{500} = 35{,}2\ \text{kN}$

LFK4:

Auflagerkräfte: $A_{v,d} = -27 \cdot \frac{170}{500} = -9{,}2\ \text{kN} \Rightarrow B_{v,d} = 9{,}2\ \text{kN}$

Auf die Tafel wirkt die horizontale Last: $H_1 = 27{,}0\ \text{kN}$

Stützen: $S_{1,d} = -A_{v,d} = 9{,}2\ \text{kN}$; $S_{2,d} = -B_{v,d} = -9{,}2\ \text{kN}$

diagonaler Zugstab: $D = 27 \cdot \frac{528}{500} = 28{,}5\ \text{kN}$

Bemessung der Hölzer

Die am Wandverband beteiligten Hölzer müssen neben den vertikalen Belastungen auch zusätzliche Belastungen aus der Mitwirkung am Wandverband aufnehmen.

Die Koppelpfette (Stab S_3) wurde bereits in Abschnitt 3.4 für die höhere Beanspruchung bemessen. Es muss jedoch überprüft werden, ob die Stiele des Fachwerkrahmens die Belastungen aus dem Wandverband zusätzlich verkraften. Durch den Wandverband werden die Stäbe 1 und 25 bzw. 48 und 35 des Fachwerkrahmens in Höhe der Auflager des Verbandes zusätzlich vertikal belastet.

Hier wird beispielhaft Stab 1 bzw. 48 neu bemessen

Erneute Bemessung des Stabes 1

Aus Wandverband: LFK3: $S_{1,W,d} = -11{,}3\ \text{kN}$
LFK4: $S_{1,W,d} = -9{,}2\ \text{kN}$

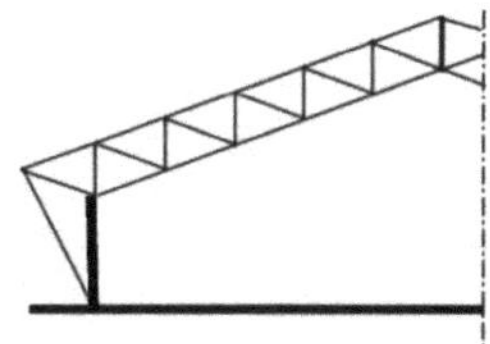

Abbildung 3.56: Lage von Stab 1

Aus vertikaler Last auf den Fachwerkrahmen:	$S_{1,g,k} = -141{,}2$ kN $\quad S_{1,s,k} = -109{,}2$ kN
	LFK3: $S_{1,d} = 1{,}35 \cdot (-141{,}2) + 1{,}5 \cdot 0{,}5 \cdot (-109{,}2) = 272{,}5$ kN
	LFK4: $S_{1,d} = 1{,}35 \cdot (-141{,}2) + 1{,}5 \cdot (-109{,}2) = 354{,}4$ kN
Aus der Umlenkkraft des Dachverbandes:	LFK3: $S_{1,d} = -24{,}7$ kN
	LFK4: $S_{1,d} = -19{,}7$ kN
Es ergeben sich folgende Maximalbelastungen:	LFK3: $\Sigma S_{1,d} = -11{,}3 - 272{,}5 - 24{,}7 = -308{,}5$ kN
	LFK4: $\Sigma S_{1,d} = -9{,}20 - 354{,}4 - 19{,}7 = -383{,}3$ kN
	$\Rightarrow$ maßgebend!

Nachweis nach dem Ersatzstabverfahren:

gewählt: 200/200, GL 24h mit eingeschlitztem Blech S235, $t = 10$ mm und SDü ∅ 16 mm

$$A = 200 \cdot 200 = 400 \cdot 10^2\ \text{mm}^2$$

$$\sigma_{c,0,d} = \frac{383 \cdot 10^3}{400 \cdot 10^2} = 9{,}6\ \text{N/mm}^2$$

$$l_{ef} = 291\ \text{cm} \qquad i = 0{,}289 \cdot 20 = 5{,}78\ \text{cm} \qquad \lambda = \frac{291}{5{,}78} = 50$$

Knickbeiwert k_c z. B. aus Tafel 4.29b [1]: $k_c = 0{,}898$

$$f_{c,o,d} = k_{mod} \cdot \frac{f_{c,o,k}}{\gamma_M} = 0{,}9 \cdot \frac{24}{1{,}3} = 16{,}6\ \text{N/mm}^2$$

$$\text{LFK4:} \quad \frac{\sigma_{c,o,d}}{k_c \cdot f_{c,o,d}} = \frac{9{,}6}{0{,}898 \cdot 16{,}6} = 0{,}64 < 1$$

Überprüfung des Stabdübelanschlusses an Stütze 1:

In Abschnitt 3.2 wurden für den Stützenfuß 21 Stabdübel ∅ 16 mm, S 235, $f_{u,k}$ = 360 N/mm² in drei Reihen gewählt.

Es ergibt sich eine Tragfähigkeit der Verbindung mit $R_d = 12{,}7$ kN (siehe Abschnitt 3.2)

$$n_{ef} = n^{0,9} \cdot \sqrt[4]{\frac{a_1}{13 \cdot d}} = 8^{0,9} \cdot \sqrt[4]{\frac{5 \cdot 16}{13 \cdot 16}} = 5{,}12$$ [EC5 1-1, (8.34)]

$R_{d,ges} = 3 \cdot 5{,}12 \cdot 2 \cdot 12{,}7 = 390{,}14$ kN < 383 kN $\Rightarrow$ Anschluss reicht aus.

Die diagonalen Zugstäbe

Für die diagonalen Zugstäbe wird ein Stabsystem der Firma BESISTA verwendet.

Es muss die Kraft $D = 35{,}2$ kN übertragen können.

Abmessungen in mm für **BESISTA® 2-540**

Gewindegrössen		M8	M10	M12	M14	M16	M18	M20	M22	M24	M27	M30
Zugstäbe	Ø d	8	10	12	14	16	18	20	22	24	27	30
Stabanker	Ø d1 Z	8	10	12	14	16	18	20	22	24	27	30
	Ø d1 D [1)]	10	12	14	16	18	20	22	24	27	30	33
	V [2)]	14	16	18	20	22	26	28	30	36	40	44
	L6 [3)]	23	28	32	37	42	46	51	57	63	71	78
Anschluss-bleche	w2 (t)	6	8	10	12	15	15	18	18	20	22	25
	C2 min	28	35	41	47	52	57	62	70	75	85	93
	Ø d2 Z	8,5	11	13	15	17	19	21	23	25	28	31
	Ø d2 D	10,5	13	15	17	19	21	23	25	28	31	34
	L5 [4)]	16	20	23	27	31	34	37	42	45	51	56
Kreisscheiben	Ø Da	96	118	140	162	184	204	224	248	268	302	334
	Ø Di	30	36	42	48	54	60	66	72	78	88	98
	Ø Sm	64	78	94	108	122	136	150	164	178	200	222
Abhängestäbe	Ø d	8										

Gebrauchszugkräfte $N_{R,d}$ in kN

Werkstoffkombinationen			M8	M10	M12	M14	M16	M18	M20	M22
1	Standard Zugstäbe Bleche	S460N (R_e 540) S355	19	31	43,7	59,6	81,4	100	127	157
2	Zugstäbe Bleche	S460N (R_e 540) GJS-400-15	16,4	27,3	40,9	57,3	81,4	92	123	135
3	Zugstäbe Bleche	S460N (R_e 460) S235	15,4	25,6	38,5	53,8	76,9	86,5	110	121
4	Zugstäbe Bleche	S355 (R_e 355) S235	12,4	19,6	28,5	38,9	53,1	65,3	82,9	102
5	Zugstäbe Bleche	S235 (R_e 235) S235	9,5	15	21,9	29,8	40,7	50	63,5	77,8

Abbildung 3.57: Tabellen BESISTA Zugstabsystem 2-540 (Auszug aus den Unterlagen der BESISTA-Betschard GmbH, nach der ETA-08/0038)

Gewählt wurde das Zugstabsystem BESISTA 2-540 mit ∅ 16 mm und Werkstoffkombination 5.

Anschluss der diagonalen Zugstäbe

Die diagonalen Zugstäbe sind für die auftretenden Lasten an die Hölzer anzuschließen.

Anschluss unten:

Die Zugstäbe werden über Stahlwinkel mit angeschweißten Laschen an die Holzkonstruktion angeschlossen. Die Winkel, Blechdicke $t = 8$ mm, sind mit PB ∅ 12 mm am Horizontalträger und mit PB ∅ 16 mm an den Stützen befestigt. Die Verbindung ist einschnittig.

Die Kräfte aus dem Zugstab werden in horizontale und vertikale Komponenten aufgeteilt und über Bolzen in den Horizontalträger bzw. in den Stiel eingeleitet. Maßgebend ist LFK3.

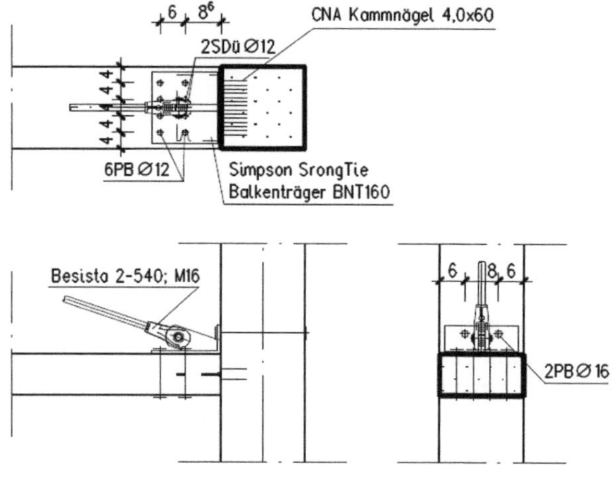

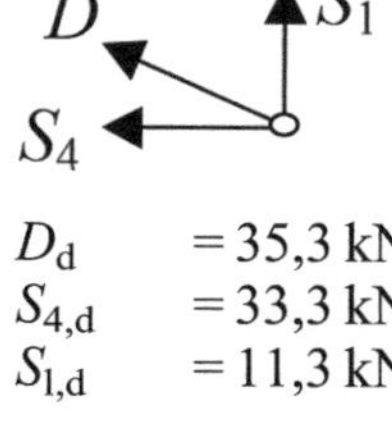

Die zerlegte Kraft:

D S_1 S_4

$D_d = 35{,}3$ kN

$S_{4,d} = 33{,}3$ kN

$S_{1,d} = 11{,}3$ kN

Abbildung 3.58: Anschluss unten

Tragfähigkeit Bolzen ∅ 12 mm, Festigkeitsklasse 3.6: [EC5 1-1, NCI NA zu 8.2.5]

dickes Blech: $F_{v,Rk,di} = \sqrt{2}\,\sqrt{2 \cdot M_{y,Rk} \cdot f_{h,a,k} \cdot d} = \sqrt{2}\,\sqrt{2 \cdot 57\,559 \cdot 27{,}4 \cdot 12}$

$= 8700\ \text{N} \mathrel{\hat{=}} 8{,}7\ \text{kN}$

dünnes Blech: $F_{v,Rk,dü} = \sqrt{2 \cdot M_{y,Rk} \cdot f_{h,0,k} \cdot d} = \sqrt{2 \cdot 57\,559 \cdot 27{,}4 \cdot 12} = 6152 \mathrel{\hat{=}} 6{,}2\ \text{kN}$

mit $M_{y,Rk} = 0{,}3 \cdot f_{u,k} \cdot d^{2,6} = 0{,}3 \cdot 300 \cdot 12^{2,6} = 57\,559\ \text{N}$

$f_{h,0,k} = 0{,}082 \cdot (1 - 0{,}01 \cdot d) \cdot \rho_k = 0{,}082 \cdot (1 - 0{,}01 \cdot 12) \cdot 380 = 27{,}4\ \text{N/mm}^2$

$$t_{req} = 1{,}15 \cdot 4 \cdot \sqrt{\frac{M_{y,Rk}}{f_{h,k} \cdot d}} = 1{,}15 \cdot 4 \cdot \sqrt{\frac{57\,559}{27{,}4 \cdot 12}} = 61\ \text{mm} < t_{vorh} = 100\ \text{mm}$$

Interpolation: $F_{v,Rk} = 8{,}7 - \dfrac{8{,}7 - 6{,}2}{6} \cdot 4 = 7{,}0\ \text{kN}$

Auf eine mögliche Erhöhung der Tragfähigkeit infolge der Tragfähigkeit axial zum Passbolzen wir hier verzichtet.

Die Verbindung wird nach Abbildung 3.57 ausgeführt, mit insgesamt 6 PB ∅ 12 mm.

Da auf den Außenseiten 2 PB hintereinander angeordnet sind, muss deren Tragfähigkeit abgemindert werden:

$$n_{ef} = n^{0,9} \cdot \sqrt[4]{\frac{a_1}{10 \cdot d}} = 2^{0,9} \cdot \sqrt[4]{\frac{60}{10 \cdot 12}} = 1{,}57$$

Tragfähigkeit der Verbindung $F_{v,Rd} = (2 \cdot 1{,}57 + 2) \cdot 1{,}0 \cdot \dfrac{7{,}0}{1{,}1} = 32{,}7\ \text{kN} \cong 33{,}3\ \text{kN}$

Tragfähigkeit Passbolzen ∅ 16 mm, Festigkeitsklasse 3.6:

dünnes Blech: $F_{v,Rk,dü} = \sqrt{2 \cdot M_{y,Rk} \cdot f_{h,0,k} \cdot d} = \sqrt{2 \cdot 121\,606 \cdot 26{,}2 \cdot 16}$

$= 10\,097\ \text{N} \mathrel{\hat{=}} 10{,}1\ \text{kN}$

$M_{y,Rk} = 0{,}3 \cdot f_{u,k} \cdot d^{2,6} = 0{,}3 \cdot 300 \cdot 16^{2,6} = 121\,606\ \text{N}$

$f_{h,0,k} = 0{,}082 \cdot (1 - 0{,}01 \cdot d) \cdot \rho_k = 0{,}082 \cdot (1 - 0{,}01 \cdot 16) \cdot 380 = 26{,}2\ \text{N/mm}^2$

$$t_{req} = 1{,}15 \cdot 4 \cdot \sqrt{\frac{M_{y,Rk}}{f_{h,0,k} \cdot d}} = 1{,}15 \cdot 4 \cdot \sqrt{\frac{121\,606}{26{,}2 \cdot 16}} = 78\ \text{mm} < t_{vorh} = 200\ \text{mm}$$

$$F_{v,Rd} = k_{mod} \cdot \frac{F_{v,Rk}}{\gamma_M} = 0{,}9 \cdot \frac{10{,}1}{1{,}1} = 8{,}3\ \text{kN pro Scherfuge}$$

Anzahl der Passbolzen: $n_{S_i} = \dfrac{12}{8{,}2} = 1{,}4 \Rightarrow$ gewählt: 2 PB nebeneinander

Anschluss oben:

Im oberen Bereich werden die Kräfte über den Anschluss des Dachverbandes eingeleitet. Hier wird für den Wandverband eine Lasche angeschweißt. Die Kraftübertragung von der Pfette in diesen Anschlusspunkt wurde bereits in Abschnitt 4.4 nachgewiesen. Es muss jedoch der Anschluss an den Obergurt des Fachwerkrahmes überprüft werden. Dieser erfolgt über PB ∅ 16 mm unter einem Kraft-Faser-Winkel von 70°.

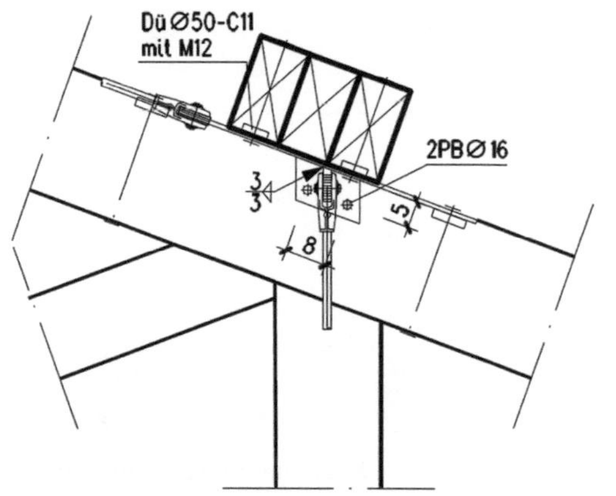

Die wirkenden Kräfte:

S_3, D, S_2

Anzuschließende Kraft:
$S_{2,d} = 11{,}3$ kN
Kraft-Faser-Winkel: $\alpha = 70°$

Abbildung 3.59: Anschluss oben

Tragfähigkeit eines Passbolzens: nach EC5 1-1, NCI NA zu 8.2.5

dünnes Blech:

$$F_{v,Rk,dü} = \sqrt{2 \cdot M_{y,Rk} \cdot f_{h,a,k} \cdot d} = \sqrt{2 \cdot 121\,606 \cdot 17{,}2 \cdot 16} = 8181 \text{ N} \mathrel{\hat=} 8{,}1 \text{ kN}$$

$$M_{y,Rk} = 0{,}3 \cdot f_{u,k} \cdot d^{2,6} = 0{,}3 \cdot 300 \cdot 16^{2,6} = 121\,606 \text{ N}$$

$$f_{h,0,k} = 0{,}082 \cdot (1 - 0{,}01 \cdot d) \cdot \rho_k = 0{,}082 \cdot (1 - 0{,}01 \cdot 16) \cdot 380 = 26{,}2 \text{ N/mm}^2$$

$$k_{90} = 1{,}35 + 0{,}015 \cdot 16 = 1{,}59 \qquad \text{[EC5 1-1, (8.5)]}$$

$$f_{h,a,k} = \frac{f_{h,0,k}}{k_{90} \cdot \sin^2 \alpha + \cos^2 \alpha} = \frac{26{,}2}{1{,}59 \cdot \sin^2 70° + \cos^2 70°} = 17{,}2 \text{ N/mm}^2$$

$$t_{req} = 1{,}15 \cdot (2 + \sqrt{2}) \sqrt{\frac{M_{y,R_k}}{f_{h,a,k} \cdot d}} = 1{,}15 \cdot (2 + \sqrt{2}) \sqrt{\frac{121\,606}{17{,}2 \cdot 16}}$$

$$= 83 \text{ mm} < t_{vorh} = 200 \text{ mm}$$

$$F_{v,R_d} = k_{mod} \cdot \frac{F_{v,R_k}}{\gamma_M} = 0{,}9 \cdot \frac{8{,}1}{1{,}1} = 6{,}6 \text{ kN pro Scherfuge}$$

Anzahl der Passbolzen: $n_{S2} = \frac{11{,}3}{6{,}6} = 1{,}7 \Rightarrow$ gewählt: 2 PB

Die aussteifende Holztafel

Die horizontalen Kräfte müssen vom Riegel S_4 in die Kopfrippe der Wandtafel eingeleitet werden. Dies geschieht über eine über die Länge gleichmäßig verteilte Verschraubung. Der Nachweis wird weiter unten geführt.

Durch den Abstand von 8 cm zwischen der Schwerachse der Kopfrippe und der vom Riegel S_4 entsteht eine Ausmitte. Diese kann für den Nachweis der Verbindung von Kopfrippe und Horizontalträger vernachlässigt werden, da die Schrauben das geringe Versatzmoment aufnehmen können. Um aber die Höhe von 8 cm bei der Verankerung der Tafel nicht zu vernachlässigen wurde für das statische Modell der Tafel eine Systemhöhe von 2,8 m gewählt, was der Höhe von Oberkante Bodenplatte bis zur Schwerpunktachse des Horizontalträgers entspricht.

Bevor der Riegel S_4 und die Tafel bemessen werden können, müssen erst die gesamten Einwirkungen ermittelt werden.

Kontinuierliche Einleitung der Kraft in die Kopfrippe:

Teilsystem 2:

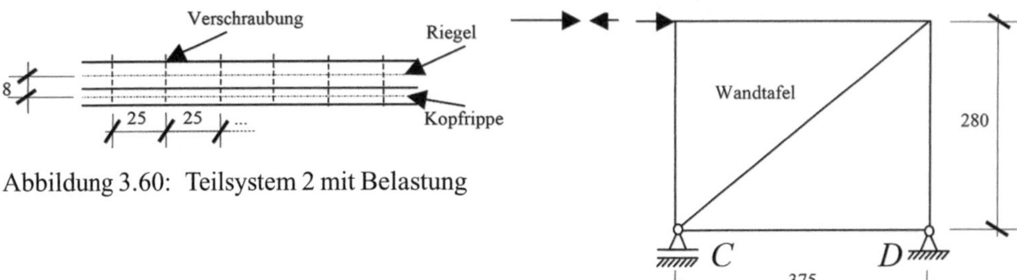

Abbildung 3.60: Teilsystem 2 mit Belastung

Abbildung 3.61: Krafteinleitung Kopfrippe

H_2: Ersatzlast aus dem gedrückten Rahmenstiel

Die Riegel zwischen den Stützen der Fachwerkrahmen dienen unter anderem der seitlichen Halterung am Rahmeneck, um die Knicklänge der Druckstäbe des Fachwerkrahmens zu verringern.

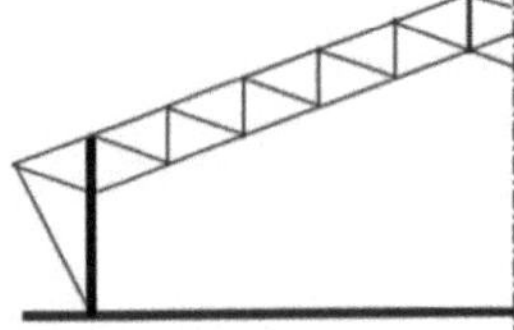

Abbildung 3.62: Lage von Stab 1

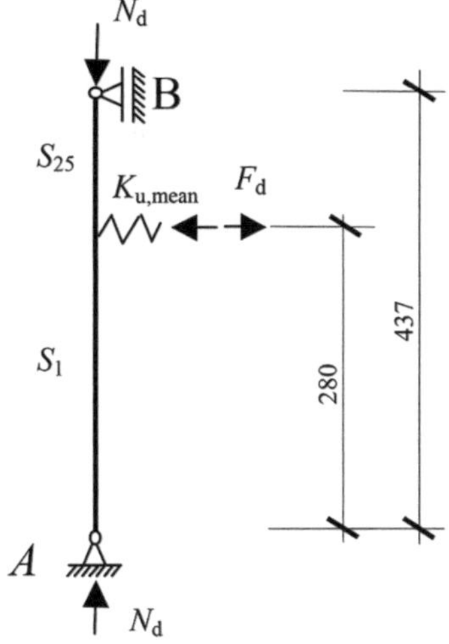

Abbildung 3.63: Statisches System mit Belastung

Der Riegel im Rahmeneck muss die Abstützkraft der gedrückten Stütze aufnehmen.

Nach [EC5 1-1, 9.2.5.2] errechnet sich die Last F_d zu: $F_d = \frac{N_d}{f_{f,2}} = \frac{N_d}{80}$

N_d ist die gemittelte Normalkraft aus den Stäben 1 und 25 des Fachwerkrahmens:

aus vertikaler Last auf den Fachwerkrahmen:

$$S_{1,g,k} = -141{,}2 \text{ kN} \quad S_{1,s,k} = -109{,}2 \text{ kN} \quad S_{25,g,k} = -65{,}7 \text{ kN} \quad S_{25,s,k} = -50{,}9 \text{ kN}$$

gemittelte Kraft N_d: $S_{g,k} = \frac{1{,}57}{4{,}37} \cdot (-65{,}7) + \frac{2{,}8}{4{,}37} \cdot (-141{,}2) = -114 \text{ kN}$

$$S_{s,k} = \frac{1{,}57}{4{,}37} \cdot (-50{,}9) + \frac{2{,}8}{4{,}37} \cdot (-109{,}2) = -88{,}3 \text{ kN}$$

LFK3: $N_d = 1{,}35 \cdot (-114) + 1{,}5 \cdot 0{,}5 \cdot (-88{,}3) = -220\ \text{kN}$

LFK4: $N_d = 1{,}35 \cdot (-114) + 1{,}5 \cdot (-88{,}3) = -286\ \text{kN}$

LFK3: $F_d = \dfrac{-220}{80} = 2{,}75\ \text{kN}$

LFK4: $F_d = \dfrac{-286}{80} = 3{,}58\ \text{kN}$

Auf den Nachweis der Steifigkeit der Stützkonstruktion wird hier verzichtet, da die hier eingesetzte Holztafel eine hohe Steifigkeit aufweist.

Es wird vorausgesetzt, dass die Aussteifungskonstruktion nur in den Endfeldern erforderlich ist. So können in den übrigen Feldern beliebig Öffnungen oder Verglasungen eingebaut werden.

Eine Tafel muss also die Abstützlasten aus 5,5 Fachwerkrahmen aufnehmen. Da die oben berechnete Abstützlast F_d wieder für den höchstbeanspruchten Rahmen ermittelt wurde, kann hier wieder mit dem Durchlauffaktor 1,132 abgemindert werden.

Die Horizontallast H_2 ergibt sich also zu:

LFK3: $F_{h,2,d} = \dfrac{2{,}75}{1{,}132} \cdot 5{,}5 = 13{,}4\ \text{kN}$

LFK4: $F_{h,2,d} = \dfrac{3{,}58}{1{,}132} \cdot 5{,}5 + 0{,}13 = 17{,}5\ \text{kN}$

H_3: Ersatzlast aus dem gedrückten Fachwerkrahmen

Die Ersatzlasten aus der Abstützung der Fachwerkgurtkräfte die in Abschnitt 3.4 betrachtet wurden, wirken nicht auf die Wandtafeln ein. Diese Kräfte müssen nicht in die Bodenplatte übertragen werden, da das Gleichgewicht bereits in Höhe des Riegels hergestellt ist.

Bild 9.10 des EC5 1-1, 9.2.5.3 , zeigt diesen Kraftschluss. Neben der Streckenersatzlast 5 auf den Dachverband wird gleichzeitig eine Ersatzeinzellast 6 angesetzt.

Dieser Kraft 6 entspricht die Last H_3.

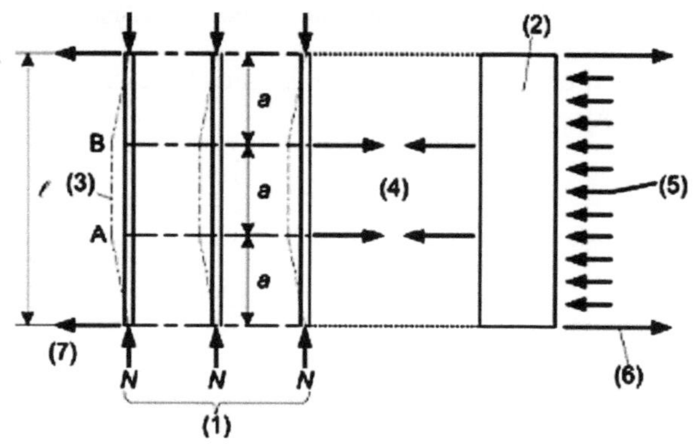

Legende
(1) *n* Trägersysteme
(2) Aussteifungsverband
(3) Durchbiegung des Trägersystems infolge von Imperfektionen und Verformungen aus Theorie II. Ordnung
(4) Aussteifungskräfte
(5) Äußere Einwirkung auf den Aussteifungsverband
(6) Reaktionskräfte des Aussteifungsverbands aus äußerer Einwirkung
(7) Reaktionskräfte des Trägersystems aus Aussteifungskräften

Abbildung 3.64:
Ersatzlasten an Druckstäben

LFK3: $F_{h,3,d} = 1{,}35 \cdot 5{,}08 + 1{,}5 \cdot 0{,}5 \cdot 3{,}94 = 9{,}8\ \text{kN}$

LFK4: $F_{h,3,d} = 1{,}35 \cdot 5{,}08 + 1{,}5 \cdot 3{,}94 = 13{,}0\ \text{kN}$

Die resultierende Horizontalkraft H, die auf die Wandtafel einwirkt, beträgt:

LFK3: $F_{h,d} = F_{h,1,d} + F_{h,2,d} - F_{h,3,d} = 33{,}3 + 13{,}4 - 9{,}8 = 36{,}9\ \text{kN}$

LFK4: $F_{h,d} = F_{h,1,d} + F_{h,2,d} - F_{h,3,d} = 27{,}0 + 17{,}5 - 13{,}0 = 31{,}5\ \text{kN}$

Diese Kraft muss vom Riegel in die Kopfrippe der Wandtafel eingeleitet werden. Dies geschieht über eine kontinuierliche Verschraubung von Riegel und Kopfrippe.

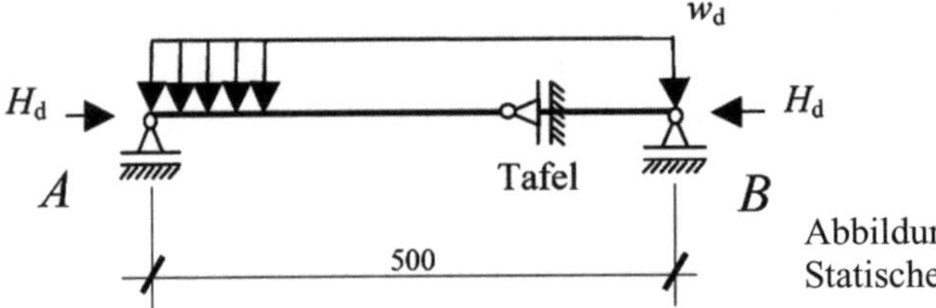

Abbildung 3.65: Statisches System des Riegels mit Belastung

Neben der oben ermittelten Horizontallast H_d, treten bei Wind auf die Giebelseite an den Längswänden Windsogkräfte auf. Diese müssen gleichzeitig von der Wandtafel und dem horizontalen Riegel aufgenommen werden.

Winddruck auf den luvseitigen Hallengiebel: [EC 1-1-4]

$$\frac{h}{d} = \frac{8{,}00 + 0{,}50^{*)}}{50} = 0{,}17$$

*) Höhe von Sockel und Dacheindeckung

$e = 2 \cdot 8{,}5 = 17\ \text{m} \Rightarrow \frac{e}{5} = 3{,}4\ \text{m} \qquad w = q_p \cdot c_{pe}$

$c_{pe,A} = -1{,}2 \rightarrow w_A = 0{,}65 \cdot (-1{,}2) = 0{,}78\ \text{kN/m}^2$

$c_{pe,B} = -0{,}8 \rightarrow w_s = 0{,}65 \cdot (-0{,}8) = 0{,}52\ \text{kN/m}^2$

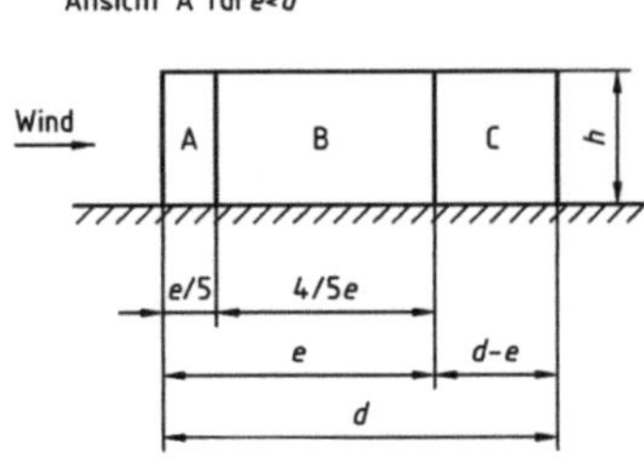

Abbildung 3.66: Windlastflächen

Vereinfachend wird angenommen, dass der erste Riegel die Windlast aus Bereich A über die gesamte Länge von 5 m aufnehmen muss.

Streckenlast: $w_k = -0{,}78 \cdot \left(\frac{2{,}91}{2} + \frac{1{,}46}{2}\right) = -1{,}7\ \text{kN/m}$

maximales Moment im Riegel: $M_{y,k} = \frac{1{,}7 \cdot 5^2}{8} = 5{,}31\ \text{kNm} \mathrel{\hat{=}} 531\ \text{kNcm}$

maximale Querkraft und Auflagerlast: $A_k = B_k = V_k = \frac{1{,}7 \cdot 5}{2} = 4{,}25\ \text{kN}$

Tragfähigkeitsnachweis des Riegels

Der Riegel erhält die Druckkraft $F_{h,d} = F_{h,1,d} + F_{h,2,d}$:

LFK3: $F_{h,d} = F_{h,d,1} + F_{h,d,2} = 33,3 + 13,4 = 46,7$ kN

LFK4: $F_{h,d} = F_{h,d,1} + F_{h,d,2} = 27,0 + 17,5 = 44,5$ kN

Auch wenn der Riegel die Horizontallasten über seine Länge kontinuierlich an die Holztafel abgibt (siehe Skizze Normalkraftverlauf), wird vereinfachend angenommen, dass er über die ganze Länge unter gleichem Druck steht.

tatsächlicher Normalkraftverlauf

vereinfachend angenommener Normalkraftverlauf

Abbildung 3.67: Normalkraftverlauf im Riegel

gewählt: 100/200 Gl 24 h, $A = 10 \cdot 20 = 200\ \text{cm}^2$ $\quad W_y = \dfrac{10 \cdot 20^2}{6} = 667\ \text{cm}^2$

Biegespannungen: LKF3: $\sigma_{m,y,d} = \dfrac{1,5 \cdot 531}{667} = 1,2\ \text{kN/cm}^2 \triangleq 12\ \text{N/mm}^2$

LKF4: $\sigma_{m,y,d} = \dfrac{1,5 \cdot 0,6 \cdot 531}{667} = 0,72\ \text{kN/cm}^2 \triangleq 7,2\ \text{N/mm}^2$

Druckspannungen: LKF3: $\sigma_{c,0,d} = \dfrac{46,7 \cdot 10^3}{200 \cdot 10^2} = 2,34\ \text{N/mm}^2$

LKF4: $\sigma_{c,0,d} = \dfrac{44,5 \cdot 10^3}{200 \cdot 10^2} = 2,23\ \text{N/mm}^2$

Um die „schwache" Achse ist der Riegel durch die darunterstehende Holztafelwand gehalten. Knickgefahr besteht daher nur um die „starke" Achse.

$l_{ef} = 500$ cm $\quad i = 0,289 \cdot 20 = 5,78$ cm $\quad \lambda = \dfrac{500}{5,78} = 87$

Knickbeiwert k_c (z. B. aus Tafel 4.29b [1]): $k_c = 0,475$

$$f_{c,o,d} = k_{mod} \cdot \frac{f_{c,0,k}}{\gamma_M} = 0,9 \cdot \frac{24}{1,3} = 16,6\ \text{N/mm}^2$$

$$f_{m,d} = k_{mod} \cdot \frac{f_{m,k} \cdot k_h^{*)}}{\gamma_M} = 0,9 \cdot \frac{24 \cdot 1,1}{1,3} = 18,3\ \text{N/mm}^2$$

*) Erhöhung $f_{m,k}$ nach [EC5 1-1, 3.3(3)]

$$\frac{\sigma_{c,0,d}}{k_c \cdot f_{c,0,d}} + \frac{\sigma_{m,y,d}}{f_{m,d}} \leq 1$$

$$\text{LFK3: } \frac{2{,}34}{0{,}475 \cdot 16{,}6} + \frac{12}{18{,}3} = 0{,}95 < 1$$

$$\text{LFK4: } \frac{2{,}23}{0{,}475 \cdot 16{,}6} + \frac{7{,}2}{18{,}3} = 0{,}68 < 1$$

Der Lastfall Wind aus der Richtung 0°, der eine Winddruckkraft auf die Riegel verursachen würde, muss nicht betrachtet werden, da die Größe der anzusetzenden Druckkräfte unter den hier angesetzten Sogkräften liegt.

Nachweis des Anschlusses der Riegel an die Rahmen

Der Horizontalträger muss für die Auflagerlasten am Fachwerkrahmen angeschlossen werden. Hierzu werden Balkenträger der Firma Simpson-Strong-Tie verwendet.

Maßgebend wird hier LFK3, die zu übertragende Auflagerlast ist:

$$A_k = B_k = 4{,}25 \text{ kN} \rightarrow A_d = B_d = 1{,}5 \cdot 4{,}25 = 6{,}4 \text{ kN}$$

Gewählt: Balkenträger BNT160 mit CNA 4,0 × 60 Kammnägeln, Teilausnagelung

Tabelle 3.13: Balkenträger BNT160
(Auszug aus den Bemessungsunterlagen der Fa. Simpson-Strong-Tie)

	Charakteristische Werte der Tragfähigkeit [kN], CNA 4,0 × 60 Kammnägel							
	Nebenträgerbreite [mm]							
	60	80	100	140	60	80	100	140
an Stütze	Neigung $\beta = 0°$				Neigung $\beta = 25°$			
BTN 90	6,9	7,7	8,4	8,5	6,9	7,7	8,4	8,5
BTN 120	12,1	12,5	12,7	12,7	11,4	11,7	12,4	12,7
BTN 160	17,0	17,0	17,0	**17,0**	16,9	17,0	17,0	17,0

Bemessungswert der Tragfähigkeit für LFK3:

$$F_{R1,d} = k_{mod} \cdot \frac{\text{Tabellenwert x}}{\gamma_M} = 1{,}0 \cdot \frac{17}{1{,}3} = 13{,}0 \text{ kN}$$

Die beiden äußeren Stabdübel werden durch Passbolzen ersetzt, um den Anschluss der diagonalen Zugstäbe anschließen zu können. Diese Passbolzen sollen für die Belastung Windsog auf die Wandtafel nicht mit herangezogen werden.

Daher wird im Folgenden berechnet, welche Tragfähigkeit der Balkenträger aufweist, wenn nur 2 SDü ∅ 12 mm als mitwirkend angesetzt werden. Der Anschluss der Kammnägel an den Rahmen muss nicht geprüft werden. Er hat mindestens die oben berechnete Tragfähigkeit.

Tragfähigkeit für zwei SDü ∅ 12 mm, S235 mit innenliegendem Stahlblech, t = 6 mm und BSH GL24h:

$$M_{y,Rk} = 0{,}3 \cdot f_{u,k} \cdot d^{2{,}6} = 0{,}3 \cdot 360 \cdot 12^{2{,}6} = 69\,071 \text{ N}$$ [EC5 1-1, (8.30)]

$$f_{h,0,k} = 0{,}082 \cdot (1 - 0{,}01 \cdot d) \cdot \rho_k = 0{,}082 \cdot (1 - 0{,}01 \cdot 12) \cdot 380 = 27{,}4 \text{ N/mm}^2$$

[EC5 1-1, (8.32)]

$$t_{req} = 1{,}15 \cdot 4 \cdot \sqrt{\frac{M_{y,Rk}}{f_{h,0,k} \cdot d}} = 1{,}15 \cdot 4 \cdot \sqrt{\frac{69\,071}{27{,}4 \cdot 12}} = 67 \text{ mm} > t_{vorh} = \frac{100-6}{2}$$

$$= 47 \text{ mm}$$ [..., NA (116)]

$$F_{v,R_k} = \sqrt{2}\,\sqrt{2 \cdot 69\,071 \cdot 27{,}4 \cdot 12} = 9531 \text{ N} \mathrel{\widehat{=}} 9{,}5 \text{ kN}$$ [EC5 1-1, NA (115)]

$$F_{v,Rd} = \frac{t_{vorh}}{t_{req}} \cdot k_{mod} \cdot \frac{F_{v,Rk}}{\gamma_M} = \frac{47}{67} \cdot 1{,}0\,\frac{9{,}5}{1{,}1} = 6{,}0 \text{ kN pro Scherfuge}$$

Dies verdeutlicht, dass allein die zwei mittleren Stabdübel eine größere Tragfähigkeit aufweisen als die Teilausnagelung des Rückenblechs am Fachwerkrahmen.

Die äußeren Stabdübel können also ohne Bedenken durch Passbolzen ersetzt und für die Anbringung der Diagonalverschraubung verwendet werden.

Übertragung der Horizontallast $F_{h,d}$ in die Kopfrippe der Wandtafel

Die Horizontallast $F_{h,d}$ wird über eine kontinuierliche Verschraubung in die Kopfrippe der Wandtafel eingeleitet. Hier wird wieder LFK3 mit der größten Last $F_{h,d}$ maßgebend.

Zu übertragender Schubfluss: $s_{v,0,d} = \dfrac{F_{h,d}}{l_{Tafel}} = \dfrac{36{,}9}{3{,}75} = 9{,}84 \text{ kN/m}$

Die Wandtafel wird zusätzlich durch Windsog beansprucht:

$$c_{pe,A} = -1{,}2 \;\rightarrow\; w_A = 0{,}65 \cdot (-1{,}2) = 0{,}78 \text{ kN/m}^2$$

Abzutragende Last aus der halben Tafelhöhe $\dfrac{2{,}8}{2} = 1{,}4$ m

$$s_{v,90,d} = 1{,}5 \cdot 1{,}4 \cdot 0{,}78 = 1{,}6 \text{ kN/m}$$

Resultierender Schubfluss: $s_{v,res,d} = \sqrt{9{,}84^2 + 1{,}6^2} = 9{,}97 \text{ kN/m}$

Kraft-Faser-Winkel: $\alpha = \arctan \dfrac{1{,}6}{9{,}97} = 9{,}1°$

Gewählt: Spax Senkkopfschraube 6,0 × 160 aus Kohlenstoffstahl[*)], nicht vorgebohrt. Der Riegel besteht aus GL24h, die Kopfrippe aus VH C24.

*) Bauaufsichtliche Zulassung mit der Zulassungs-Nr. Z-9.1-235.

Vorbohren notwendig? [EC5 1-1, (8.19), 8.7.1 und NDP zu 8.3.1.2 (7)]

$$t_1 = \max \left\{ \begin{array}{c} 7 \cdot d = 7 \cdot 6 = 48 \text{ mm} \\ (13 \cdot d - 30) \cdot \frac{\rho_k}{200} = (13 \cdot 6 - 30) \cdot \frac{380}{200} = 91{,}2 \text{ mm} \end{array} \right\} \begin{array}{l} \rightarrow 91{,}2 < 100 \text{ mm} \\ \rightarrow \text{kein Vorbohren} \end{array}$$

$$t_1 = \max \left\{ \begin{array}{c} 7 \cdot d = 7 \cdot 6 = 48 \text{ mm} \\ (13 \cdot d - 30) \cdot \frac{\rho_k}{200} = (13 \cdot 6 - 30) \cdot \frac{350}{200} = 84{,}0 \text{ mm} \end{array} \right\} \begin{array}{l} \rightarrow 84{,}0 > 60 \text{ mm} \\ \rightarrow \text{Vorbohren!} \end{array}$$

Da die Kopfrippe vorgebohrt werden muss, wird auch der Riegel aus montagetechnischen Gründen vorgebohrt! (Bei der Verwendung einer Schraube mit Bohrkopf erübrigt sich das.)

Tragfähigkeit pro Schraube: $F_{v,Rk} = \min \sqrt{2 \cdot M_{y,Rk} \cdot f_{h,1(2),k} \cdot d}$ [EC5 1-1, NA (120)]

$$M_{y,Rk} = 7900 \text{ N}$$

$$f_{h,1,k} = 0{,}082 \cdot (1 - 0{,}01 \cdot d) \cdot \rho_k = 0{,}082\,(1 - 0{,}01 \cdot 6) \cdot 380 = 29{,}29 \text{ N/mm}^2$$

$$f_{h,2,k} = 0{,}082 \cdot (1 - 0{,}01 \cdot d) \cdot \rho_k = 0{,}082\,(1 - 0{,}01 \cdot 6) \cdot 350 = 26{,}98 \text{ N/mm}^2$$

Hier darf der größere Wert der Lochleibungsfestigkeiten angesetzt werden:

$$t_{1,req} = t_{2,req} = 9 \cdot d = 9 \cdot 6 = 54 \text{ mm} \rightarrow t_1 = 100 \text{ mm}; \quad t_2 = 60 \text{ mm}$$

[EC5 1-1, NA (121)]

$$F_{v,R_k} = \sqrt{2 \cdot 7900 \cdot 29{,}29 \cdot 6} = 1667 \text{ N} \mathrel{\hat{=}} 1{,}7 \text{ kN}$$

$$F_{v,R_d} = k_{mod} \cdot \frac{F_{v,R_k}}{\gamma_M} = 1{,}0 \cdot \frac{1{,}7}{1{,}1} = 1{,}5 \text{ kN}$$

Schraubenanzahl pro Meter: $n = \frac{s_{v,res,d}}{F_{v,R_d}} = \frac{9{,}97}{1{,}5} = 6{,}6$

$\Rightarrow$ 8 Schrauben pro m $\rightarrow a_1 = 12{,}5 \text{ cm} > a_{1,erf} = (4 + \cos\alpha) \cdot d = (4 + \cos 9{,}1°) \cdot 6 = 30 \text{ mm}$

Da der Schubfluss kontinuierlich eingeleitet wird, muss n_{ef} nicht berücksichtigt werden.

Nachweis der Scheibenbeanspruchung der Wandtafel: [EC5 1-1, 9.2.4]

l_{Tafel}: 3,75 m; h_{Tafel}: 2,8m; Rippen C24 6/24;
Beplankung einseitig mit OSB/3, 25mm

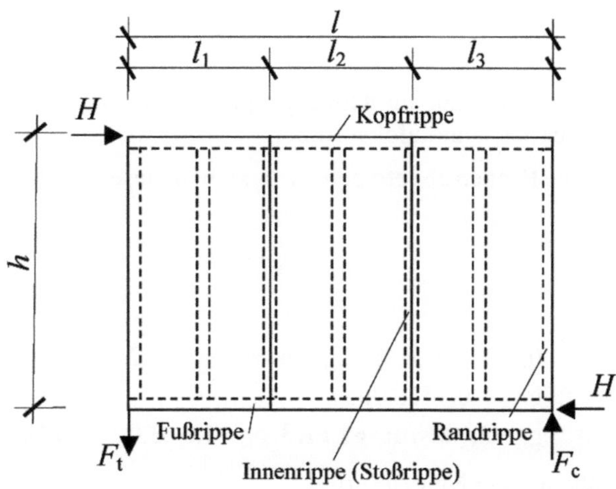

Abbildung 3.68: Wandtafel unter vertikaler Scheibenbeanspruchung

Für den vereinfachten Nachweis nach [EC5 1-1, 9.2.4.2] müssen gewisse Bedingungen eingehalten werden.

Zu diesen zählen neben verschiedenen Konstruktionsregeln unter anderem die im Folgenden geprüften Randbedingungen: [EC5 1-1, NCI NA zu 9.2.4.2]

- Die Tafel ist direkt auf einer steifen Unterkonstruktion (Bodenplatte) gelagert.
- Überprüfung der Mindestlänge einer Platte l_p: $1{,}25 \geq \frac{h}{4} = \frac{2{,}8}{4} = 0{,}7 \Rightarrow$ erfüllt
- Überprüfung, ob die Rippen in Tafelebene ausreichend gegen Kippen, bzw. Knicken gehalten sind:

  $\frac{h_r}{b_r} = \frac{24}{6} = 4 \leq 4 \Rightarrow$ erfüllt [EC5 1-1, NCI NA zu 6.3.1]
- Überprüfung, ob ein Nachweis der horizontalen Verformungen geführt werden muss:

  $l = 3{,}75 \geq \frac{h}{3} = \frac{2{,}8}{3} = 0{,}93 \Rightarrow$ erfüllt $\quad l_p = 1{,}25 \geq \frac{h}{4} = \frac{2{,}8}{4} = 0{,}7 \Rightarrow$ erfüllt

  Auf die Erhöhung der Verbindungsmitteltragfähigkeit um 20 % wird verzichtet.

$\Rightarrow$ es kann auf den Nachweis der horizontalen Verformungen verzichtet werden. Für die Berechnung der Scheibenwirkung der Wandtafel wird die LFK3 angenommen, da hier die größeren Horizontalkräfte auftreten.

Normalkraft der Randrippen: LFK3: $F_{c,d} = F_{t,d} = F_{h,d} \cdot \frac{h}{l} = 36{,}9 \cdot \frac{2{,}8}{3{,}75} = 27{,}6$ kN

Schubfluss, der über die Verbindungsmittel zwischen Beplankung und Rippen übertagen werden muss:

$$s_{v,0,d} = \frac{F_{n,d}}{l} = \frac{36{,}9}{3{,}75} = 9{,}84 \text{ kN/m}$$

Die vertikale Beanspruchung der Tafel besteht nur aus dem Eigengewicht der Wandtafel und einem Lichtband, welches sich über der Wandtafel befindet.

Diese vertikalen Lasten werden über die Rippen abgetragen, da es sich in diesem Fall um sehr kleine Lasten handelt.

Vertikale Belastung der Tafel:

Eigengewicht der Tafel
(siehe Abschnitt 3.3): $0{,}8$ kN/m², $h = 2{,}8$ m $\Rightarrow g_{W,k} = 2{,}24$ kN/m
Streckenlast des Lichtbands geschätzt: $g_{L,k} = 0{,}75$ kN/m
Gesamte Vertikallast: $g_k = 3{,}0$ kN/m $\Rightarrow$ LFK3: $g_k = 1{,}5 \cdot 3{,}0 = 4{,}5$ kN/m

Die Last wird vereinfacht gleichmäßig auf die Rippen verteilt:

Rippenabstand 62,5 cm $\Rightarrow 4{,}5 \cdot 0{,}625 = 2{,}8$ kN pro Rippe

Gewählt: Sondernägel IIIc; $3{,}4 \times 60$ mm; $d_k = 7{,}7$ mm; $f_{uk} = 600$ N/mm²;
l_{ef} (in Rippe) $= 35$ mm; $\rho_{Rippe} = 350$ kg/m³;
$\rho_{Platte} = 380$ kg/m³

Tragfähigkeit der Nägel: [EC5 1-1, NCI NA zu 8.3.2, Tab. NA. 15]

$F_{v,Rk} = A \cdot \sqrt{2 \cdot M_{y,Rk} \cdot f_{h,1,k} \cdot d}$ [EC5 1-1, NA.(128)]

$M_{y,Rk} = 0{,}3 \cdot f_{u,k} \cdot d^{2,6} = 0{,}3 \cdot 600 \cdot 3{,}4^{2,6} = 4336$ N [EC5 1-1, (8.30)]

$f_{h,1,k} = 0{,}5 \cdot d^{-6} \cdot t^{0,2} = 50 \cdot 3{,}4^{-6} \cdot 25^{0,2} = 45{,}7$ N/mm²

$A = 0{,}8$ [EC5 1-1, Tab. NA. 14]

$F_{v,R_k} = 0{,}8 \cdot \sqrt{2 \cdot 4336 \cdot 45{,}7 \cdot 3{,}4} = 928$ N

Bei Verwendung von Sondernägeln der Tragfähigkeitsklasse III darf dieser Wert erhöht werden:

$\Delta F_{v,R_k} = \min\{0{,}5 \cdot F_{v,R_k};\ 0{,}25 \cdot F_{ax,R_k}\}$ [EC5 1-1, NA.(129)]

$$F_{ax,R_k} = \min\left\{\begin{array}{c} f_{ax,k} \cdot d \cdot t_{pen} \\ f_{head,k} \cdot d_h^2 \end{array}\right\} = \left\{\begin{array}{c} 6{,}13 \cdot 3{,}4 \cdot 35 = 729 \\ 25 \cdot 7{,}7^2 = 1482 \end{array}\right\}$$

$f_{ax,k} = 50 \cdot 10^{-6} \cdot \rho_k^2 = 50 \cdot 10^{-6} \cdot 350^2 = 6{,}13$ N/mm²

$f_{head,k} = 100 \cdot 10^{-6} \cdot \rho_k^2 = 100 \cdot 10^{-6} \cdot 500^2 = 25$ N/mm² [EC5 1-1, Tab. NA.16]

$\rightarrow \Delta F_{v,R_k} = \min\{0{,}5 \cdot F_{v,Rk};\ 0{,}25 \cdot F_{ax,R_k}\} \rightarrow \{464{,}2;\ 182\} = 182$ N

$F_{v,R_k} = 928{,}6 + 182 = 1111\ \text{N} \quad F_{v,Rd} = k_{mod} \cdot \dfrac{F_{v,Rk}}{\gamma_M} = 0{,}9 \cdot \dfrac{1111}{1{,}1} = 909\ \text{N} \mathrel{\hat{=}} 0{,}9\ \text{kN}$

Erforderliche Dicke der Holzwerkstoffplatte nach (einschnittige Verbindung):

$t_{req} = 7 \cdot d = 7 \cdot 3{,}4 = 23{,}8\ \text{mm} < t_{vorh} = 25\ \text{mm}$ [EC5 1-1, Tab. NA.14]

Erforderliche Einschlagtiefe des Nagels in die Rippe nach

$t_{req} = 9 \cdot d = 9 \cdot 3{,}4 = 30{,}6\ \text{mm} < t_{vorh} = 35\ \text{mm}$ [EC5 1-1, (NA.121)]

Mindestabstände in der Rippe (nicht vorgebohrt):

$a_1 = 10 \cdot d = 10 \cdot 3{,}4 = 34\ \text{mm}$

$a_{3,t} = 15 \cdot d = 15 \cdot 3{,}4 = 51\ \text{mm}$ [EC5 1-1, Tab. 8.2]

$a_{3,c} = 10 \cdot d = 10 \cdot 3{,}4 = 34\ \text{mm}$

$a_2 = a_{4,t} = a_{4,c} = 5 \cdot 3{,}4 = 17\ \text{mm}$

Nachweise für die als Scheibe beanspruchte Tafel:

Tragfähigkeitsnachweis der Beplankung

Für den Bemessungswert der längenbezogenen Festigkeit der Beplankung werden die Tragfähigkeit des Verbindungsmittels und der Platten sowie das Beulen berücksichtigt. Der minimale Wert wird maßgebend.

(1) Die Nageltragfähigkeit wurde bereits ermittelt zu: $F_{v,R_d} = 909\ \text{N}$

Der Nagelabstand wird gewählt zu: $a_v = \dfrac{F_{v,R_d}}{s_{v,0,d}} = \dfrac{909}{9{,}84} = 92{,}4 \Rightarrow 90\ \text{mm}$

→ längenbezogene Tragfähigkeit: $f_{v,0,d,1} = \dfrac{909}{90} = 10{,}1\ \text{N/mm}$

(2) Für OSB/3 gilt: $f_{v,k} = 6{,}8\ \text{N/mm}^2$; $f_{v,d} = k_{mod} \cdot \dfrac{f_{v,k}}{\gamma_M} = 1{,}0 \cdot \dfrac{6{,}8}{1{,}3} = 5{,}2\ \text{N/mm}^2$

Abminderungsfaktor: 0,33 [EC5 1-1, NCI NA zu 9.2.4.2, (NA16)]

→ längenbezogene Tragfähigkeit: $f_{v,0,d,2} = 0{,}33 \cdot f_{v,d} \cdot t = 0{,}33 \cdot 5{,}2 \cdot 25 = 42{,}9\ \text{N/mm}$

(3) Überprüfung, ob Beulen berücksichtigt werden muss: [... zu 9.2.4.2, (NA16)]

$\dfrac{b_r}{t} = \dfrac{625}{25} = 25 < 35$ → Beulen darf vernachlässigt werden

b_t = Abstand Innenrippen t = Plattendicke OSB/3

$f_{v,0,d} = \min \begin{Bmatrix} f_{v,0,d,1} \\ f_{v,0,d,2} \end{Bmatrix} = \begin{Bmatrix} 10{,}1 \\ 42{,}9 \end{Bmatrix} = 10{,}1\ \text{N/mm}$

$$\frac{s_{v,0,d}}{f_{v,0,d}} \leq 1 = \frac{9{,}84}{10{,}1} = 0{,}97 < 1$$

Tragfähigkeitsnachweis der Schwellenpressung:

Druck rechtwinklig zur Faserrichtung des Holzes [EC5 1-1, 6.1.5]

$F_{c,90,d} = 27{,}6 + 2{,}8 = 30{,}4$ kN

$A_{ef} = (6 + 3^{*)}) \cdot 24 = 216$ cm^2

$$\sigma_{c,90,d} = \frac{F_{c,90,d}}{A_{ef}} = \frac{30{,}4}{216} = 0{,}14 \text{ kN/cm}^2 \mathrel{\hat{=}} 1{,}4 \text{ N/mm}^2$$

$k_{90} = 1{,}25$

$$f_{c,90,d} = k_{mod} \cdot \frac{f_{c,90,k}}{\gamma_M} = 0{,}9 \cdot \frac{2{,}5}{1{,}3} = 1{,}73 \text{ N/mm}^2$$

*) Auflagervergrößerung nach [EC5 1-1, 6.1.5(1)]

$$\boxed{\frac{\sigma_{c,90,d}}{k_{90} \cdot f_{c,90,d}} = \frac{1{,}4}{1{,}25 \cdot 1{,}73} = 0{,}65 < 1}$$

Der Nachweis unter der Innenrippe wird nicht geführt, da an den Randrippen die Belastung am höchsten ist.

Tragfähigkeitsnachweis der Druckrandrippe

Normalkraftbeanspruchung der Randrippe:

aus Tafelbeanspruchung: $F_{c,d} = 27{,}6$ kN

aus vertikalen Lasten: $F_{c,d} = 2{,}8$ kN

gesamte Normalkraft: $F_{c,d,ges} = 27{,}6 + 2{,}8 = 30{,}4$ kN

Zusätzlich werden die Rippen der Tafel durch Windsog senkrecht zur Wand auf Biegung beansprucht: $\Rightarrow q_{w,d} = 0{,}78 \cdot 0{,}625^{*)} \cdot 1{,}5 = 0{,}73$ kN/m

*) Einflussbreite (Rippenabstand)

$$M_{y,d} = \frac{q \cdot l^2}{8} = \frac{0{,}73 \cdot 2{,}8^2}{8} = 0{,}72 \text{ kNm}$$

Innenrippen: 6/24 VH C24

$$A = b \cdot h = 60 \cdot 240 = 144 \text{ cm}^2 \cdot 10^2 \quad W_y = \frac{b \cdot h^2}{6} = \frac{60 \cdot 240^2}{6} = 576 \text{ cm}^3 \cdot 10^2 \text{ mm}^2$$

$$i_{y(z)} = 0{,}289 \cdot h = 0{,}289 \cdot 240 = 69{,}4 \text{ cm} \quad \Rightarrow \quad \lambda_y = \frac{l_{ef}}{i} = \frac{2800}{69{,}4} = 40{,}4$$

Knickbeiwert k_c z. B. aus Tafel 4.29b [1]: $k_c = 0{,}885$

$$\sigma_{m,y,d} = \frac{M_{y,d}}{W} = \frac{0{,}72 \cdot 10^6}{576 \cdot 10^3} = 1{,}25 \text{ N/mm}^2 \quad f_{m,d} = k_{mod} \cdot \frac{f_{m,k}}{\gamma_M} = 1{,}0 \cdot \frac{24}{1{,}3} = 18{,}4 \text{ N/mm}^2$$

$$\sigma_{c,0,d} = \frac{N_d}{A} = \frac{30{,}4 \cdot 10^3}{144 \cdot 10^2} = 1{,}25 \text{ N/cm}^2 \quad f_{c,0,d} = k_{mod} \cdot \frac{f_{c,0,k}}{\gamma_M} = 1{,}0 \cdot \frac{21}{1{,}3} = 16{,}1 \text{ N/mm}^2$$

$$\frac{\sigma_{c,0,d}}{k_c \cdot f_{c,0,d}} + \frac{\sigma_{m,y,d}}{f_{m,d}} = \frac{2{,}1}{0{,}885 \cdot 16.1} + \frac{1{,}25}{18{,}4} = 0{,}21 < 1$$

Tragfähigkeitsnachweis der Zugverankerung:

Die Tafel muss für eine abhebende Kraft verankert werden. Der Kraft aus der Scheibenbeanspruchung darf die Druckkraft aus den stabilisierenden ständigen Lasten entgegengesetzt werden.

Für die stabilisierenden Lasten gilt: $\gamma_{G,stb} = 0{,}9$

Zugkraft: LFK3: $F_{t,d} = 27{,}6$ kN

Stabilisierungslast: (s. S. 164) $G_{k,stb} = 3 \cdot 0{,}625 = 1{,}9\,\text{kN} \Rightarrow G_{d,stb} = 1{,}9 \cdot 0{,}9 = 1{,}7\,\text{kN}$

Hier ergibt sich also eine Zugkraft: $F_{t,d,res} = F_{t,d} - G_{d,stb} = 27{,}6 - 1{,}7 = 25{,}9$ kN

Wegen der wechselnden Windlast ist die Verankerung an beiden Randrippen der Tafel anzubringen.

Zugverankerungformteile aus Stahlblech für Wandtafeln werden von verschiedenen Herstellern angeboten. Ihre Nachweise erfolgen in der Regel mit Bemessungstabellen des Herstellers.

Hier gewählt: pro Randrippe 2 × Zuganker (innen/außen) HD340M12G-B mit jeweils 10 Kammnägeln CNA 4,0 × 50, von Simpson-Strong-Tie

Zuganker	Charakteristische Werte $R_{t,k}$ der Tragfähigkeit [kN] min. von [1] Holz	Stahl	Faktor Bolzen
HD340M12G-B	n × $R_{lat,k}$	17,0	1,19
HD400M16G-B	n × $R_{lat,k}$	25,5	1,31
HD420M16G-B	n × $R_{lat,k}$	25,5	1,22
HD420M20G-B	n × $R_{lat,k}$	25,5	1,78
HD480M20G-B	n × $R_{lat,k}$	31,9	1,47

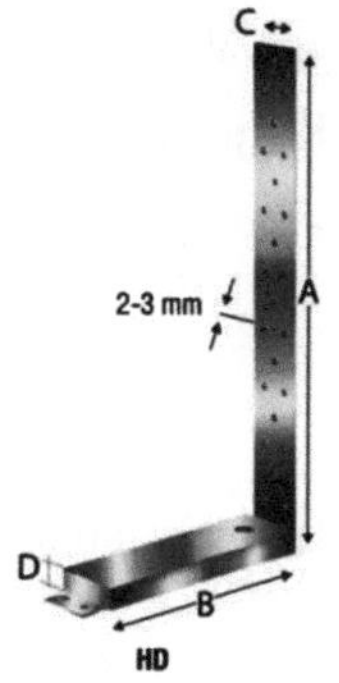

C
2-3 mm
A
D
B
HD

Abbildung 3.69: Charakteristische Tragfähigkeit der Zuganker (Simpson-Strong-Tie)

Art.No. NEU	Art.No. ALT	Maße [mm] Ø	L	Charakteristische Werte der Tragfähigkeit [kN] $R_{ax,k}$	$R_{lat,k}$
CNA4,0x50	9945000	4,0	50	0,98	2,22
CNA4,0x50S**)	9945080				

Abbildung 3.70: Charakteristische Tragfähigkeit der Kammnägel (Simpson-Strong-Tie)

Der Anker muss direkt auf der Rippe angeschlossen werden, dafür ist eine ausreichen breite Rippe zu wählen, sonst erhöht sich der Schubfluss in der Tafel aufgrund der geringen Länge des Ankers.

$$R_{1,d} = \min \left\{ \begin{array}{l} 2 \cdot \left(\dfrac{17{,}0}{1{,}3}\right) = 26{,}0\ \text{kN} \\ 2 \cdot \left(10 \cdot 0{,}9 \cdot \dfrac{2{,}22}{1{,}3}\right) = 30{,}8\ \text{kN} \end{array} \right\} = 26{,}0\ \text{kN} > 25{,}9\ \text{kN}$$

Erforderliche Tragfähigkeit der Bolzen:

$$F_{b,d} = F_{t,d} \cdot \text{Faktor Bolzen} = \frac{25{,}9}{2} \cdot 1{,}19 = 15{,}4\ \text{kN}$$

Die Kraft von $F_{b,d} = 15{,}4$ kN ist über einen geeigneten Betondübel in der Bodenplatte zu verankern.

Nachweis der Schubverankerung

Der Schubfluss von $s_{v,d} = 9{,}84$ kN/m muss von der Schwelle in die Bodenplatte übertragen werden. Die Verbindung von Schwelle und Bodenplatte muss gleichzeitig noch die Kraft aufnehmen, die durch den Wind rechtwinklig auf die Wandtafel entsteht.

Aufzunehmende Last durch Windsog auf der Wandtafel:

$$c_{pe,A} = -1{,}2\ \text{kN/m}^2 \quad \rightarrow \quad w_A = q_p \cdot c_{pe,A} = 0{,}65 \cdot (-1{,}2) = -0{,}78\ \text{kN/m}^2$$

abzutragende Last aus der halben Tafelhöhe:

$$s_{v,90,d} = 1{,}5 \cdot 1{,}4 \cdot 0{,}78 = 1{,}6\ \text{kN/m}$$

gewählt: 2 Dü ∅ 65-C11; Bolzen ∅ 16 S235; Schwelle 60/240 VH C24

Resultierende Last pro Dübel:

$$F_{v,res,d} = \sqrt{\left(\frac{9{,}84 \cdot 3{,}75}{2}\right)^2 + \left(\frac{1{,}6 \cdot 3{,}75}{2}\right)^2} = 18{,}7\ \text{kN}$$

Kraft-Faser-Winkel: $\alpha = \arctan \dfrac{1{,}6}{9{,}84} = 9{,}2°$

Randabstände: $a_{3,t,req} \geq 1{,}5 \cdot d_c = (1{,}2 \cdot 0{,}8 \cdot \cos 9{,}2°) \cdot 65 = 97{,}5\ \text{mm} < a_{1,vorh}$

$$a_{4,t,req} \geq (0{,}6 + 0{,}2 \cdot \sin\alpha) \cdot d_c = (0{,}6 + 0{,}2 \cdot \sin 9{,}2°) \cdot 65 = 41{,}0\ \text{mm} < a_{4,t,vorh} = \frac{240}{2} = 120\ \text{mm}$$

Mindestholzdicke:

$t_1 \geq 2{,}25 \cdot h_e = 2{,}25 \cdot 12 = 27\ \text{mm} < t_{1,vorh} = 60\ \text{mm}$ [EC5 1-1, (8.10)]

$t_1 = 3 \cdot h_e = 3 \cdot 12 = 36\ \text{mm} < t_{1,vorh} = 240\ \text{mm}$

Tragfähigkeit der Dübelverbindung:

Bei Scheibendübeln mit Dornen setzt sich die Tragfähigkeit der Verbindungsmitteleinheit aus der Tragfähigkeit des Scheibendübels und der Tragfähigkeit des Bolzens zusammen: [EC5 1-1, (8.10)]

Tragfähigkeit der Scheibendübel je Scherfuge:

$F_{v,Rk} = 25 \cdot k_1 \cdot k_2 \cdot k_3 \cdot d_c^{1,5}$ [EC5 1-1, (8.72)]

$$k_1 = \min \begin{Bmatrix} 1 \\ \dfrac{t_1}{3h_e} \\ \dfrac{t_2}{5h_e} \end{Bmatrix} = 1$$ [EC5 1-1, (8.73)]

$$k_2 = \min \begin{Bmatrix} 1 \\ \dfrac{a_{3t}}{2{,}0 \cdot d_c} \end{Bmatrix} = \begin{Bmatrix} 1 \\ \dfrac{97{,}5}{2{,}0 \cdot 65} = 0{,}75 \end{Bmatrix} = 0{,}75$$ [EC5 1-1, (8.76)]

$$k_3 = \min \begin{Bmatrix} 1{,}5 \\ \dfrac{\rho_k}{350} \end{Bmatrix} = \begin{Bmatrix} 1{,}5 \\ \dfrac{350}{350} = 1{,}00 \end{Bmatrix} = 1{,}0$$ [EC5 1-1, (8.78)]

$F_{v,0,Rk} = 25 \cdot 1 \cdot 1 \cdot 1{,}0 \cdot 65^{1,5} = 14\,280{,}3$ N (pro Scheibendübel und Scherfuge)

$$F_{v,0,Rd} = k_{mod} \cdot \frac{F_{v,0,Rk}}{\gamma_M} = 0{,}9 \cdot \frac{14\,280}{1{,}3} = 9886 \text{ N} \mathrel{\hat{=}} 9{,}9 \text{ kN}$$

$$a_{3t} = \max \begin{Bmatrix} 1{,}5 \cdot d_c \\ 7 \cdot d \\ 80 \text{ mm} \end{Bmatrix} = \begin{Bmatrix} 1{,}5 \cdot 65 = 97{,}50 \\ 7 \cdot 12 = 84 \\ 80 \end{Bmatrix} = 97{,}5 \text{ mm}$$

Tragfähigkeit des Bolzens (Festigkeitsklasse 3.6):

Es handelt sich um eine einschnittige Verbindung zwischen Holz und Beton. Da eine Holz-Beton-Verbindung in Eurocode 5 nicht betrachtet wird, wird auf eine Erhöhung von R_k durch den Einspanneffekt im Beton verzichtet und die charakteristische Tragfähigkeit angenommen zu: $R_{b,0,k} = \sqrt{2 \cdot M_{yk} \cdot f_{h,0,k} \cdot d}$

$M_{y,Rk} = 0{,}3 \cdot f_{u,k} \cdot d^{2,6} = 0{,}3 \cdot 300 \cdot 16^{2,6} = 121\,606$ N

$f_{h,0,k} = 0{,}082 \cdot (1 - 0{,}01 \cdot d) \cdot \rho_k = 0{,}082 \cdot (1 - 0{,}01 \cdot 16) \cdot 350 = 24{,}1$ N/mm²

$k_{90} = 1{,}35 \cdot 0{,}015 \cdot d = 1{,}35 \cdot 0{,}015 \cdot 16 = 0{,}324$

$$f_{h,\alpha,k} = \frac{f_{h,0,k}}{0{,}324 \cdot \sin^2 \alpha + \cos^2 \alpha} = \frac{24{,}1}{0{,}324 \cdot \sin^2 9{,}2° + \cos^2 9{,}2°} = 24{,}5 \text{ N/mm}^2$$

$$t_{req} = 1{,}15 \cdot (2 + \sqrt{2}) \cdot \sqrt{\frac{M_{y,Rk}}{f_{h,\alpha,k} \cdot d}} = 1{,}15 \cdot (2 + \sqrt{2}) \cdot \sqrt{\frac{121\,606}{24{,}5 \cdot 16}}$$
$$= 69{,}2 \text{ mm} > t_{vorh} = 60 \text{ mm}$$

$$F_{R,b,\alpha,k} = \frac{60}{69{,}2} \sqrt{2 \cdot 121\,606 \cdot 25{,}5 \cdot 16} = 8552 \text{ N} \mathrel{\hat{=}} 8{,}6 \text{ kN}$$

$$F_{R,b,\alpha,d} = k_{mod} \cdot \frac{F_{R,b,\alpha,k}}{\gamma_m} \cdot 0{,}9 \cdot \frac{8552}{1{,}1} = 6997 \text{ N} \mathrel{\hat{=}} 7 \text{ kN}$$

Tragfähigkeit der gesamten Verbindungsmitteleinheit:

$$F_{R_d} = F_{v,0,R_d} + F_{R,b,\alpha,d} = 9{,}9 + 7{,}0 = 16{,}9\ \text{kN}$$

Schlussbemerkung

Für das im Jahr 1989 errichtete Bauwerk wurden damals sehr viel mehr Nachweise geführt als hier aufgeführt, da die Wirtschaftlichkeit gebot, die Bauteile und Anschlüsse den Beanspruchungen entsprechend abzustufen. Hier konnte zu Gunsten der Übersichtlichkeit auf Vollständigkeit verzichtet werden, da der Rechenvorgang jeweils der gleiche, nur mit geänderten Parametern wäre.

3.6 Literatur

[1] Holschemacher: *Entwurfs- und Berechnungstafeln für Bauingenieure 2013,* Bauwerk/Beuth Verlag, 6. Auflage.

[2] Milbrandt, E.: 1999: *Holzbauzeichnungen.* Informationsdienst Holz. holzbau handbuch Reihe 0 Teil 2 Folge 1. Entwicklungsgemeinschaft Holzbau in der Deutschen Gesellschaft für Holzforschung, München.

[3] Nebgen/Peterson: *Holzbau kompakt nach Eurocde 5,* 5. Auflage 2015, Bauwerk/Beuth Verlag.

[4] Milbrandt, E.: *Vorlesungsunterlagen der Hochschule für Technik, Stuttgart.*

[5] DIN EN 1995-1-1:2010-12 Eurocode 5: *Bemessung und Konstruktion von Holzbauten – Teil 1-1: Allgemeines – Allgemeine Regeln und Regeln für den Hochbau.*

[6] DIN EN 1995-1-1-NA:2013-08: *Nationaler Anhang – National festgelegte Parameter zum Eurocode 5.*

4 Glockenturm

Vorbemerkung

Die nachfolgende Berechnung bezieht sich auf DIN 4178 (05) und die Angaben in den Veröffentlichungen von Müller [1] und Stempniewski, L., Haag, B. [2].

Wesentlich für die Berechnung ist die Bestimmung der Lasten bzw. der Schnittgrößen, daher wird diesem Teil ein größerer Raum gegeben. Die Bemessung ist für die wenigen unterschiedlichen Bauteile im Umfang gering.

4.1 Auszüge aus DIN 4178

4.1.1 Belastung

Maßgebend für die Belastung aus Glocken ist DIN 4178 (4/2005), Glockentürme. Die wesentlichen Teile für Holzbauwerke werden im Folgenden angegeben.

4.1.1.1 Glocken

Da Glockenstühle und -türme Musikinstrumente sind, werden die Glocken bei Neubauten von Glockensachverständigen bestimmt. Bei vorhandenen Glockenstühlen sind die Glocken nach DIN 4178 Tabelle A.1 einzuschätzen, vgl. Tabelle 4.7 am Ende des Kapitels.

Nach DIN 4178 Abschnitt 4.3.1 werden die Erregerkräfte wie folgt ermittelt.

$$H_\mathrm{n}(\mathrm{t}) = \Sigma H_\mathrm{ni}(\mathrm{t}) = c_\mathrm{n} \cdot G_\mathrm{n} \cdot \Sigma\beta^\mathrm{h}_\mathrm{ni} \cdot \sin(\Omega_\mathrm{ni} \cdot t), \qquad i = 1, 3, 5 \ldots \tag{4.1}$$

$$V_\mathrm{n}(\mathrm{t}) = \Sigma V_\mathrm{ni}(t) = c_\mathrm{n} \cdot G_\mathrm{n} \cdot \Sigma\beta^\mathrm{v}_\mathrm{ni} \cdot \cos(\Omega_\mathrm{ni} \cdot t), \qquad i = 2, 4, 6 \ldots \tag{4.2}$$

G_n das Gewicht der n-ten Glocke einschließlich Joch

c_n der Formbeiwert der n-ten Glocke einschließlich Joch nach Gleichung $c = \mathrm{m} \cdot \mathrm{s}^2/(J_\mathrm{s} + \mathrm{m} \cdot \mathrm{s}^2)$

$\beta^\mathrm{h}_\mathrm{ni}$ vom Läutewinkel α abhängige bezogene Amplitude der horizontalen Erregerkräfte nach DIN 4178 Bild 2 der n-ten Glocke in der i-ten Teilschwingung, vgl. Abbildung 4.1

$\beta^\mathrm{v}_\mathrm{ni}$ vom Läutewinkel α abhängige bezogene Amplitude der vertikalen Erregerkräfte nach DIN 4178 Bild 3 der n-ten Glocke in der i-ten Teilschwingung, vgl. Abbildung 4.2

Ω_ni Erreger-Kreisfrequenz der n-ten Glocke in der i-ten Teilschwingung ($= i \cdot \pi \cdot A_\mathrm{n}/60$)

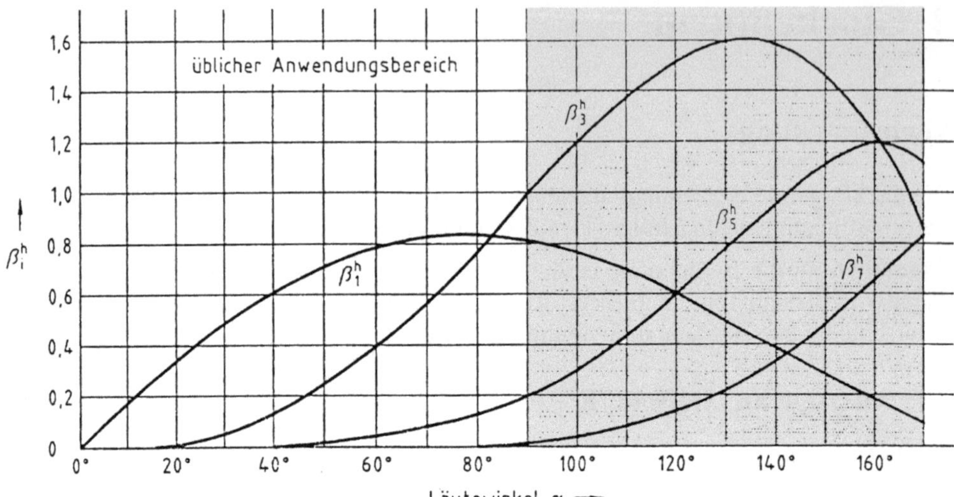

Abbildung 4.1: Vom Läutewinkel α abhängige bezogene Amplitude der horizontalen Erregerkräfte (DIN 4178 Bild 2)

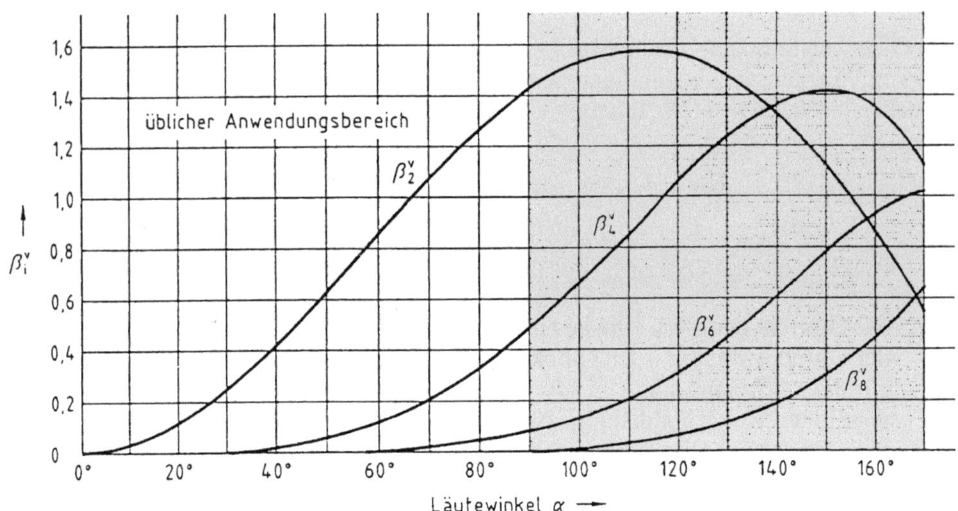

Abbildung 4.2: Vom Läutewinkel α abhängige bezogene Amplitude der vertikalen Erregerkräfte (DIN 4178 Bild 3)

4.1.1.2 Lagerkräfte

Für Nachweise, bei denen der dynamische Einfluss der Glockenschwingungen vernachlässigbar ist, darf von den zeitlichen Maximalwerten der einzelnen Glockenlagerkräfte ausgegangen werden:

$\max H_n = c_n \cdot G_n \cdot \lambda_{\text{maxh}}(\alpha_n)$

$\max V_n = c_n \cdot G_n \cdot \lambda_{\text{maxv}}(\alpha_n) + G_n$

$\text{zug } V_n = c_n \cdot G_n \cdot \lambda_{\text{zugv}}(\alpha_n) + G_n$

Die vom Läutewinkel α abhängigen Größtwerte der bezogenen Lagerkräfte λ können DIN 4178 Bild 4 entnommen werden, vgl. Abbildung 4.3. Da die maximalen Lagerkräfte in horizontaler und vertikaler Richtung nicht gleichzeitig auftreten, sind zwei Fälle zu unterscheiden:

- Maximale Horizontalkraft max H + zugehörige Vertikalkraft zug V
- Maximale Vertikalkraft max V (hierbei ist die zugehörige Horizontalkraft = 0)

Beim mathematischen Pendel ist $c = 1$ [1, S. 3].

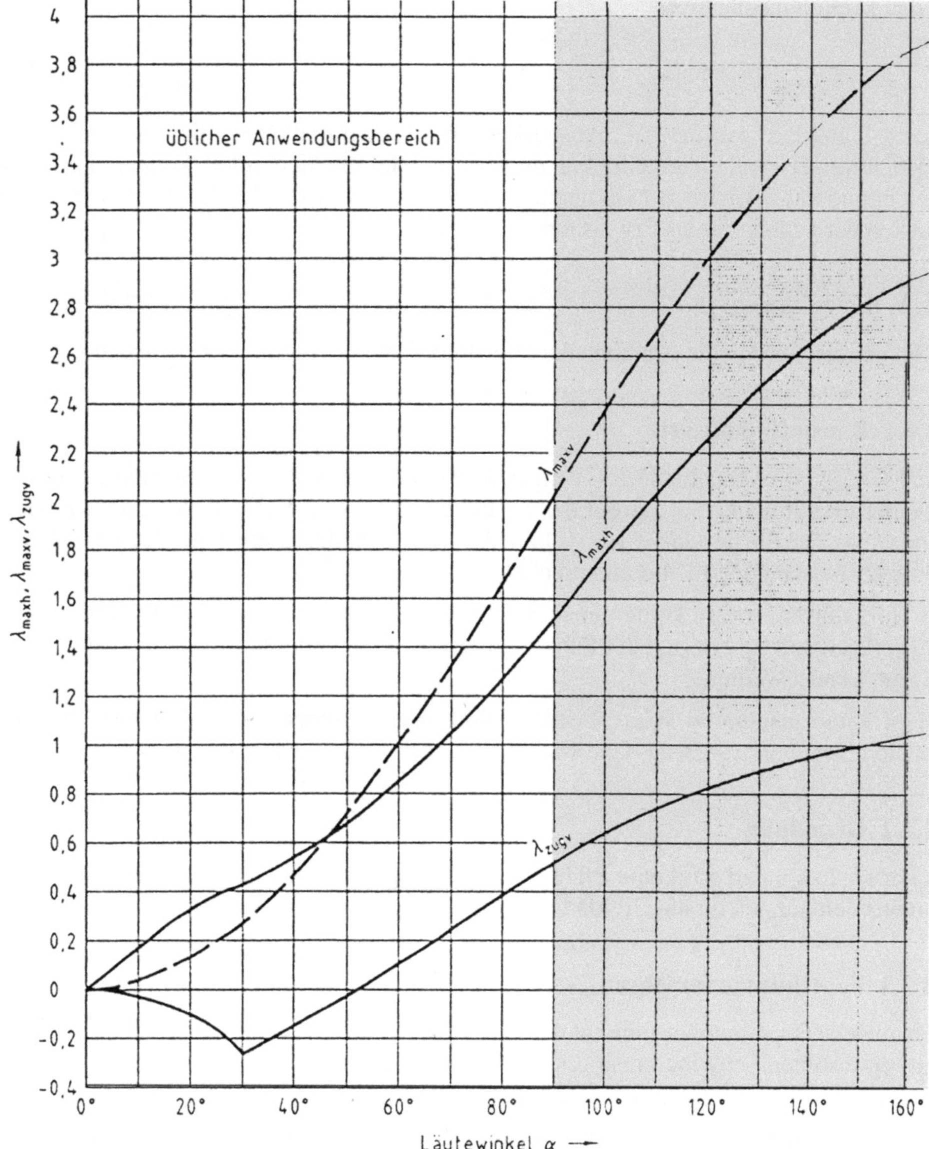

Abbildung 4.3: Größtwerte der bezogenen horizontalen und vertikalen Glockenlagerkräfte

4.1.1.3 Zusammenwirken mehrerer Glocken

Besteht das Geläute aus N Glocken, so sind bei den Nachweisen deren Auswirkungen zu überlagern. Ist R_n eine beliebige Auswirkung (Schnittkraft, Spannung, Verformung) der n-ten Glocke so gilt für den Standsicherheitsnachweis und den Nachweis der Gebrauchstauglichkeit:

$$R_{ges} = \sum_{n=1}^{N} |R_n| \qquad (4.3)$$

für den Ermüdungsnachweis:

$$R_{ges} = \sum_{n=1}^{2} |R_n| + \left(\sum_{n=3}^{N} R_n^2 \right)^{1/2} \qquad (4.4)$$

R_{ges} ist dabei die resultierende Auswirkung des Gesamtgeläutes. Gleichung (4.4) berücksichtigt, dass bei vielen Glocken die absolute Summe der Auswirkungen nur selten erreicht und damit nicht ermüdungsrelevant wird. Der Beitrag der 4. und aller weiteren Glocken wird daher nur als Erwartungswert addiert.

4.1.2 Berechnungen

Im Folgenden werden die Angaben der DIN 4178 für Glockentürme aus Holz angegeben.

4.1.2.1 Baustoffkennwerte

Nach DIN 4178 Abschnitt 5.1.1.4 muss *Nadelholz* mindestens der Sortierklasse S 10 bzw. bei maschineller Sortierung der Festigkeit C 24 nach DIN 4074-1 und *Laubholz* mindestens der Sortierklasse LS 10 bzw. bei maschineller Sortierung der Festigkeitsklasse D 35 nach DIN 4074-5 entsprechen.

Für Holz dürfen, sofern keine genauen Untersuchungen vorliegen, zur Ermittlung der Bauwerkseigenfrequenz und der Schwingungsbiegelinien die statischen *E-Moduln* nach EC5 verwendet werden.

Sofern keine genaueren Werte bekannt sind, dürfen folgende Mindestwerte für den modalen *Dämpfungsgrad* des Bauwerks verwendet werden, Holz $\vartheta = 0{,}020$.

4.1.2.2 Gründung

Im vorliegenden Fall wird eine Pfahlgründung ausgeführt. Für flach gegründete Türme werden Gleichungen für die Drehfederkonstante in DIN 4178 Abschnitt 5.2.2 angegeben.

4.1.2.3 Berechnungsverfahren

Dynamische Berechnungen sind in der Regel für Neubauten notwendig. Für bestehende Bauwerke sollten Schwingungsmessungen durchgeführt werden.

Nach DIN 4178 Abschnitt 5.3.2 kommen bei aufgelösten Tragwerken in der Regel Stabwerksmodelle infrage. Die Nachgiebigkeit der Gründungskonstruktionen und des Baugrunds ist stets zu berücksichtigen.

Die Massenverteilung in Grundriss und Höhe ist wirklichkeitsnah zu erfassen. Verteilte Massen dürfen in angemessener Weise in Punktmassen zusammengefasst werden. Nicht ständige Verkehrslasten und Montagelasten sind bei der Massenermittlung für die dynamische Berechnung zu vernachlässigen.

Der Glockenstuhl bzw. das Glockentragwerk braucht für die Untersuchung des Turms in der Regel nicht mit abgebildet werden, es sind jedoch die tatsächlichen Angriffshöhen der Horizontalkräfte aus Glockenläuten zu modellieren.

4.1.2.4 Ermittlung der Eigenschwingung

Bei gedrungenen Türmen lässt sich häufig bereits mit einfachen Überschlagsformeln der Baudynamik zeigen, dass die tiefste Eigenfrequenz hoch genug liegt. Genauere dynamische Berechnungen können dann entfallen, die Beanspruchungen aus Glockenläuten ergeben sich aus dem Ersatzlastverfahren.

4.1.2.5 Beanspruchung aus Glockenläuten

Unter bestimmten Voraussetzungen darf an der Stelle der dynamischen Berechnung ein Ersatzlastverfahren angewendet werden. Hierfür gelten folgende Punkte.

- Die Glocken sind im oberen Drittel aufgehängt, weil dann die statische Schnittkraftverteilung der dynamischen hinreichend ähnlich ist. Maßgebend für diese Bedingung ist hierbei die Höhe der Einleitung der Horizontalkraft in den Turm, nicht die Drehachse der Glocken. Der (im Allgemeinen leichte) Turmhelm zählt hierbei nicht mit.
- Die Schwingungshauptachsen sind bekannt, so dass die Erregerkräfte in die Hauptachsen-Richtungen zerlegt werden können.
- Das Schwingungsverhalten in beiden Hauptachsen-Richtungen ist hinreichend durch jeweils nur eine Eigenschwingung, die Grundschwingung, bestimmt, deren Eigenfrequenz f_{e1} und Dämpfungsgrad ϑ_1 bekannt sind.

Nach dem Ersatzlastverfahren ist für die n-te Glocke die Ersatzlast H_n^{ers} wie folgt zu ermitteln.

$$H_n^{ers} = 1{,}1 \cdot c_n \cdot G_n \cdot \max \left| \sum_{i=1}^{5} \beta_{ni}^{h} \cdot \mathrm{DLF}_{ni} \cdot \mathrm{sign}\,(1 - \Omega_{ni}/\omega_{01}) \cdot \sin\,(\Omega_{ni} \cdot t) \right| \quad (4.5)$$

mit dem dynamischen Lastfaktor

$$\mathrm{DLF}_{ni} = \{[1 - (\Omega_{ni}/\omega_{01})^2]^2 + (2 \cdot \vartheta_1 \cdot \Omega_{ni}/\omega_{01})^2\}^{-1/2} \quad (4.6)$$

Dabei ist $i = 1, 3, 5$ und $\omega_{01} = 2 \cdot \pi \cdot f_{01}$

Die Ersatzlasten je Glocke nach Gleichung (4.5) sind in Höhe der Glockendrehachse anzusetzen, die Beanspruchung statisch zu ermitteln.

4.1.2.6 Auslegung von Neubauten

Als Grundlage für die dynamische Abstimmung sind die *Turmeigenfrequenzen* im Rahmen der bautechnischen Nachweise rechnerisch zu ermitteln.

Für neue Türme ist Hochabstimmung gegenüber der höchsten 3. Glockenschwingfrequenz anzustreben. Dabei ist zur Berücksichtigung von Unschärfen ein rechnerischer Resonanzabstand $\geq 20\,\%$ einzuhalten.

Die dynamischen Kräfte aus Glockenläuten sind als die hauptsächlichen veränderlichen Einwirkungen zu betrachten. Dafür ist ein *Teilsicherheitsbeiwert* von $\gamma_Q = 1{,}5$ anzusetzen.

Ständige Einwirkungen und veränderliche Einwirkungen sind in den einzelnen *Lastfällen* ungünstig zu kombinieren. Im Ermüdungsnachweis müssen Einwirkungen aus Wind und aus Glockenlasten nicht überlagert werden.

Die *Bemessung* von Glockentürmen in Holzbauweise ist nach DIN 1052 durchzuführen. Es dürfen nur schlupfarme Verbindungsmittel verwendet werden. *(Hier irrt die DIN 4178, es sollten nur schlupffreie Verbindungsmittel ausgeführt werden.)*

Der *Ermüdungsnachweis* für normalkraftbeanspruchte Bauteile darf nach DIN 1074 geführt werden. Für den Ermüdungsnachweis biege- und schubbeanspruchter Bauteile sind die dynamischen Anteile der Beanspruchungen aus den Glockenlasten mit einem Ermüdungsbeiwert $\mu = 2{,}5$ zu multiplizieren. Dies gilt auch für alle mechanischen Verbindungsmittel. Vereinfacht dürfen die dynamischen Anteile aller Beanspruchungen aus den Glockenlasten für Holz und für Verbindungsmittel mit einem Ermüdungsbeiwert $\mu = 2{,}5$ multipliziert werden.

4.2 Beispiel

4.2.1 System

Es handelt sich bei dem Glockenturm um ein räumliches Fachwerk, vgl. Abbildung 4.4a bis e. Die Knotennummern und Stabnummern sind angegeben.

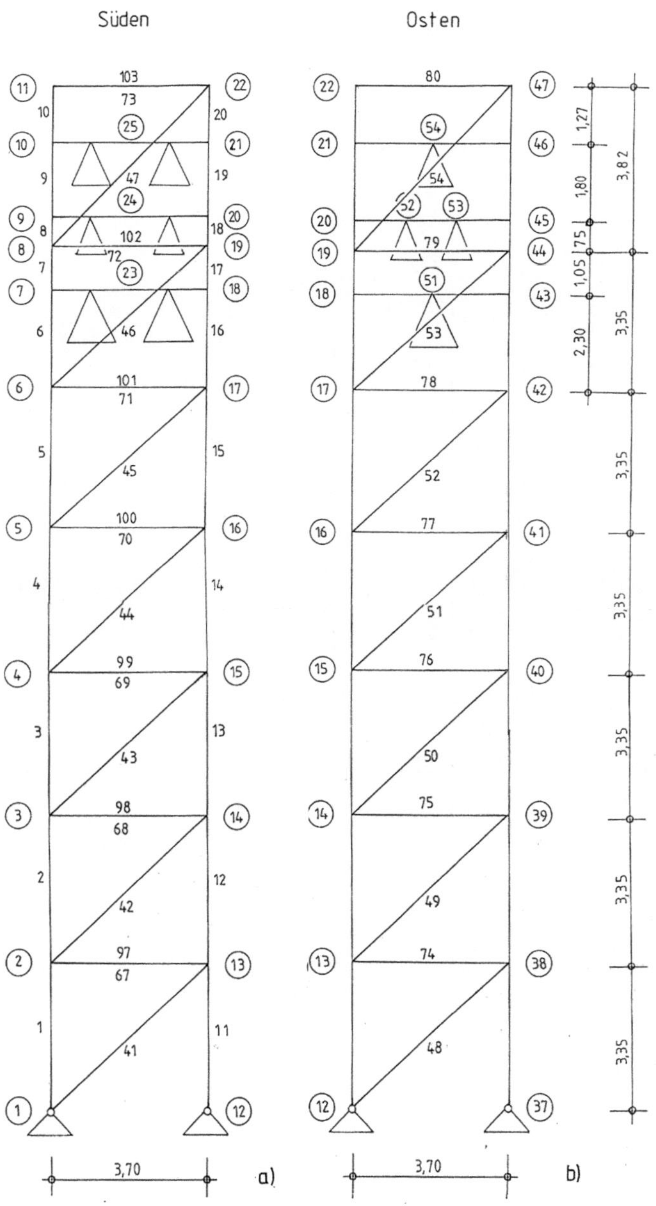

Abbildung 4.4 (a, b):
a: System, Süden, Stab- und Knotenbezeichnungen
b: System, Osten, Stab- und Knotenbezeichnungen

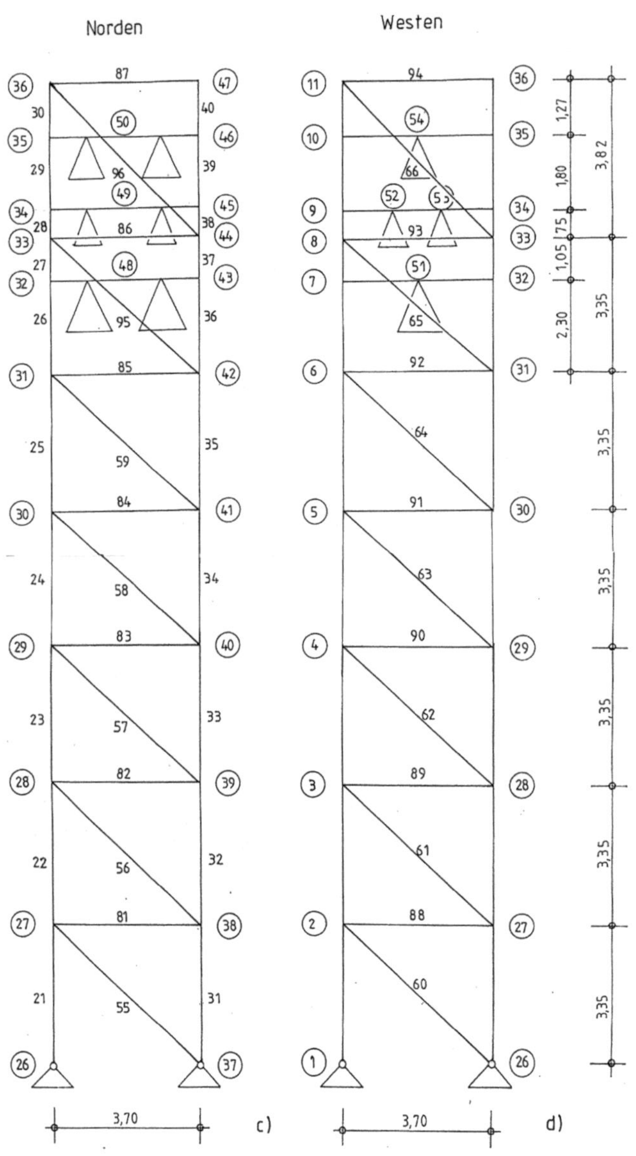

Abbildung 4.4 (c, d):
c: System, Norden, Stab- und Knotenbezeichnungen
d: System, Westen, Stab- und Knotenbezeichnungen

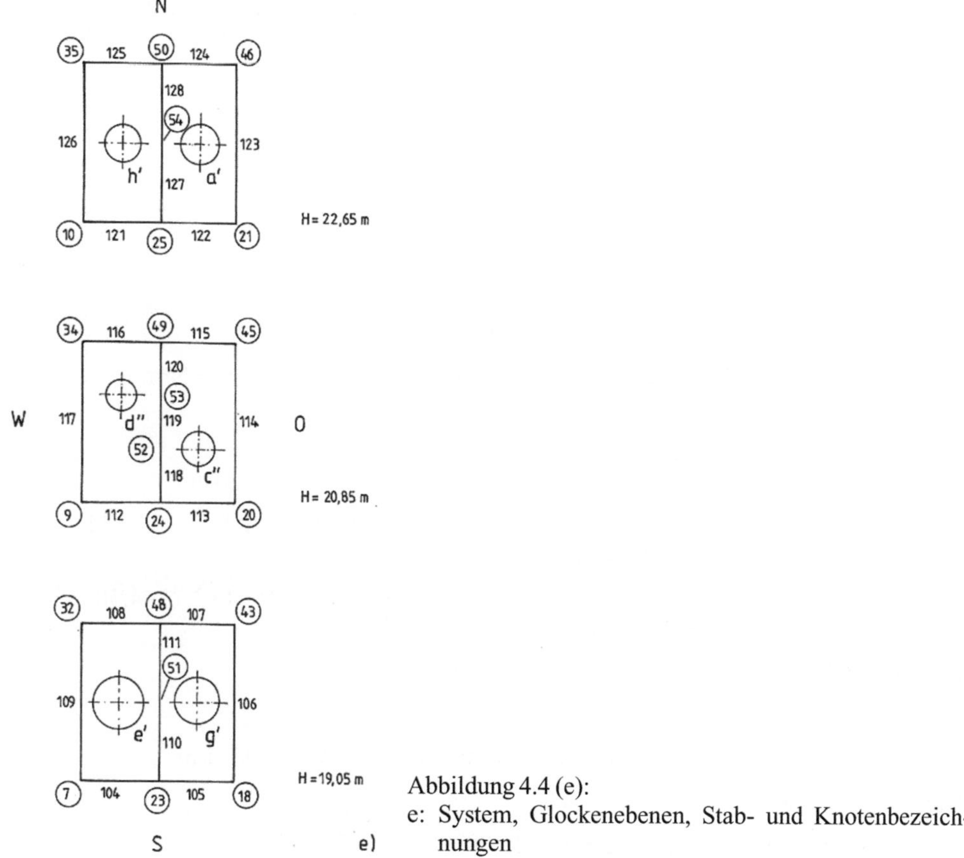

Abbildung 4.4 (e):
e: System, Glockenebenen, Stab- und Knotenbezeichnungen

4.2.2 Belastung

In dem Glockenturm sind folgende Glocken vorgesehen. Der Ton und die Durchmesser der Glocken sind in Tabelle 4.1 angegeben. Die Gewichte, Läutewinkel und Klöppelanschlagzahlen werden nach Müller dem Durchmesser zugeordnet.

Tabelle 4.1: Glocken, Durchmesser, Gewichte, Läutewinkel, Klöppelanschlagzahlen

Ton	Ø [mm]	Gewicht kg	α^o	A/min 1/min
e′	1180	820	71°	55
g′	1055	625	74°	57
a′	935	440	79°	60
h′	850	355	80°	61
c″	785	295	83°	63
d″	700	210	85°	65

Die Läutewinkel nach Müller, [4.1, S. 16, 17] sind größer gegenüber den Werten in DIN 4178, vgl. Tabelle 4.1. Es werden die größeren Werte angenommen. Die Klöppelanschlagzahl ist nahezu gleich.

4.2.2.1 Eigenschwingung des Turmes

Glockenturm als Kragarm

Nach [2, S. 46] gilt für einen Kragarm

$\omega_n = \alpha_n^2 \cdot (E \cdot I/\rho \cdot l^4)^{1/2}$

mit $\alpha_1 = 1{,}88$, $\alpha_2 = 4{,}69$, $\alpha_3 = 7{,}85$, $\alpha_4 = 11{,}00$

Es ist für Brettschichtholz GL 32h $E = 13\,700$ N/mm^2 $= 13{,}70 \cdot 10^6$ kN/m^2

Querschnitte: Stützen $b/d = 30/30$ cm
Riegel $b/d = 20/20$ cm
Diagonale, horizontal und vertikal, $b/d = 20/20$ cm

Trägheitsmoment $I = 0{,}30^4 \cdot 4/12 + 0{,}30^2 \cdot 2 \cdot (3{,}70/2)^2 \cdot 2 = 0{,}0027 + 1{,}2321$
$= 1{,}2348$ m^4

Massenbelegung $\rho = (0{,}30^2 \cdot 4 \cdot 3{,}35 + 0{,}2^2 \cdot 4{,}99 \cdot 4 + 0{,}2^2 \cdot 4 \cdot 3{,}7) \cdot 4{,}30/3{,}35$
$= 3{,}33$ kN/m

Länge bis Oberkante Glockenturm $L = 25{,}00$ m

Auslenkung $w = H \cdot L^3/3 \cdot E \cdot I$

$w = 10 \cdot 25{,}00^3/3 \cdot 13{,}70 \cdot 10^6 \cdot 1{,}2348 = 0{,}0031$ m

Damit ergibt sich

$\omega_1 = 1{,}88^2 \cdot (13{,}70 \cdot 10^6 \cdot 1{,}2348/3{,}33 \cdot 25{,}00^4)^{1/2} = 12{,}75$

$f_1 = 12{,}75/2 \cdot \pi = 2{,}03$ Hz

Einfluss der Pfahlgründung

Die Pfähle werden als Federn angenommen.

Beton C 20/25, Ø 62 cm, Länge $l = 4{,}50$ m auf Tonstein

Tonstein mit Schlagzahlen der mittelschweren Rammsondierung $N_{10} > 100$

Die Unterkante der Pfähle kann als unnachgiebig angenommen werden, so dass sich die Einsenkung durch die Elastizität des Betonpfahles ergibt.

Pfahlkraft aus $H = 10$ kN in einer Höhe von $l = 22{,}65$ m

$N = \pm\ 10 \cdot 22{,}65/3{,}7 \cdot 2 = \pm\ 30{,}61$ kN

aus $E = \sigma/\varepsilon = \sigma \cdot l/\Delta l$ wird $\Delta l = \sigma \cdot l/E$

für Beton C 20/25 ist $E = 2880$ kN/cm^2, Pfahl Ø 62 cm, $\sigma = 30{,}61/31^2 \cdot \pi = 0{,}01$ kN/cm^2

wird $\Delta l = 0{,}01 \cdot 450/2880 = 0{,}0016$ cm

Die Auslenkung beträgt

$w = 0{,}0016 \cdot 2265/370 = 0{,}0097$ cm

Gemäß [4.2, S. 185] ergibt sich die Grundfrequenz zu

$f_1 = [0{,}0031/(0{,}0031{+}0{,}000097)]^{1/2} \cdot 2{,}03 = 2{,}00$ Hz

$\omega_{01} = 2\,\pi \cdot 2{,}00 = 12{,}56$

Durch die Einbindung der Pfähle in sehr festen Tonstein entspricht die Gründung nahezu einer starren Einspannung.

Der Resonanzabstand beträgt für die dritte Hamonische, vgl. Tabelle 4.2

$2{,}00/3 \cdot (65/120) = 1{,}23 > 1{,}20$

und hat einen ausreichenden Abstand zu der Resonanzfrequenz. Der Turm hat eine tiefe Abstimmung, vgl. [2, S. 16], so dass der Vergrößerungsfaktor relativ gering ist. Der Einfluss des dynamischen Lastfaktors DLF (V_1) vom Resonanzabstand ist in [2, S. 16] dargestellt und wird in Abbildung 4.5 wiedergegeben. Hierbei ist V_1 = DLF Gl. (4.6), Dämpfungsgrad $\zeta = \vartheta = 0{,}020$.

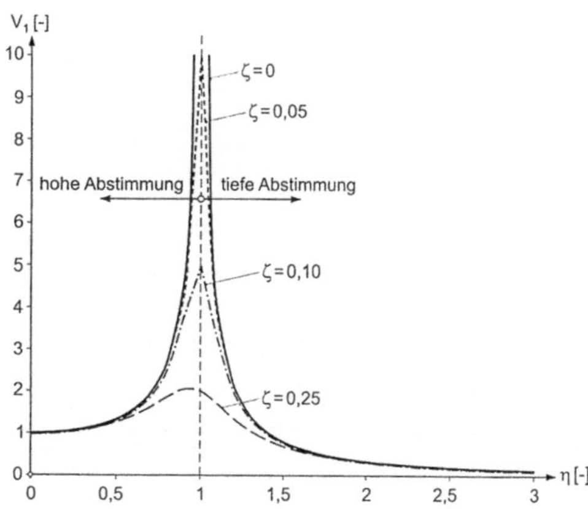

Abbildung 4.5: Dynamischer Vergrößerungsfunktion aus [2, S. 16]

4.2.2.2 Ermittlung der statischen Ersatzlast

Mit Gleichung (4.5)

$$H_n^{ers} = 1{,}1 \cdot c_n \cdot G_n \cdot \max \left| \sum_{i=1}^{5} \beta_{ni}^{h} \cdot \mathrm{DLF}_{ni} \cdot \mathrm{sign}\,(1 - \Omega_{ni}/\omega_{01}) \cdot \sin(\Omega_{ni} \cdot t) \right|$$

mit dem dynamischen Lastfaktor

$\mathrm{DLF}_{ni} = \{[1 - \Omega_{ni}/\omega_{01})^2]^2 + (2 \cdot \vartheta_1 \cdot \Omega_{ni}/\omega_{01})^2\}^{-1/2}$

für $i = 1, 3, 5$ und $\omega_{01} = 2 \cdot \pi \cdot \mathrm{f}_{01}$

ergibt sich die statische Ersatzlast.

Die Vorwerte der Glocken sind in Tabelle 4.2 zusammengestellt. Es ist mit β_{ni}^{h} nach Abbildung 4.1, $\Omega_{ni} = i \cdot \pi \cdot A_n/60$

Tabelle 4.2: Vorwerte der Glocken

Ton	Ø mm	c_n	Gewicht kg	α	A/min 1/min	β_{ni}^{h} 1	3	5	Ω_{n1} 1/s
e′	1180	0,7	820	71°	55	0,82	0,60	0,08	2,88
g′	1055	0,7	625	74°	57	0,82	0,61	0,09	2,98
a′	935	0,7	440	79°	60	0,82	0,73	0,11	3,14
h′	850	0,7	355	80°	61	0,82	0,79	0,13	3,19
c′′	785	0,7	295	83°	63	0,82	0,82	0,15	3,30
d′′	700	0,7	210	85°	65	0,82	0,86	0,16	3,40

Der Dämpfungsgrad wird angenommen mit

$\vartheta_1 = 0{,}020$

Für die Glocken ergeben sich folgende Werte der statischen Ersatzlast.

Glocke 1

$\Omega_{n1}/\omega_{01} = 2{,}88/12{,}56 = 0{,}229$

$\Omega_{n3}/\omega_{01} = 3 \cdot 2{,}88/12{,}56 = 0{,}688$

$\Omega_{n5}/\omega_{01} = 5 \cdot 2{,}88/12{,}56 = 1{,}146$

$\mathrm{DLF}_{n1} = [(1-0{,}229^2)^2 + (2 \cdot 0{,}020 \cdot 0{,}229)^2]^{-1/2} = [0{,}898 + 0{,}00008]^{-1/2} = 1{,}055$

$\mathrm{DLF}_{n3} = [(1-0{,}688^2)^2 + (2 \cdot 0{,}020 \cdot 0{,}688)^2]^{-1/2} = [0{,}277 + 0{,}0008]^{-1/2} = 1{,}896$

$\mathrm{DLF}_{n5} = [(1-1{,}146^2)^2 + (2 \cdot 0{,}020 \cdot 1{,}146)^2]^{-1/2} = [0{,}098 + 0{,}0021]^{-1/2} = 3{,}158$

$\mathrm{sign}\,(1-0{,}229) > 0 \rightarrow +$

$\mathrm{sign}\,(1-0{,}688) > 0 \rightarrow +$

$\mathrm{sign}\,(1-1{,}146) > 0 \rightarrow -$

$$H_1^{ers} = 1{,}1 \cdot 0{,}7 \cdot 8{,}20 \cdot (|0{,}82 \cdot 1{,}055 \cdot \sin 2{,}88 \cdot t| + |0{,}60 \cdot 1{,}896 \cdot \sin 3 \cdot 2{,}88 \cdot t| - |0{,}08 \cdot 3{,}158 \cdot \sin 5 \cdot 2{,}88 \cdot t|)$$

Glocke 2

$$H_2^{ers} = 1{,}1 \cdot 0{,}7 \cdot 6{,}25 \cdot (|0{,}82 \cdot 1{,}059 \cdot \sin 2{,}98 \cdot t| + |0{,}61 \cdot 2{,}025 \cdot \sin 3 \cdot 2{,}98 \cdot t| - |0{,}09 \cdot 2{,}444 \cdot \sin 5 \cdot 2{,}98 \cdot t|)$$

Glocke 3

$$H_3^{ers} = 1{,}1 \cdot 0{,}7 \cdot 4{,}40 \cdot (|0{,}82 \cdot 1{,}067 \cdot \sin 3{,}14 \cdot t| + |0{,}73 \cdot 2{,}280 \cdot \sin 3 \cdot 3{,}14 \cdot t| - |0{,}11 \cdot 1{,}771 \cdot \sin 5 \cdot 3{,}14 \cdot t|)$$

Glocke 4

$$H_4^{ers} = 1{,}1 \cdot 0{,}7 \cdot 3{,}55 \cdot (|0{,}82 \cdot 1{,}068 \cdot \sin 3{,}19 \cdot t| + |0{,}79 \cdot 2{,}378 \cdot \sin 3 \cdot 3{,}19 \cdot t| - |0{,}13 \cdot 1{,}626 \cdot \sin 5 \cdot 3{,}19 \cdot t|)$$

Glocke 5

$$H_5^{ers} = 1{,}1 \cdot 0{,}7 \cdot 2{,}95 \cdot (|0{,}82 \cdot 1{,}074 \cdot \sin 3{,}30 \cdot t| + |0{,}82 \cdot 2{,}629 \cdot \sin 3 \cdot 3{,}30 \cdot t| - |0{,}09 \cdot 1{,}373 \cdot \sin 5 \cdot 3{,}30 \cdot t|)$$

Glocke 6

$$H_6^{ers} = 1{,}1 \cdot 0{,}7 \cdot 2{,}10 \cdot (|0{,}82 \cdot 1{,}079 \cdot \sin 3{,}40 \cdot t| + |0{,}86 \cdot 2{,}922 \cdot \sin 3 \cdot 3{,}40 \cdot t|) - |0{,}16 \cdot 1{,}201 \cdot \sin 5 \cdot 3{,}40 \cdot t|$$

Nach einigem Probieren ergibt sich für t = 0,8 sec der maximale Wert. Die statischen Ersatzlasten sind in Tabelle 4.3 angegeben

Tabelle 4.3: Statische Ersatzlasten

Glocke	statische Ersatzlast H_n^{ers}	H_n^{ers}/G_n
1	$H_{1ers} = 6{,}31 \cdot (0{,}643 + 0{,}669 + 0{,}219) = 9{,}66$ kN	1,18
2	$H_{2ers} = 4{,}81 \cdot (0{,}597 + 0{,}943 + 0{,}130) = 8{,}03$ kN	1,28
3	$H_{3ers} = 3{,}39 \cdot (0{,}515 + 1{,}581 + 0{,}001) = 7{,}11$ kN	1,62
4	$H_{4ers} = 2{,}73 \cdot (0{,}487 + 1{,}842 - 0{,}041) = 6{,}25$ kN	1,76
5	$H_{5ers} = 2{,}27 \cdot (0{,}423 + 2{,}151 - 0{,}073) = 5{,}68$ kN	1,92
6	$H_{6ers} = 1{,}62 \cdot (0{,}362 + 2{,}396 - 0{,}165) = 4{,}20$ kN	2,00
	$\Sigma H^{ers} = 40{,}93$ kN	

Der Glockenturm wurde 2005 nach DIN 4178 (78) berechnet. Die Horizontallasten wurden mit den Größtwerten der Glockenlagerkräfte ermittelt. Die Kräfte der einzelnen Glocken unterscheiden sich bei den leichteren Glocken stärker, in der Summe ergab sich ein ähnlicher Wert mit $\Sigma H = 32{,}65$ kN.

Für den Ermüdungsnachweis gilt nach DIN 4178 Abs. 4.3.3, Gl. (4.4)

$$R_{ges} = 9{,}66 + 8{,}03 + (7{,}11^2 + 6{,}25^2 + 5{,}68^2 + 4{,}20^2)^{1/2} = 29{,}50 \text{ kN}$$

Durch die Glockenjoche, vgl. Abbildung 4.8, verteilen sich die Lasten auf die Auflagerbalken nach Tabelle 4.4. Die 2005 ermittelten zugehörigen Vertikallasten der Lagerkräfte nach Abbildung 4.3 werden in Tabelle 4.4 berücksichtigt.

Tabelle 4.4: Statische Ersatzlasten horizontal und zugehörige Vertikallasten

Ebene m	Lage	H_n^{ers} kN	zug V kN
19,05	Osten Mitte Westen	4,83 8,85 4,02	5,33 9,40 4,07
20,85	Osten Mitte Westen	2,10 4,94 2,84	1,58 3,80 2,22
22,65	Osten Mitte Westen	3,13 6,68 3,56	2,49 5,57 3,08

4.2.2.3 Wind

Der berechnete Glockenturm ist außen geschlossen.

Die Windlasten werden für einen 1 m hohen Streifen für die Gesamtbreite b = 4,0 m ermittelt und auf die 4 Stützen als Gleichlast verteilt.

Windzone 1

$h/d = 25{,}0/4{,}0 = 6{,}25 > 5$

$H < 10$ m	$h_1 = (0{,}80 + 0{,}50) \cdot 0{,}50 \cdot 4{,}0/4 = 0{,}65$ kN/m
$H > 10 < 18$ m	$h_2 = (0{,}80 + 0{,}50) \cdot 0{,}65 \cdot 4{,}0/4 = 0{,}85$ kN/m
$H > 18$ m	$h_3 = (0{,}80 + 0{,}50) \cdot 0{,}75 \cdot 4{,}0/4 = 0{,}98$ kN/m

4.2.2.4 Eigenlast

Das Rechenprogramm ermittelt die Eigenlast über die Querschnitte. Es gilt

$\rho = 4{,}30$ kN/m^3

4.2.3 Schnittgrößen

Der Glockenstuhl wird als räumliches Stabwerk gerechnet. Knoten und Stabnummern vgl. Abbildung 4.4a bis 4.4e. Es ergeben sich folgende Bauteile und Stabnummern

Stützen	Stab 1–10, 11–20, 21–30, 31–40
Diagonale vertikal	Stab 41–47, 48–54, 55–59, 60–66, 95–96
Riegel	Stab 67–73, 74–80, 81–87, 88–94
Diagonale horizontal	Stab 97–103
Glockenauflager	Stab 104–128

4.2.3.1 Lastfälle

Es werden folgende Lastfälle berechnet

Lastfall 1	Glocken, horizontale Ersatzlasten und zugehörige Vertikalkräfte
Lastfall 2	Wind
Lastfall 3	Eigenlast

4.2.3.2 Pfähle als Federn

Aus der Einsenkung ergibt sich folgende Federkraft, vgl. Abschnitt 4.2.2.1.

$C = 30{,}61/0{,}0016 \cdot 100 = 19{,}1 \cdot 10^5$ kN/m

Durch die gleiche Ausführung aller Anschlüsse sind die Schnittgrößen folgender Stäbe maßgebend, vgl. Tabelle 4.5.

Tabelle 4.5: Maßgebende charakteristische Schnittgrößen der Stäbe

Stab	Stab-nummer	*N*			*M* kNm	*Q* kNm
		kN LF 1 Glocken	kN LF 2 Wind	kN LF 3 Eigenlast		
Stützen, 1–40	1 31	–124,26 105,68	–136,09 136,09	–26,57 –26,57	0,73 0,73	0 0
Diagonale vert. 41–66	48 60	–28,18 27,91	–49,81 49,81	0,33 0,33	0 0	≈0 ≈30
Riegel, 67–94	74 88	20,32 –20,14	33,67 –33,67	0,12 0,12	0 0	0 0
Diagonale horiz. 97–103	102	–0,40	0,00	0,10	0	≈30
Glockenauflager 104–128, max *V*	110 110	0,07	 –4,46	 0	20,99 7,99	12,34 4,71

4.2.4 Bemessung

Alle Stäbe und Anschlüsse werden u. a. aus Montagegründen gleich ausgeführt.

Stützen	b/d = 30/30 cm, BSH GL 32h
Riegel	b/d = 20/20 cm, BSH GL 32h
Diagonale	b/d = 20/20 cm, BSH GL 32h
Auflager, Glocken	b/d = 30/30 cm, BSH GL 32h
Flachstahl	d = 10 bzw. 20 mm, S 235
Passbolzen	Ø 20 mm

4.2.4.1 Sicherheitskonzept

Kombinationsregeln der Tragfähigkeitsnachweise, vgl. [3, S. 3]

Teilsicherheitsbeiwerte γ für Einwirkungen im Grenzzustand der Tragfähigkeit

Grenzzustand	Versagen des Tragwerks	
Einwirkung	ständig	veränderlich
Ungünstig	$\gamma_G = 1{,}35$	$\gamma_G = 1{,}50$

Die Wahrscheinlichkeit des gleichzeitigen Auftretens von Wind und vollem Geläut wird durch den Nachweis von Glocken mit Ermüdungsbeiwert und Wind ausgeschlossen. Die Beiwerte ψ_0 und ψ_2 werden nicht angewendet.

Klassen der Lasteinwirkungsdauer (KLED)

Eigenlasten	ständig
Windlasten	kurz
Glocken	kurz – mittel, vergleichbar den Böen aus Wind

Nutzungsklasse (NKL)

Der Turm ist offen aber überdeckt und durch eine äußere Umhüllung regen-, aber nicht winddicht geschützt. Damit also der unmittelbaren Witterung nicht ausgesetzt, NKL 2.

Modifikationsbeiwert k_{mod}

KLED 2, kurz – mittel $k_{mod} = 0{,}8 - 0{,}9$

Teilsicherheitsbeiwert γ_M für Holz $\gamma_M = 1{,}3$

Damit kann die Bemessung nach dem *Standardfall* nach [3, S. 10] durchgeführt werden.

4.2.4.2 Stäbe

Stützen, b/d = 30/30 cm, BSH Gl 32h

Trägheitsradius $I = 1{,}235\ m^4$

$A = 0{,}3^2 \cdot 4 = 0{,}36\ m^2$

$i = (1{,}235/0{,}36)^{1/2} = 1{,}85\ m$

Einfluss der Pfahlsenkung nach Petersen [4.4, S. 344, 911]

Bodengutachten, Tonstein $E_s = 50\ MN/m^2$, $\mu = 0{,}3$

$E = 0{,}9 \cdot 50 = 45\ MN/m^2$

$b/a = 1{,}0 \quad k = 0{,}76$ [4, S. 912]

$t/b = 5{,}0/3{,}7 = 1{,}35 \quad i = 4{,}4$ [4, S. 912]

$K = 3{,}7 \cdot 3{,}7^2 \cdot 45\,000/4{,}4 \cdot 0{,}76 = 681\ MN/m^2$ [4, S. 911]

$I = 3{,}7^4/12 = 15{,}62\ m^4$

$\gamma = K \cdot L/E \cdot I = 681 \cdot 25{,}00/45 \cdot 15{,}62 = 24{,}22$

$1/\gamma = 0{,}041$ [4, S. 344]

$\beta = 2{,}10$ [4, S. 341 unten]

Knicklänge $s_k = 25{,}00 \cdot 2{,}1 = 52{,}50\ m$

Bauteil $s_k = 52{,}50\ m$, $\lambda = 52{,}50/1{,}85 = 23{,}4$, $k_c = 0{,}977$

$A = 30 \cdot 30 = 900\ cm^2$

Einwirkung

LF 1 + 2 + 3 $N_k = -124{,}26 - 136{,}09 - 26{,}57 = -286{,}92\ kN$

$N_d = (-124{,}26 - 136{,}09) \cdot 1{,}50 - 26{,}57 \cdot 1{,}35 = -426{,}40\ kN$

Nach DIN 4178 Abschnitt 4.3.3 ist für die Bemessung der Ermüdungsbeiwert des Holzes zu berücksichtigen. Dieser gilt nur für die Glockenlasten, nicht für die Kombination aus Wind und Glocken. Der Ermüdungsbeiwert beträgt für Holz $\mu = 2{,}5$, vgl. auch [1, S. 78].

LF 1 + 3, dyn $N_k = -124{,}26 \cdot 2{,}5 \cdot (29{,}50/40{,}93) - 26{,}57 = -250{,}47\ kN$

$N_d = -223{,}90 \cdot 1{,}50 + 26{,}57 \cdot 1{,}35 = -371{,}72\ kN$

Widerstand Nutzungsklasse 1/2, KLED mittel

$k_{mod} = 0{,}8$, $\gamma_M = 1{,}3$, $0{,}8/1{,}3 = 0{,}615$

Bemessungswerte der Festigkeit für Standardfall, $f_i \cdot 0{,}615$

Normalkraft $R_d = 900 \cdot 0{,}977 \cdot 1{,}78 = 1565{,}15\ kN$ [3, S. 29]

Nachweis $\eta_n = 426{,}40/1565{,}15 = 0{,}272 < 1$

Diagonale vertikal, *b/d* = 20/20 cm, BSH Gl 32h

Bauteil $s_k = 4{,}99$ m, $\lambda = 4{,}99/0{,}20 \cdot 0{,}289 = 86$, $k_c = 0{,}484$

$A = 20 \cdot 20 = 400\ \text{cm}^2$

Einwirkung

LF 1 + 2 + 3 $N_k = -28{,}18 - 49{,}81 - 0{,}33 = -78{,}32$ kN

$N_d = (-28{,}18 - 49{,}81) \cdot 1{,}50 - 0{,}33 \cdot 1{,}35 = -117{,}43$ kN

LF 1 + 3, dyn $N_k = -28{,}18 \cdot 2{,}5 \cdot (29{,}50/40{,}93) - 0{,}33 = -51{,}11$ kN

$N_d = -50{,}78 \cdot 1{,}50 - 0{,}33 \cdot 1{,}35 = -76{,}61$ kN

Der Ermüdungsnachweis ist nicht maßgebend.

Widerstand Nutzungsklasse 1/2, KLED mittel

$k_{mod} = 0{,}8$, $\gamma_M = 1{,}3$, $0{,}8/1{,}3 = 0{,}615$

Bemessungswerte der Festigkeit für Standardfall, $f_i \cdot 0{,}615$

Normalkraft $R_d = 400 \cdot 0{,}484 \cdot 1{,}78 = 351{,}73$ kN

Nachweis $\eta_n = 117{,}43/351{,}73 = 0{,}334 < 1$

Diagonale horizontal, *b/d* = 20/20 cm, BSH Gl 32h

Bei sehr viel geringeren Schnittgrößen, vgl. Tabelle 4.5, ohne weiteren Nachweis ausreichend.

Riegel horizontal, *b/d* = 20/20 cm, BSH Gl 32h

Bei geringeren Schnittgrößen, vgl. Tabelle 4.5, ohne weiteren Nachweis ausreichend.

Glockenauflager, *b/d* = 30/30 cm, BSH Gl 32h

Bauteil $s_k = 3{,}70$ m, $\lambda = 3{,}70/0{,}30 \cdot 0{,}289 = 64$, $k_c = 0{,}733$

$W = 30^2 \cdot 30/6 = 4500\ \text{cm}^3$

$A = 20 \cdot 20 = 400\ \text{cm}^2$

Einwirkung

LF 1 $M_k = 20{,}99$ kN

$M_d = 20{,}99 \cdot 1{,}5 = 31{,}49$ kN

$Q_k = 12{,}34$ kN

$Q_d = 12{,}34 \cdot 1{,}5 = 18{,}51$ kN

Ermüdung $M_k = 20{,}99 \cdot (29{,}50/40{,}93) \cdot 2{,}5 = 37{,}82$ kNm

$M_d = 37{,}82 \cdot 1{,}5 = 56{,}75$ kNm

$Q_k = 12{,}34 \cdot 0{,}721 = 8{,}90$ kN

$Q_d = 8{,}90 \cdot 2{,}5 \cdot 1{,}5 = 33{,}38$ kN

Widerstand Nutzungsklasse 1/2, KLED mittel

$k_{mod} = 0{,}8$, $\gamma_M = 1{,}3$, $0{,}8/1{,}3 = 0{,}615$

Bemessungswerte der Festigkeit für Standardfall, $f_i \cdot 0{,}615$

Moment	$M_d = 4500 \cdot 1{,}97/100 = 88{,}65$ kNm
Schub	$Q_d = 900 \cdot 0{,}154/1{,}5 = 92{,}40$ kN
Nachweis	$\eta_m = 56{,}75/88{,}65 = 0{,}640 < 1$
	$\eta_q = 33{,}38/92{,}40 = 0{,}361 < 1$

4.2.4.3 Anschlüsse

Aufgrund der dynamischen Belastung sind schlupffreie Anschlüsse auszuführen. Es werden Passbolzen vorgesehen, die ein Nachspannen ermöglichen. Stabdübel mit einem Schlupf von 1 mm haben sich aufgrund von Erfahrungen als unzureichend herausgestellt.

Anschluss	Diagonale, Riegel	mittig Stahlblech, $d = 10$ mm
	Stützen	außen Stahlblech, $d = 20$ mm
	Passbolzen Ø 20 mm + U-Scheiben Ø 80 · 8 mm, 150 · 300 · 8 mm	

Die Kräfte wirken in Stabachse, $\alpha = 0°$

$f_{h,0,k} = 0{,}082 \cdot (1 - 0{,}01 \cdot d) \cdot \rho_k$ d in mm, ρ_k in kg/m³   EC5, Gl. (8.32)

$f_{h,0,k} = 0{,}082 \cdot (1 - 0{,}01 \cdot 20) \cdot 430 = 28{,}21$ N/mm²

$M_{y,k} = 0{,}3 \cdot f_{u,k} \cdot d^{2,6}$ $f_{u,k}$ in N/mm²   EC5, Gl. (8.30)

$M_{y,k} = 0{,}3 \cdot 300 \cdot 20^{2,6} = 217\,290$ N/mm

Stabdübel $R_K = 2^{1/2} \cdot (2 \cdot M_{y,k} \cdot f_{h,k} \cdot d)^{1/2}$ EC5, Gl. (NA108)

$R_K = 2^{1/2} \cdot (2 \cdot 217\,290 \cdot 28{,}21 \cdot 20)^{1/2} = 22\,144 \text{ N} = 22{,}14$ kN

Passbolzen $R_K = R_K \cdot 1{,}25$ DIN 1052 Gl. (209)

$R_K = 22{,}14 \cdot 1{,}25 = 27{,}68$ kN

Mindestholzdicke $t_{req} = 1{,}15 \cdot (2 + 2^{1/2}) \cdot (M_{y,k}/f_{h,0,k}\, d)^{1/2}$ EC5, Gl. (NA112)

$t_{req} = 1{,}15 \cdot (2 + 2^{1/2}) \cdot (217\,290/28{,}21 \cdot 20)^{1/2} = 77$ mm

Holzdicke $t = (200 - 10)/2 = 95$ mm

Abstände EC5 Tabelle 8.5

a_1	|| zur Faserrichtung	$(3 + 2 \cdot \cos 0°) \cdot 20$	100 mm
a_2	⊥ zur Faserrichtung	$3 \cdot 20$	60 mm
$a_{1,t}$	|| zum Hirnholzende	$7 \cdot 20$	140 mm
$a_{2,t}$	⊥ beanspruchter Rand	$3 \cdot 20$	60 mm
a_{2ct}	⊥ unbeanspruchter Rand	$3 \cdot 20$	60 mm

Wirksame Anzahl der Passbolzen

$n_{ef} = [n^{0,9} \cdot (a_1/13 \cdot d)^{1/4}]$ EC5, Gl. (8.34)

$n_{ef} = [3^{0,9}\, (100/13 \cdot 20)^{1/4}] = 2{,}12$

Damit wird $R_d = 2 \cdot 2 \cdot 2{,}12 \cdot 27{,}68 = 234{,}37$ kN

Einwirkung vgl. Diagonale $E_d = 117{,}43$ kN

Nachweis $\eta = 117{,}43/234{,}37 = 0{,}501 < 1$

An den Knoten ergeben sich aus den Riegeln und Diagonalen folgende Kräfte aus Glocken, Wind und Eigenlast auf die Stützen, vgl. Tabelle 4.6.

Tabelle 4.6: Kräfte an den Stützen

Knoten	Riegel Stab; kN	Riegel Stab; kN	Diagonale vert. Stab; kN	Diagonale vert. Stab; kN
2	88; –53,93	67; ≈ 30	60; 78,05	42; ≈ 0
13	67; ≈ 0	74; 54,11	41; ≈ 0	49; –78,32

Die Kräfte aus vertikaler Diagonale und Riegel werden als Druck- und Zugkraft mit dem Windanteil in der Summe zu 0. Anteil Wind $\Delta H = 0{,}65 \cdot 3{,}35 \cdot 3{,}70 \cdot 0{,}5 = 4{,}02$ kN

Diagonale $\alpha = 42{,}2°$, $\cos \alpha = 0{,}741°$

Knoten 2 $\Sigma H = -53{,}93 + 78{,}05 \cdot 0{,}741 - 4{,}02 = 0{,}12$ kN

Knoten 13 $\Sigma H = 54{,}11 - 78{,}32 \cdot 0{,}741 + 4{,}02 = 0{,}09$ kN

Die Vertikalkräfte der Diagonalen und Riegel an die Stützen sind gering. Der Anschluss erfolgt konstruktiv. Ein Nachweis der Bleche an der Stütze kann entfallen.

Diagonale und Riegel an Stützen

gewählt: mittig an vertikale Diagonalen und Riegel
Flachstahl $d = 10$ mm + 2 · 3 Passbolzen Ø 20 mm
Unterlegscheiben 150 · 300 · 8 mm, vgl. Abbildung 4.6
Anschluss an Stützen mit Flachstahl $d = 20$ mm
+ 2 · 4 Passbolzen Ø 20 mm + U-Sch. 80 · 8 mm
mittig an horizontale Diagonalen
Flachstahl $d = 10$ mm
+ 2 · 2 Passbolzen Ø 20 mm, U-Sch 150 · 200 · 8 mm
Schweißnähte $a = 2 \cdot 5$ mm

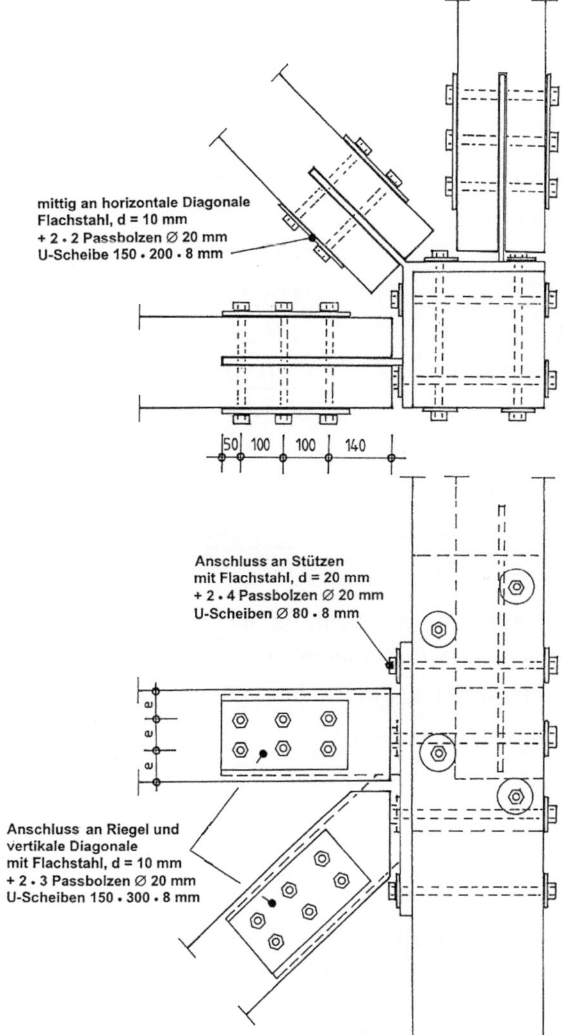

Abbildung 4.6:
Anschlüsse, Stützen, Riegel, Diagonale

Gründung

Belastung

Aus der Berechnung ergeben sich folgende charakteristische Auflagerkräfte

Druck min V	LF 1, Glocken	–124,44 kN
	LF 2, Wind	–136,23 kN
	LF 3, Eigenlast	– 26,90 kN
	max V =	–287,57 kN
Zug max V	LF 1, Glocken	105,71 kN
	LF 2, Wind	136,23 kN
	LF 3, Eigenlast	– 26,90 kN
	min V =	215,04 kN

Lasten aus Gründung

Bodenplatte	$V = 4{,}00 \cdot 4{,}00 \cdot 0{,}60 \cdot 25{,}0/4$	60,00 kN
Pfahl	$V = 0{,}62^2 \cdot \pi \cdot 4{,}50 \cdot 25{,}0$	33,97 kN
		$V = 93{,}97$ kN

Für die Bemessung der Pfähle wurde aufgrund des Schluffs über dem Tonstein eine Mantelreibung von zul. $\tau = 200\ \text{kN/m}^2$ zugelassen. Vorhanden ist

vorh. $\tau = (-215{,}04 + 93{,}97)/0{,}61 \cdot \pi \cdot 4{,}0 = 15{,}80\ \text{kN/m}^2$

Die Bohrpfähle sind in der Lage die Zugkräfte abzuleiten.

Anschluss Stütze an Gründung

Einwirkung

Druck	LF 1 + 2 + 3	$N_k = -124{,}44 - 136{,}23 - 26{,}90 = -287{,}57$ kN
		$N_d = (-124{,}44 - 136{,}23) \cdot 1{,}50 - 26{,}90 \cdot 1{,}35 = -427{,}32$ kN
	LF 1, dyn	$N_k = -124{,}44 \cdot 2{,}5 \cdot (29{,}50/40{,}93) - 26{,}90 = -251{,}12$ kN
		$N_d = -224{,}22 \cdot 1{,}50 - 26{,}90 \cdot 1{,}35 = -372{,}65$ kN
Zug	LF 1 + 2 + 3	$N_k = 105{,}71 + 136{,}23 + 26{,}90 = 215{,}04$ kN
		$N_d = (105{,}71 + 136{,}23) \cdot 1{,}50 + 26{,}90 \cdot 1{,}35 = 399{,}23$ kN
	LF 1, dyn	$N_k = 105{,}71 \cdot 2{,}5 \cdot (29{,}50/40{,}93) + 26{,}90 = 217{,}37$ kN
		$N_d = 190{,}47 \cdot 1{,}50 - 26{,}90 \cdot 1{,}35 = -322{,}03$ kN

Stützen an Unterkonstruktion

---

gewählt: Ableitung der Druckkraft durch Kontakt
Fußplatte $b/d = 260 \cdot 260$ mm, $t = 30$ mm
Ableitung der Zugkräfte
mittig Flacheisen $d = 20$ mm + $2 \cdot 6$ Passbolzen Ø 20 mm
Unterlegscheiben Ø $80 \cdot 8$ mm, vgl. Abbildung 4.7
Schweißnähte, $a = 2 \cdot 10$ mm
Der Anschluss an die Gründung ist nicht Gegenstand der Untersuchung.

Druck

Normalkraft $E_{\text{Nd}} = -427{,}32$ kN

Widerstand Nutzungsklasse 1/2, KLED mittel
$k_{\text{mod}} = 0{,}8$, $\gamma_{\text{M}} = 1{,}3$, $0{,}8/1{,}3 = 0{,}615$

Bemessungswerte der Festigkeit für Standardfall, $f_{\text{i}} \cdot 0{,}615$

Normalkraft $R_{\text{d}} = 26{,}0 \cdot 26{,}0 \cdot 1{,}78 = 1203{,}28$ kN

Nachweis $\eta_{\text{n}} = 427{,}32/1203{,}28 = 0{,}355 < 1$

Zug

Wirksame Anzahl der Passbolzen, $n = 6$

$n_{\text{ef}} = [6^{0,9} \cdot (100/13 \cdot 20)]^{1/4} = 3{,}95$ EC5, GL. (8.34)

Damit wird $R_{\text{d}} = 2 \cdot 2 \cdot 3{,}95 \cdot 27{,}68 = 437{,}34$ kN

Einwirkung $E_{\text{d}} = 399{,}23$ kN

Nachweis $\eta = 399{,}23/437{,}34 = 0{,}913 < 1$

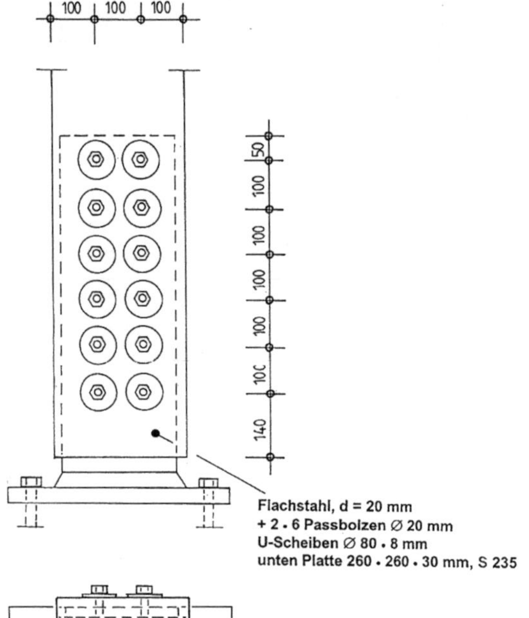

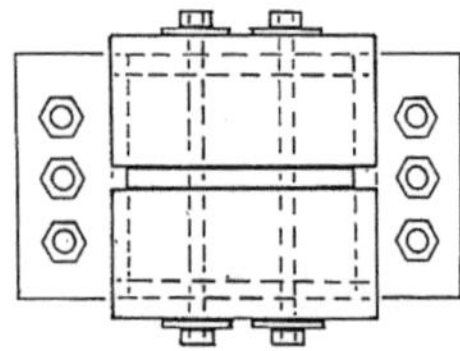

Abbildung 4.7: Anschluss Stütze an Unterkonstruktion

Tabelle 4.6: Glockenkennwerte

Zeile	Spalte	1				2				3				4				5			
		a	b	c	d	a	b	c	d	a	b	c	d	a	b	c	d	a	b	c	d
		Glocken in sehr leichter Ausführung				Glocken in leichter Ausführung				Glocken in mittelschwerer Ausführung				Glocken in schwerer Ausführung				Glocken in sehr schwerer Ausführung			
	Nominal	Glockendurchmesser d, mm	Glockeneigenlast G kN	Klöppelanschlagszahl A, 1/min	Läutewinkel α	Glockendurchmesser d, mm	Glockeneigenlast G kN	Klöppelanschlagszahl A, 1/min	Läutewinkel α	Glockendurchmesser d, mm	Glockeneigenlast G kN	Klöppelanschlagszahl A, 1/min	Läutewinkel α	Glockendurchmesser d, mm	Glockeneigenlast G kN	Klöppelanschlagszahl A, 1/min	Läutewinkel α	Glockendurchmesser d, mm	Glockeneigenlast G kN	Klöppelanschlagszahl A, 1/min	Läutewinkel α
1	dis° es°	2450	90	36	49°	2600	110	34	45°	2700	140	33	43°	2900	160	32	43°				
2	e°	2350	75	37	50°	2460	85	36	47°	2500	105	34	45°	2650	120	33	45°				
3	f°	2290	57	39	51°	2300	70	37	48°	2420	80	35	47°	2580	110	34	46°	2900	200	33	44°
4	fis° ges°	2160	48	40	51°	2200	60	38	49°	2290	68	37	48°	2430	90	36	47°	2700	160	34	45°
5	g°	2030	40	42	52°	2100	50	40	50°	2160	56	38	48°	2300	75	37	48°	2500	130	36	46°
6	gis° as°	1910	33	43	53°	2000	40	41	51°	2030	46	39	49°	2160	64	38	48°	2400	110	37	47°
7	a°	1800	28	45	54°	1880	34	43	52°	1920	40	40	50°	2040	54	40	49°	2260	90	39	48°
8	ais° b°	1700	23	46	55°	1760	28	44	53°	1800	33	42	51°	1920	45	42	50°	2100	75	41	48°
9	h°	1600	20	47	56°	1660	24	45	54°	1700	27	43	52°	1800	38	43	51°	2000	62	42	49°
10	c'	1500	17	49	57°	1560	20	47	55°	1600	23	45	53°	1700	32	45	52°	1870	50	44	50°
11	cis' des'	1400	14	51	58°	1460	16,5	49	56°	1500	19	47	54°	1600	26	46	53°	1750	42	45	51°
12	d'	1340	11,5	52	59°	1390	14	51	57°	1420	16	49	55°	1510	22	48	54°	1650	35	47	52°
13	dis' es'	1260	9,5	53	60°	1310	11,5	52	58°	1340	13,5	50	56°	1420	19	50	55°	1540	29	49	53°
14	e'	1190	8	54	61°	1240	10	53	59°	1270	11,5	51	57°	1340	15	51	56°	1450	24	50	54°
15	f'	1110	6,5	56	62°	1160	8	55	60°	1190	9,5	52	58°	1260	13	52	57°	1360	20	51	55°
16	fis' ges'	1050	5,5	57	63°	1100	7	56	61°	1120	8	54	59°	1200	11	54	58°	1280	17	53	56°
17	g'	990	4,6	58	64°	1030	6	57	62°	1060	6,6	55	60°	1120	9	55	59°	1200	14	54	57°
18	gis' as'	930	3,9	60	65°	970	5	59	63°	1000	5,5	57	61°	1050	7,5	57	60°	1130	11	56	58°
19	a'	870	3,2	61	66°	910	4	60	64°	940	4,5	58	62°	980	6	58	61°	1060	9	57	59°

Tabelle 4.6: Glockenkennwerte (Fortsetzung)

Spalte		1				2				3				4				5			
		a	b	c	d	a	b	c	d	a	b	c	d	a	b	c	d	a	b	c	d
		Glocken in sehr leichter Ausführung				Glocken in leichter Ausführung				Glocken in mittelschwerer Ausführung				Glocken in schwerer Ausführung				Glocken in sehr schwerer Ausführung			
Zeile	Nominal	Glockendurchmesser d, mm	Glockeneigenlast G kN	Klöppelanschlagszahl A, 1/min	Läutewinkel α	Glockendurchmesser d, mm	Glockeneigenlast G kN	Klöppelanschlagszahl A, 1/min	Läutewinkel α	Glockendurchmesser d, mm	Glockeneigenlast G kN	Klöppelanschlagszahl A, 1/min	Läutewinkel α	Glockendurchmesser d, mm	Glockeneigenlast G kN	Klöppelanschlagszahl A, 1/min	Läutewinkel α	Glockendurchmesser d, mm	Glockeneigenlast G kN	Klöppelanschlagszahl A, 1/min	Läutewinkel α
20	ais' b'	820	2,7	63	67°	850	3,4	61	65°	880	4	60	63°	930	5	59	62°	1000	7,5	58	60°
21	h'	770	2,2	65	68°	810	2,9	63	66°	830	3,2	61	64°	870	4,2	60	63°	940	6,5	59	61°
22	c''	730	1,9	66	70°	760	2,4	64	67°	780	2,7	62	65°	820	3,5	62	64°	880	5,5	61	62°
23	cis'' des''	680	1,6	67	71°	720	2	65	67°	740	2,3	64	66°	770	3	63	65°	830	4,5	62	63°
24	d''	640	1,3	68	72°	680	1,6	66	68°	690	1,8	65	67°	730	2,5	64	66°	780	3,8	63	64°
25	dis'' es''	600	1,1	69	73°	630	1,4	67	69°	650	1,6	66	67°	680	2	65	67°	730	3,1	64	65°
26	e''	570	0,9	70	74°	600	1,1	69	70°	610	1,3	67	68°	640	1,7	66	67°	690	2,6	65	66°
27	f''	530	0,75	72	75°	570	0,9	70	71°	580	1,1	68	69°	600	1,4	67	68°	650	2,2	66	67°
28	fis'' ges''	500	0,6	74	76°	530	0,75	71	72°	540	0,9	69	70°	560	1,2	68	69°	610	1,8	67	67°
29	g''	470	0,5	75	77°	490	0,65	73	74°	500	0,75	70	72°	530	1	69	70°	570	1,5	68	68°
30	gis'' as''	440	0,4	77	78°	460	0,5	74	75°	470	0,6	71	73°	500	0,8	70	71°	540	1,3	69	69°
31	a''	410	0,35	79	79°	450	0,4	75	76°	460	0,5	73	74°	470	0,7	72	72°	510	1,1	70	70°
32	ais'' b''	390	0,3	81	80°	420	0,35	78	78°	430	0,4	75	75°	440	0,6	73	73°	480	0,9	72	71°
33	h''	360	0,25	83	81°	390	0,3	80	79°	400	0,35	77	76°	410	0,5	75	74°	450	0,7	73	72°
34	c'''	340	0,2	83	82°	360	0,25	82	81°	370	0,3	79	78°	390	0,4	77	76°	420	0,6	75	74°
35	c hohe Joche 2/3	0,65				0,67				0,68				0,70				0,72			
36	c schlanke Joche	0,75				0,77				0,78				0,80				0,82			

ANMERKUNG Für Glocken mit schlanken Jochen gelten um ca. 5 % höhere Klöppelanschlagszahlen.

Literatur

[1] Müller, F. P.: Berechnung und Konstruktion von Glockentürmen, Wilhelm Ernst & Sohn, Berlin, München, 1968 [1].

[2] Stempniewski, L., Haag, B.: Baudynamik-Praxis. Bauwerk Verlag, Berlin , 2010.

[3] Steck, G., Nebgen, N.: Holzbau kompakt, 2. Auflage. Bauwerk Verlag, Berlin, 2008.

[4] Petersen, C.: Statik und Stabilität der Baukonstruktionen, 2. Auflage. Friedr. Vieweg & Sohn, Braunschweig, Wiesbaden, 1982.

5 Gratsparren

5.1 Allgemeines

Hausdächer werden aus einer geringen Zahl von Bauteilen gebildet. Man unterscheidet bei stützenfreien Dächern, [1, S.15],

- Sparren bzw. Sparren und Kehlbalken in den Haupt- und Nebendachebenen
- Firstpfette zur horizontalen Aussteifung von Dachebenen und Systemen
- Schifter im Bereich von Walmen
- Gratsparren als gratbildendes Bauteil
- Kehlsparren als kehlbildendes Bauteil
- Windrispen zur Ableitung von Horizontalkräften

Die Bauteile und deren Bezeichnungen im Walmbereich sind in Abbildung 5.1 dargestellt.

Gratsparren	*Gs*
Schifter im Walm und Hauptdach	
Anfallschifter am Firstknoten	*As*
Mittelschifter	
Firstpfette	*Fpf*

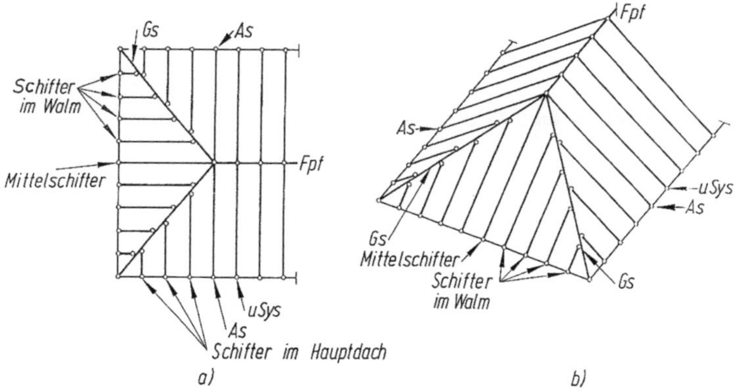

Abbildung 5.1: Bauteile im Walmbereich
a) Grundriss b) Ansicht

Bei Dächern mit Stehendem Stuhl ergeben sich zu den oben genannten noch

- Mittelpfetten, zur Abtragung vertikaler Lasten aus Sparren
- Stützen zur Stützung der Mittelpfetten
- Kopfbänder zur Längs- und Queraussteifung des Daches

Während die meisten Bauteile mit Programmen weitgehend genau ermittelt werden, wird die Berechnung des Gratsparrens, vor allem bei stützenfreien Dächern mit Ableitung der Horizontalkräfte am Sparrenfußpunkt, der Wirklichkeit nicht gerecht. Der Gratsparren wirkt als druckbeanspruchtes Bauteil ohne Biegung, er stützt sich gegen die Schifter und die Firstpfette ab.

5.2 Gratsparren im rechtwinkligen Walmbereich

Die folgende Berechnung ist [1, S. 78 ff.] entnommen. Der rechtwinklige Walmbereich stellt die Regelausführung dar, für die Berechnung eines schiefwinkligen Walmbereiches sei auf [1, S. 65 ff.] verwiesen.

5.2.1 System

Der Grundriss eines rechtwinkligen Walmbereiches ist in Abbildung 5.2 dargestellt. Für die Ermittlung der Schnittgrößen wird der Gratsparren G mit den Hauptdachschiftern H_1, H_2, H_3 bis H_6 und den Walmdachschiftern W_1 bis W_5 betrachtet. Die Schnittgrößen für den spiegelbildlich vorhandenen Dachbereich ergeben sich in gleicher Weise sinngemäß.

In Abbildung 5.3 ist der Gratsparren mit den Schiftern, der Firstpfette und den zugehörigen Längen und Winkeln für den Firstknoten räumlich dargestellt.

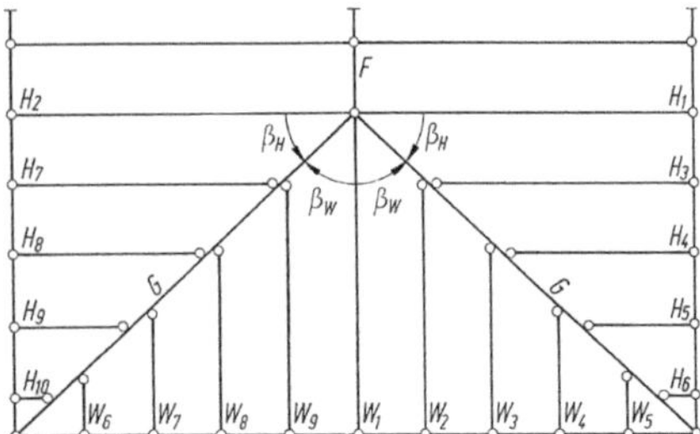

Abbildung 5.2: Rechtwinkliger Walmbereich, Grundriss

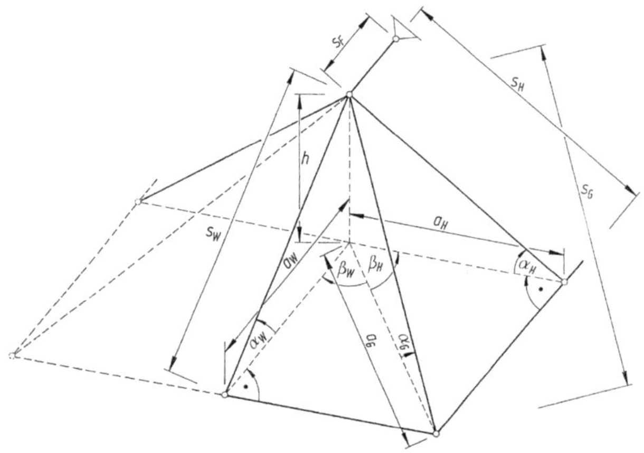

Abbildung 5.3: Rechtwinkliger Walmbereich, Längen und Winkel

5.2.2 Belastung

Bei üblichen Hausdächern ist es im Regelfall ausreichend, nur die Schnittgrößen aus vertikalen Lasten zu ermitteln, da der Einfluss der horizontalen Lasten aus Wind gering ist. Es ist dann der Lastfall Eigenlast + Schneelast + vertikale Windlast zugrunde zu legen.

5.2.2.1 Belastungsflächen bei Sparrendächern

Die Belastungsflächen für vertikale Gleichlast sowie horizontale Gleichlast auf Walm und Hauptdach sind in Abbildung 5.4 für den allgemeinen schiefwinkligen Walmbereich dargestellt, sie gelten für den rechtwinkligen sinngemäß.

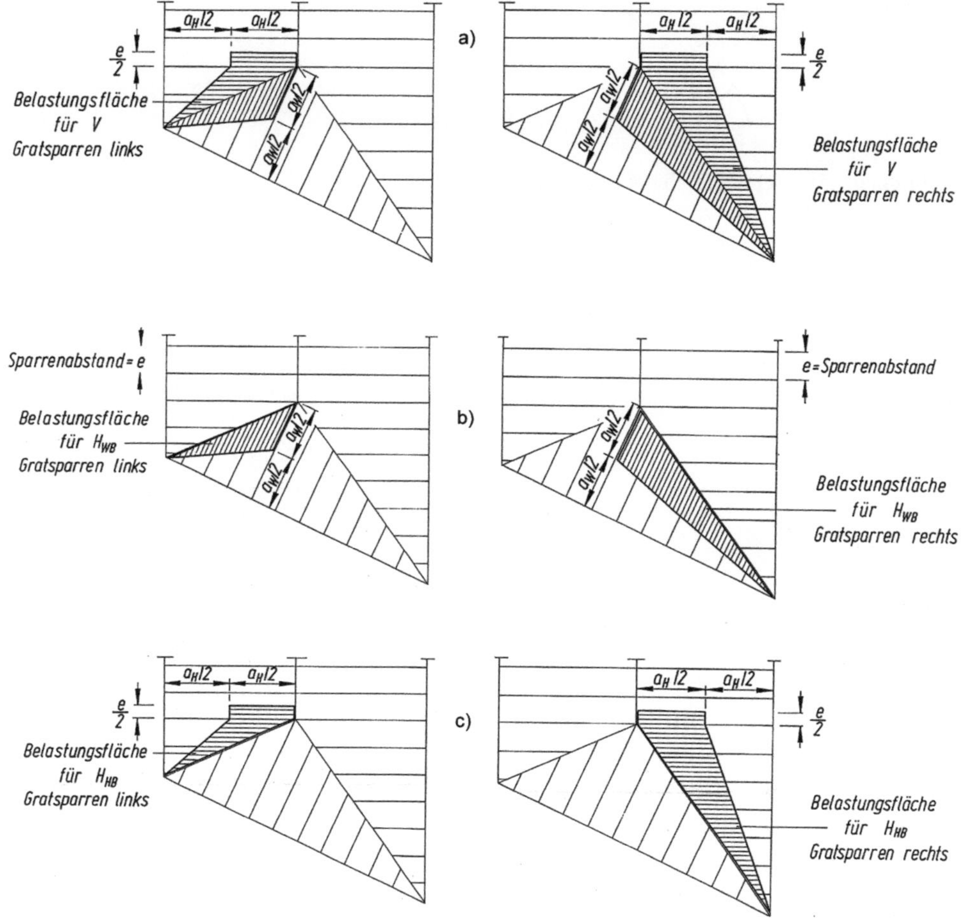

Abbildung 5.4: Belastungsfläche des Gratsparrens
a) vertikale Gleichlast
b) horizontale Gleichlast auf Walm
c) horizontale Gleichlast auf Hauptdach

5.2.2.2 Belastungsflächen bei kehlbalkengestützten Schiftern

Wird das Hauptdach aus Kehlbalkendachsystemen gebildet, so werden auch einige Schifter im Walmbereich mit Kehlbalken ausgeführt, vgl. Abbildung 5.5.

Die Belastungsflächen für vertikale Gleichlast sowie horizontale Gleichlast auf Walm und Hauptdach sind in Abbildung 5.6 für den allgemeinen schiefwinkligen Walmbereich dargestellt, sie gelten für den rechtwinkligen sinngemäß.

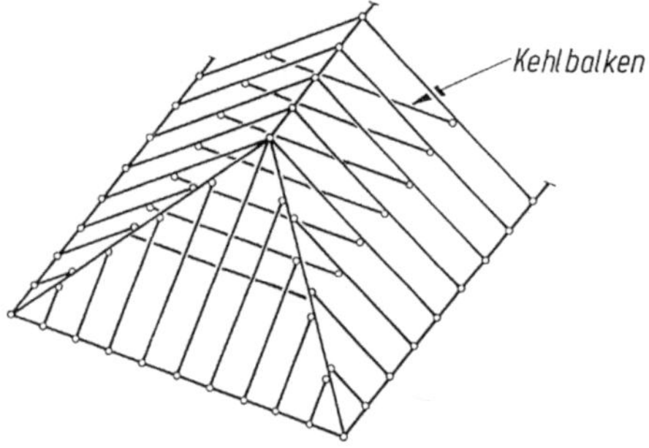

Abbildung 5.5: Walmbereich bei Kehlbalkendächern

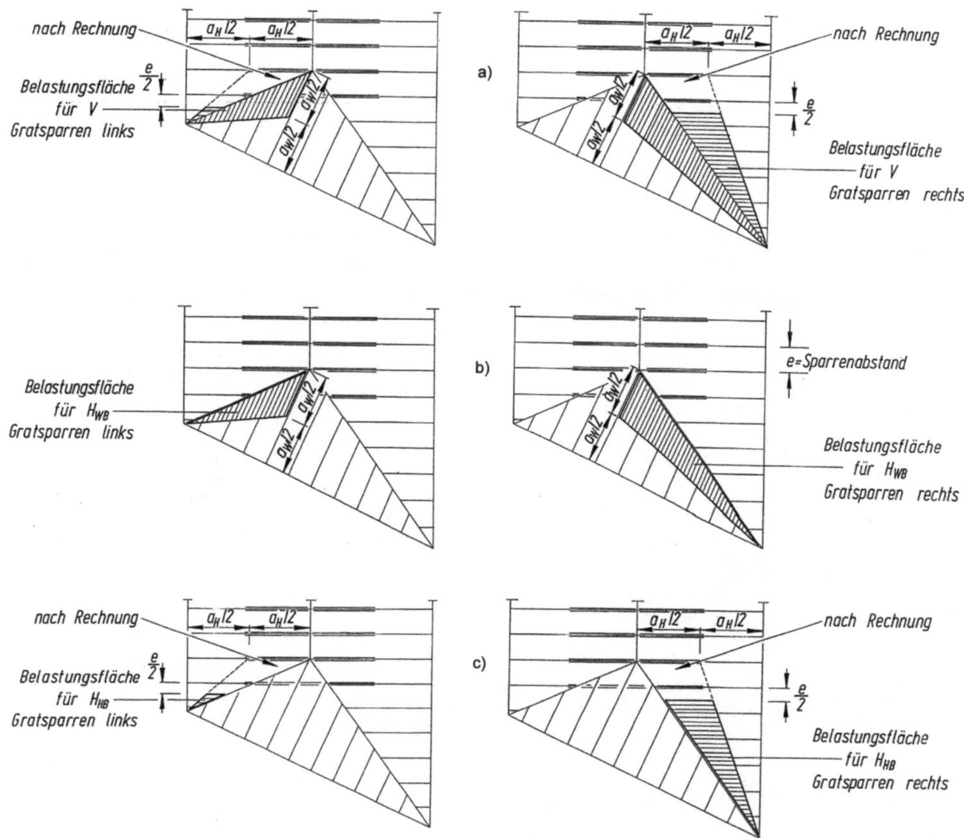

Abbildung 5.6: Belastungsfläche des Gratsparrens bei kehlbalkengestützten Schiftern
a) vertikale Gleichlast
b) horizontale Gleichlast auf Walm
c) horizontale Gleichlast auf Hauptdach

5.2.3 Schnittgrößen

Die Ermittlung der Schnittgrößen erfolgt nach dem Prinzip der virtuellen Verrückungen. Durch den Vergleich der Axialverformung im Einheitszustand mit dem Belastungszustand erhält man die Normalkräfte der Schifter und des Gratsparrens.

Der Gratsparren bildet mit den Schiftern, die am Fußpunkt horizontal und vertikal unverschieblich gehalten sind, und der Unterkonstruktion Dreiecke, also Scheiben. Hierbei bildet der Gratsparren die gemeinsame Kante von zwei zueinander geneigten Schifterebenen und leitet deren Kantenkräfte ab. Es werden die Verschiebungen der Scheiben im Firstknoten untersucht und die daraus ermittelten Schnittgrößen angegeben.

5.2.3.1 $\boxed{0_1}$-System

Für den Gratsparren und die Schifter im Haupt- und Walmbereich ist das $\boxed{0_1}$-System in Abbildung 5.7 kurz unterhalb des Firstknotens dargestellt. Hierbei bedeuten

$$N_H = \sum_1^i N_{Hi}; \qquad N_w = \sum_1^i N_{Wi}; \qquad H_G = \sum_1^i H_{Gi}$$

Die Kräfte H_H und H_F ergeben sich aus der Horizontalkraft H_G, die in der Achse des Gratsparrens wirkt und in die Wirkungsrichtungen der Anfallschifter H_1 und H_2 sowie in die Wirkungsrichtung der Firstpfette F_F zerlegt wird.

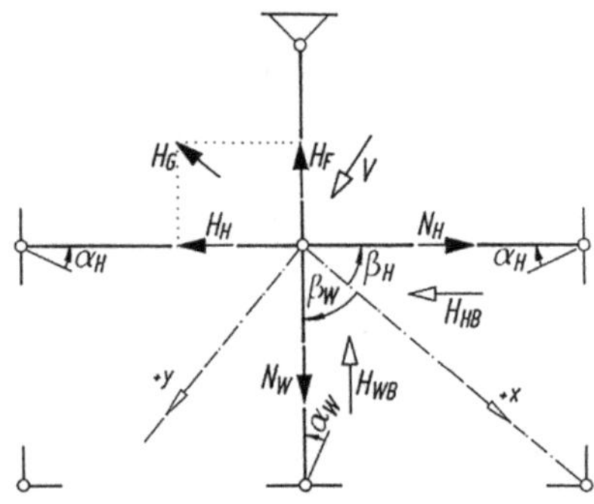

Abbildung 5.7: $\boxed{0_1}$-System bei Vertikal- und Horizontallasten

Die Kräfte in den Stäben bzw. Scheiben ergeben sich nach der Zerlegung zu

Vertikallast V, mit V aus Abbildung 5.4 bzw. 5.6

$$\begin{aligned} N_H &= -V/2 \cdot \sin \alpha_H \\ N_W &= -V/2 \cdot \sin \alpha_W \\ H_G &= -V/2 \cdot \tan \alpha_G \\ H_H &= -V/2 \cdot \tan \alpha_H \\ H_F &= -V/2 \cdot \tan \alpha_W \end{aligned} \tag{5.1}$$

Horizontallast auf Hauptdach H_{HB}, mit H_{HB} aus Abbildung 5.4 bzw. 5.6

$$\begin{aligned} N_H &= H_{HB}/2 \cdot \cos \alpha_H \\ N_W &= -H_{HB} \cdot \tan \alpha_H/2 \cdot \sin \alpha_W \\ H_G &= -H_{HB}/2 \cdot \cos \beta_H \\ H_H &= -H_{HB}/2 \\ H_F &= -H_{HB}/2 \cdot \tan \beta_W \end{aligned} \tag{5.2}$$

Horizontallast auf Walm H_{WB}, mit H_{WB} aus Abbildung 5.4 bzw. 5.6

$N_H = -H_{WB} \cdot \tan \alpha_W/2 \cdot \sin \alpha_H$

$N_W = H_{WB}/2 \cdot \cos \alpha_W$

$H_G = -H_{WB}/2 \cdot \cos \beta_W$

$H_H = -H_{WB}/2 \cdot \tan \alpha_H$

$H_F = -H_{WB}/2$ (5.3)

5.2.3.2 [1]-System

Das [1]-System ist in Abbildung 5.8 dargestellt. Darin bedeuten

$$X_1 = \sum_1^i X_{1i}; \qquad \overline{N}_H = \sum_1^i \overline{N}_{Hi}; \qquad \overline{N}_W = \sum_1^i \overline{N}_{Wi}; \qquad \overline{H}_G = \sum_1^i \overline{H}_{Gi}$$

Die Horizontallast $\overline{H}_G$ wird in die Kräfte $\overline{H}_H$ und $\overline{H}_F$ zerlegt.

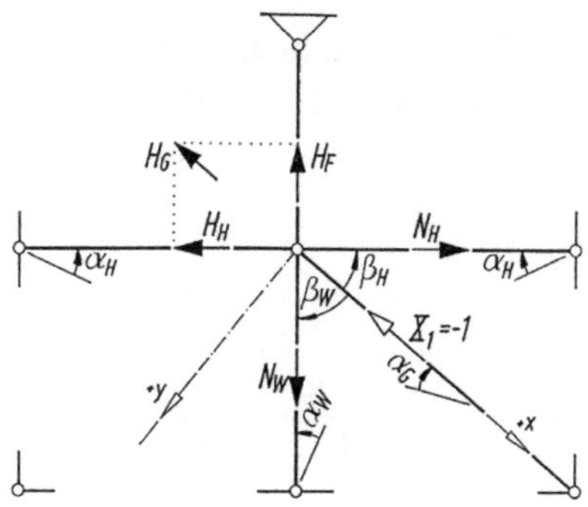

Abbildung 5.8: [1]-System

Die Einheitskräfte in den Scheiben bzw. Stäben ergeben nach Zerlegung

$\overline{N}_H = \sin \alpha_G/2 \cdot \sin \alpha_H$

$\overline{N}_W = \sin \alpha_G/2 \cdot \sin \alpha_W$

$\overline{H}_G = -\cos \alpha_G/2$

$\overline{H}_H = -\sin \alpha_G/2 \cdot \tan \alpha_H$

$\overline{H}_F = -\sin \alpha_G/2 \cdot \tan \alpha_W$ (5.4)

5.2.3.3 $\boxed{0_2}$- und $\boxed{2}$-System

Die Gratsparrenkraft X_1 kann im Firstknoten in die Wirkungsrichtung der Firstpfette, der Hauptdachanfallschifter H_1 und H_2 und des Walmmittelschifters W_1 zerlegt werden, vgl. Abbildung 5.9.

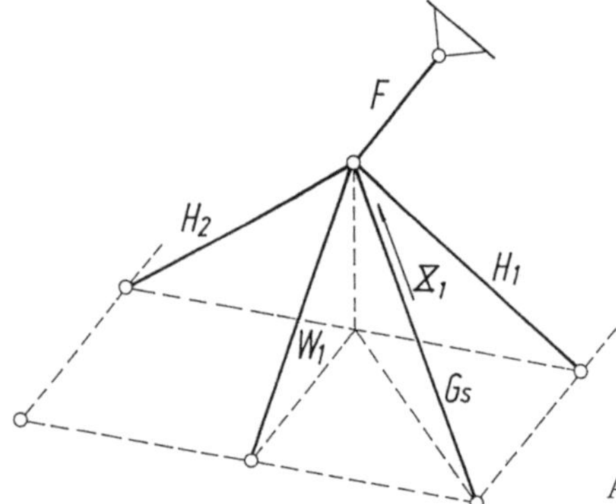

Abbildung 5.9: Bauteile im Firstknoten

Es existiert ein einfach statisch unbestimmtes System. Die Firstpfettennormalkraft N_F wird als statisch Unbekannte X_2 angenommen. Das $\boxed{0_2}$ und das $\boxed{2}$-System ist in Abbildung 5.10 dargestellt.

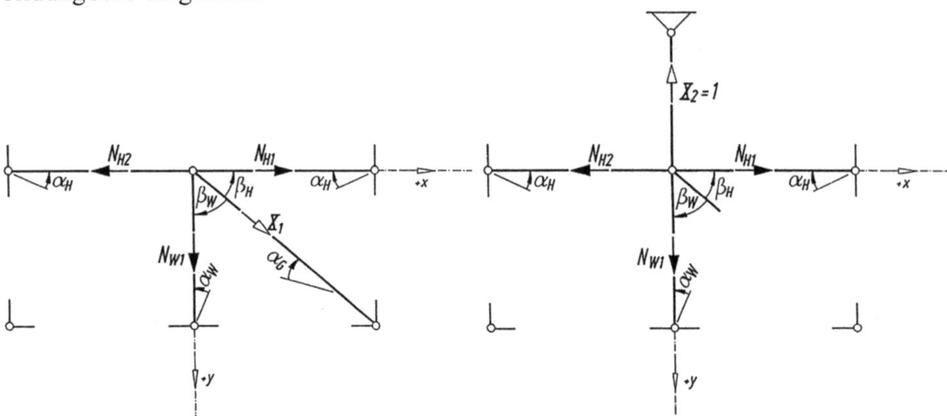

Abbildung 5.10: $\boxed{0_2}$- und $\boxed{2}$-System

Die Stabkräfte des $\boxed{0_2}$-System ergeben sich nach der Zerlegung zu

$N_{H1} = -X_1 \cdot \sin \alpha_G/2 \cdot \sin \alpha_H$

$N_{H2} = X_1 \cdot \sin \alpha_G/2 \cdot \sin \alpha_H$

$N_{W1} = -X_1 \sin \alpha_G/\sin \alpha_W$ (5.5)

Die Einheitskräfte der Stäbe des $\boxed{2}$-Systems werden nach Zerlegung zu

$\overline{N}_{H1} = -\tan \alpha_W/2 \cdot \sin \alpha_H$

$\overline{N}_{H2} = -\tan \alpha_W/2 \cdot \sin \alpha_H$

$\overline{N}_{W1} = 1/\cos \alpha_W$ (5.6)

5.2.3.4 Ermittlung von X_1 und X_2

Der Einfluss der Momente und Querkräfte wird vernachlässigt; damit ergeben sich die Verschiebungsgrößen zu

$$\delta_{i0} = (1/E \cdot A) \cdot \int_0^s N_i \cdot \overline{N}_i \cdot d_S$$

$$\delta_{ii} = (1/E \cdot A) \cdot \int_0^s \overline{N}_i \cdot \overline{N}_i \cdot d_S$$

mit $N_i = N_H, N_W, H_H, H_F$ nach Gl. (5.1 bis 5.3) und $\overline{N}_i = \overline{N}_H, \overline{N}_W, \overline{H}_H, \overline{H}_F$ nach Gl. (5.4) bzw. $N_i = N_{H1}, N_{H2}, N_{W1}$ nach Gl. (5.5) und $\overline{N}_i = \overline{N}_{H1}, \overline{N}_{H2}, \overline{N}_{W1}$ nach Gl. (5.6)

Gratsparrenkraft X_1

Der Kräfteverlauf am Gratsparren ist dreieckförmig und zum Firstknoten gerichtet, der Verlauf an den übrigen Stäben konstant. Damit ergibt sich mit E = const

$$\begin{aligned}\delta_{10} &= (1/E) \cdot [(N_H \cdot \overline{N}_H \cdot s_H/A_H) + (N_W \cdot \overline{N}_W \cdot s_W/A_W) + \\ &\quad (H_H \cdot \overline{H}_H/2 \cdot \cos\alpha_W) \cdot (s_{H1}/A_{H1} + s_{H2}/A_{H2}) + \\ &\quad (H_F \cdot \overline{H}_F \cdot s_F/A_F)] \\ \delta_{11} &= (1/E) \cdot [(\overline{N}_H^2 \cdot s_H/A_H) + (\overline{N}_W{}^2 \cdot s_W/A_W) + \\ &\quad (\overline{H}_H{}^2/2 \cdot \cos\alpha_W) \cdot (s_{H1}/A_{H1} + s_{H2}/A_{H2}) + (\overline{H}_F^2 \cdot s_F/A_F) + \\ &\quad (1^2 \cdot s_G/3 \cdot A_G)]\end{aligned} \tag{5.7}$$

Hierbei bedeuten:

$s_H/A_H = \Sigma s_{Hi}/A_{Hi}$	Stablängen und Stabquerschnitte der Hauptdachschifter
$s_W/A_W = \Sigma s_{Wi}/A_{Wi}$	Stablängen und Stabquerschnitte der Walmschifter

Es ist i. Allg. ausreichend die Stablänge s_F mit ca. 3,0 m anzusetzen.

Aus der Beziehung $X_1 \cdot \delta_{11} + \delta_{10} = 0$ ergibt sich die Gratsparrennormalkraft X_1.

Mit δ_{11} und δ_{10} nach Gl. (5.7) und $X_1 = -1$ wird

$$X_1 = + \delta_{10}/\delta_{11} \tag{5.8}$$

Firstpfettenkomponente X_2

Da der Kräfteverlauf konstant über die jeweilige Stablänge ist, ergibt sich mit E = const.

$$\begin{aligned}\delta_{20} &= (1/E) \cdot [(N_{H1} \cdot \overline{N}_{H1} \cdot s_{H1}/A_{H1}) + \\ &\quad (N_{H2} \cdot \overline{N}_{H2} \cdot s_{H2}/A_{H2}) + (N_{W1} \cdot \overline{N}_{W1} \cdot s_{W1}/A_{W1})] \\ \delta_{22} &= (1/E) \cdot [(\overline{N}_{H1}^2 \cdot s_{H1}/A_{H1}) + (\overline{N}_{H2}^2 \cdot s_{H2}/A_{H2}) + \\ &\quad (\overline{N}_{W1}^2 \cdot s_{W1}/A_{W1}) + (1^2 \cdot s_F/A_F)]\end{aligned} \tag{5.9}$$

Aus der Beziehung $X_2 \cdot \delta_{22} + \delta_{20} = 0$ ergibt sich die Komponente der Firstpfettennormalkraft X_2. Mit δ_{20} und δ_{22} nach Gl. (5.9) und $X_2 = 1$ wird

$$X_2 = - \delta_{20}/\delta_{22} \tag{5.10}$$

5.2.3.5 Stabkräfte

Aus der Überlagerung der Stabkräfte aus den $\boxed{0_1}$- und den $\boxed{0_2}$-Systemen mit dem X_1- bzw. X_2-fachen der $\boxed{1}$- und $\boxed{2}$-Systeme erhält man die endgültigen Normalkräfte des Gratsparrens, der Schifter und der Firstpfette. Die jeweiligen Vorzeichen der Teilschnittgrößen sind zu beachten.

Gratsparrennormalkraft

$$\max N_G = X_1$$

Schifternormalkräfte im Walm

Walmmittelschifter

$$N_{W1} = [(N_W + \overline{N}_W \cdot X_1) \cdot (s_{W1} \cdot A_W / s_W \cdot A_{W1}) + N_{W1} + \overline{N}_{W1} \cdot X_2] \cdot 2 \qquad (5.11)$$

mit N_W nach Gl. (5.1–5.3), $\overline{N}_W$ nach Gl. (5.4), X_1 nach Gl. (5.8), N_{W1} nach Gl. (5.5), $\overline{N}_{W1}$ nach Gl. (5.6), X_2 nach Gl. (5.10)

Übrige Schifter im Walm

$$N_{Wi} = (N_W + \overline{N}_W \cdot X_1) \cdot (s_{Wi} \cdot A_W / s_W \cdot A_{Wi}) \qquad (5.12)$$

mit N_W nach Gl. (5.1–5.3), $\overline{N}_W$ nach Gl. (5.4), X_1 nach Gl. (5.8)

Normalkraft in der Firstpfette

$$N_F = (H_F + \overline{H}_F \cdot X_1 + X_2) \cdot 2 \qquad (5.13)$$

mit H_F nach Gl. (5.1–5.3), $\overline{H}_F$ nach Gl. (5.4), X_1 nach Gl. (5.8), X_2 nach Gl. (5.10)

Schifternormalkräfte im Hauptdach

Anfallschifter im betrachteten Walmbereich

$$N_{H1} = N_{H2} = (N_H + \overline{N}_H \cdot X_1) \cdot (s_{H1} \cdot A_H / s_H \cdot A_{H1}) + N_{H1} + \overline{N}_{H1} \cdot X_2 - (H_H + \overline{H}_H \cdot X_1)/2 \cdot \cos \alpha_H \qquad (5.14)$$

mit N_H, H_H nach Gl. (5.1–5.3), $\overline{N}_H$, $\overline{H}_H$ nach Gl. (5.4), N_{H1} nach Gl. (5.5), $\overline{N}_{HI}$ nach Gl. (5.6), X_1 nach Gl. (5.8), X_2 nach Gl. (5.10)

Anfallschifter im nicht betrachteten Walmbereich

$$N_{H2} = N_{H1}' = N_{H2} + \overline{N}_{H2} \cdot X_2 + (H_H + \overline{H}_H \cdot X_1)/2 \cdot \cos \alpha_H \qquad (5.15)$$

mit N_{H2} nach Gl. (5.5), $\overline{N}_{H2}$ nach Gl. (5.6), H_H nach Gl. (5.1–5.3), $\overline{H}_H$ nach Gl. (5.4), X_1 nach Gl. (5.8), X_2 nach Gl. (5.10)

$$\Sigma N_{H1} = \Sigma N_{H2} = N_{H1} + N_{H1}'$$

Übrige Schifter im Hauptdach

$$N_{Hi} = (N_H + \overline{N}_H \cdot X_1) \cdot (s_{Hi} \cdot A_H / s_H \cdot A_{Hi}) \qquad (5.16)$$

mit N_H nach Gl. (5.1–5.3), $\overline{N}_H$ nach Gl. (5.4), X_1 nach Gl. (5.8)

Bei kehlbalkengestützen Schiftern sind im Hauptdach bei den Stäben N_{H1} und N_{Hi} die Teilkräfte N_H und $\overline{N}_H$ entsprechend den Lastanteilen einzusetzen.

Die Feldmomente sind für Einfeldbalken bzw. Sparren mit Kehlbalken zu berechnen. Am Auflager sind außerdem die unberücksichtigten Lastanteile von Abbildung 5.4 und 5.6 zu berücksichtigen.

5.3 Berechnung

5.3.1 System

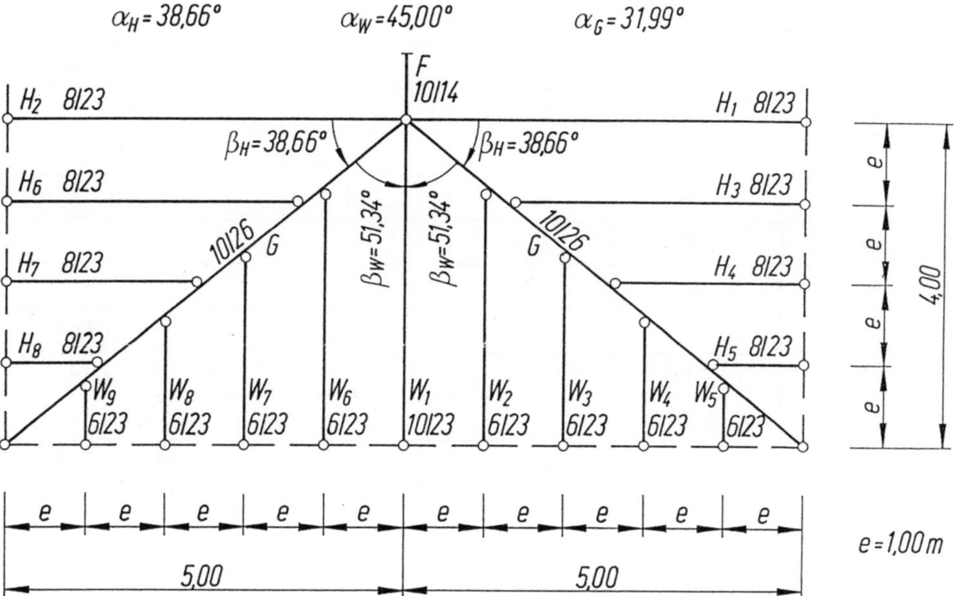

Abbildung 5.11: System des rechtwinkligen Walmbereichs

Stäbe: Längen und Querschnitte

Tabelle 5.1: Steifigkeiten der Stäbe

Stab	a_i cm	s_i cm	A_i cm²	s_i/A_i 1/cm
H1	500	640	184	3,48
H2	375	480	184	2,61
H3	250	320	184	1,74
H4	125	160	184	0,87
				$s_H/A_H = 8{,}70$
W1	400	566	230	2,46
W2	320	453	138	3,28
W3	240	339	138	2,46
W4	160	226	138	1,62
W5	80	113	138	0,82
				$s_W/A_W = 10{,}64$
F	≈300	≈300	140	$s_F/A_F = 2{,}14$
G	640	755	260	$s_G/V_G = 2{,}90$
H_2	500	640	184	$s_{H2}/A_{H2} = 3{,}48$

5.3.2 Belastung

Hauptdach

v_g	aus Pfannen	$0{,}55/\cos 38{,}66°$	0,70 kN/m²
	aus Eigenlast	$0{,}08 \cdot 0{,}23 \cdot 5{,}0/1{,}0 \cdot \cos 38{,}66°$	0,12 kN/m²
	aus Dämmung und Ausbau	$0{,}25/\cos 38{,}66°$	0,32 kN/m²
		$v_g =$	1,14 kN/m²
v_s	aus Schnee, Schneezone 2	$0{,}85 \cdot 0{,}8 \cdot (60° - 38{,}66°)/30°$	0,48 kN/m²
q	aus Wind, Windzone 2, $h \leq 10$ m	$0{,}65 \cdot 0{,}858$	0,56 kN/m²

Walmdach

v_g	aus Pfannen	$0{,}55/\cos 45°$	0,78 kN/m²
	aus Eigenlast	$0{,}06 \cdot 0{,}23 \cdot 5{,}0/1{,}0 \cdot \cos 45°$	0,10 kN/m²
	aus Dämmung und Ausbau	$0{,}25/\cos 45°$	0,35 kN/m²
		$v_g =$	1,23 kN/m²
v_s	aus Schnee, Schneezone 2	$0{,}85 \cdot 0{,}8 \cdot (60° - 45°)/30°$	0,34 kN/m²
q	aus Wind, Windzone 2, $h \leq 10$ m	$0{,}65 \cdot 0{,}90$	0,59 kN/m²

Es wird der Lastfall Eigenlast, Schnee, Winddruck berücksichtigt.

Nach DIN EN 1990/NA Tab. NA.A.1.1 gilt $v_g \cdot 1{,}35 + v_s \cdot 1{,}5 \cdot \psi_{os} \pm q_w \cdot 1{,}5 \cdot \psi_{ow}$

Lastfall H mit $\psi_{os} = 0{,}5$, $\psi_{ow} = 0{,}6$

Hauptdach, maßgebend ist der Lastfall $v_g + v_s \cdot 0{,}5 + q$

$$v_d = 1{,}14 \cdot 1{,}35 + 0{,}48 \cdot 1{,}5 \cdot 0{,}5 + 0{,}56 \cdot 1{,}5 = 2{,}74 \text{ kN/m}^2$$

Walmdach, maßgebend ist der Lastfall $v_g + v_s \cdot 0{,}5 + q$

$$v_d = 1{,}23 \cdot 1{,}35 + 0{,}34 \cdot 1{,}5 \cdot 0{,}5 + 0{,}59 \cdot 1{,}5 = 2{,}81 \text{ kN/m}^2$$

Für die charakteristischen Lasten wird vereinfacht gerechnet

Hauptdach $v_H = 2{,}74/1{,}4 = 1{,}96 \text{ kN/m}^2$

Walmdach $v_W = 2{,}81/1{,}4 = 2{,}01 \text{ kN/m}^2$

Damit wird Abschn. 5.2.2.1

$V_H = 1{,}96 \cdot (4{,}00 \cdot 5{,}00/4 + 5{,}00 \cdot 0{,}5/2) =$ 12,25 kN

$V_W = 2{,}01 \cdot 4{,}00 \cdot 5{,}00/4 =$ 10,05 kN

$\Sigma V =$ 22,30 kN

Die Lasten aus Wind mindern sich beim Ansatz auf beide Dachflächen ab, so dass ΣV auf der sicheren Seite liegt.

5.3.3 Schnittgrößen

$\boxed{0_1}$-System Abschn. 5.2.3.1

$N_H = -22{,}30/2 \cdot \sin 38{,}66° =$ −17,85 kN (5.1)

$N_W = -22{,}30/2 \cdot \sin 45° =$ −15,77 kN (5.1)

$H_H = -22{,}30/2 \cdot \tan 38{,}66° =$ −13,94 kN (5.1)

$H_F = -22{,}30/2 \cdot \tan 45° =$ −11,15 kN (5.1)

$\boxed{1}$-System Abschn. 5.2.3.2

$\overline{N}_H = \sin 31{,}99°/2 \cdot \sin 38{,}66° =$ 0,424 (5.4)

$\overline{N}_W = \sin 31{,}99/2 \cdot \sin 45° =$ 0,375 (5.4)

$\overline{H}_H = -\sin 31{,}99°/2 \cdot \tan 38{,}66° =$ −0,331 (5.4)

$\overline{H}_F = -\sin 31{,}99/2 \cdot \tan 45° =$ −0,265 (5.4)

Gratsparrenkraft X_1

$$\begin{aligned} E \cdot \delta_{10} &= (-17{,}85) \cdot 0{,}424 \cdot 8{,}70 + (-15{,}77) \cdot 0{,}375 \cdot 10{,}64 \\ &\quad + [(-13{,}94) \cdot (-0{,}331)/2 \cdot \cos 38{,}66°] \cdot (3{,}48 + 3{,}48) \\ &\quad + (-11{,}15) \cdot (-0{,}265) \cdot 2{,}14 \\ &= -65{,}85 - 62{,}92 + 20{,}56 + 6{,}32 = -101{,}89 \text{ kN/cm} \end{aligned} \quad (5.7)$$

$$E \cdot \delta_{11} = 0{,}424^2 \cdot 8{,}70 + 0{,}375^2 \cdot 10{,}64$$
$$+ [(-0{,}331)^2/2 \cdot \cos 38{,}66^\circ] \cdot (3{,}48 + 3{,}48)$$
$$+ (-0{,}265)^2 \cdot 2{,}14 + 1{,}00^2 \cdot 2{,}90/3$$
$$= 1{,}56 + 1{,}50 + 0{,}49 + 0{,}15 + 0{,}97 = 4{,}67 \text{ 1/cm} \quad (5.7)$$

$$X_1 = + (-101{,}89)/4{,}67 = -21{,}82 \text{ kN} \quad (5.8)$$

[0₂]-System Abschn. 5.2.3.3

$N_{H1} = -(-21{,}82) \cdot \sin 31{,}99^\circ/2 \cdot \sin 38{,}66^\circ =$ 9,25 kN (5.5)

$N_{H2} = (-21{,}82) \cdot \sin 31{,}99^\circ/2 \cdot \sin 38{,}66 =$ – 9,25 kN (5.5)

$H_{W1} = -(-21{,}82) \cdot \sin 31{,}99^\circ/\sin 45^\circ =$ 16,35 kN (5.5)

[2]-System Abschn. 5.2.3.3

$\overline{N}_{H1} = -\tan 45^\circ/2 \cdot \sin 38{,}66^\circ =$ –0,800 (5.6)

$\overline{N}_{H2} = -\tan 45^\circ/2 \cdot \sin 38{,}66^\circ =$ –0,800 (5.6)

$\overline{N}_{W1} = 1/\cos 45^\circ =$ 1,414 (5.6)

Firstpfettenkomponente X_2

$$E \cdot \delta_{20} = 9{,}25 \cdot (-0{,}800) \cdot 3{,}48 + (-9{,}25) \cdot (-0{,}800) \cdot 3{,}48 + 16{,}35 \cdot 1{,}414 \cdot 2{,}46$$
$$= -25{,}75 + 25{,}75 + 50{,}72 = 56{,}87 \text{ kN/cm} \quad (5.9)$$

$$E \cdot \delta_{22} = (-0{,}800)^2 \cdot 3{,}48 + (-0{,}800)^2 \cdot 3{,}48 + 1{,}414^2 \cdot 2{,}46 + 1{,}00^2 \cdot 2{,}14$$
$$= 2{,}23 + 2{,}23 + 4{,}92 + 2{,}14 = 11{,}52 \text{ 1/cm} \quad (5.9)$$

$$X_2 = -56{,}87/11{,}52 = -4{,}94 \text{ kN} \quad (5.10)$$

Stabkräfte, charakteristisch Abschn. 5.2.3.5

Gratsparren

$$\max N_G = X_1 = -21{,}82 \text{ kN} \quad (5.8)$$

Walmmittelschifter

$$N_{W1} = \{[-15{,}77 + 0{,}375 \cdot (-21{,}82)] \cdot 2{,}46/10{,}64 + 16{,}35 + 1{,}414 \cdot (-4{,}94)\} \cdot 2$$
$$= \{-5{,}54 + 16{,}35 - 6{,}99\} \cdot 2 = 7{,}64 \text{ kN} \quad (5.11)$$

Übrige Walmschifter

$$N_{W2} = N_{W6} = [-15{,}77 + 0{,}375 \cdot (-21{,}82)] \cdot 3{,}28/10{,}64 = -7{,}38 \text{ kN} \quad (5.12)$$

$$N_{W3} = N_{W7} = [-15{,}77 + 0{,}375 \cdot (-21{,}82)] \cdot 2{,}46/10{,}64 = -5{,}54 \text{ kN} \quad (5.12)$$

$$N_{W4} = N_{W8} = [-15{,}77 + 0{,}375 \cdot (-21{,}82)] \cdot 1{,}62/10{,}64 = -3{,}65 \text{ kN} \quad (5.12)$$

$$N_{W5} = N_{W9} = [-15{,}77 + 0{,}375 \cdot (-21{,}82)] \cdot 0{,}82/10{,}64 = -1{,}85 \text{ kN} \quad (5.12)$$

Firstpfette

$$N_F = [-11{,}15 + (-0{,}265) \cdot (-21{,}82) - 4{,}94] \cdot 2 = -20{,}62 \text{ kN} \quad (5.13)$$

Überprüfung der Horizontalkräfte

$$\Sigma H = [(-7{,}38 - 5{,}54 - 3{,}65 - 1{,}85) \cdot 2 + 7{,}64] \cdot \cos 45^\circ + 20{,}62 = 0{,}03 \text{ kN} \approx 0$$

Anfallschifter

$$\begin{aligned} N_{H1} = N_{H2}' &= [-17{,}85 + 0{,}424 \cdot (-21{,}82)] \cdot (3{,}48/8{,}70) + 9{,}25 \\ &\quad + (-0{,}800) \cdot (-4{,}94) - [(-13{,}94) \\ &\quad + (-0{,}331) \cdot (-21{,}82)]/2 \cdot \cos 38{,}66^\circ \\ &\quad -10{,}84 + 9{,}25 + 3{,}95 + 4{,}30 = 6{,}66 \text{ kN} \end{aligned} \quad (5.14)$$

$$\begin{aligned} N_{H2} = N_{H1}' &= -9{,}25 + (-0{,}800) \cdot (-4{,}94) + [(-13{,}94) + \\ &\quad (-0{,}331) \cdot (-21{,}82)]/2 \cdot \cos 38{,}66^\circ \\ &= -9{,}25 + 3{,}95 - 4{,}30 = -9{,}60 \text{ kN} \end{aligned} \quad (5.15)$$

$$\Sigma N_{H1} = \Sigma N_{H2} = 6{,}66 - 9{,}60 = -2{,}94 \text{ kN}$$

Übrige Hauptdachschifter

$$N_{H3} = N_{H6} = [-17{,}85 + 0{,}424 \cdot (-21{,}82)] \cdot (2{,}61/8{,}70) = -8{,}13 \text{ kN} \quad (5.16)$$

$$N_{H4} = N_{H7} = [-17{,}85 + 0{,}424 \cdot (-21{,}82)] \cdot (1{,}741/8{,}70) = -5{,}42 \text{ kN} \quad (5.16)$$

$$N_{H5} = N_{H8} = [-17{,}85 + 0{,}424 \cdot (-21{,}82)] \cdot (0{,}87/8{,}70) = -2{,}71 \text{ kN} \quad (5.16)$$

Zusammenstellung der Stabkräfte

Walm	$N_{W1} = 7{,}64$ kN
	$N_{W2} = N_{W6} = -7{,}38$ kN
	$N_{W3} = N_{W7} = -5{,}54$ kN
	$N_{W4} = N_{W8} = -3{,}65$ kN
	$N_{W5} = N_{W9} = -1{,}85$ kN
Hauptdach	$N_{H1} = N_{H2} = -2{,}94$ kN
	$N_{H3} = N_{H6} = -8{,}13$ kN
	$N_{H4} = N_{H7} = -5{,}42$ kN
	$N_{H5} = N_{H8} = -2{,}71$ kN
Gratsparren	max $N_G = -21{,}82$ kN
Firstpfette	$N_F = -20{,}62$ kN

5.3.4 Bemessung

Die Bemessung der Stäbe für Moment und Normalkraft ist in der Literatur vielfach beschrieben, vgl. z. B. [2, S. 123] und wird hier nicht wiederholt. Interessant ist der Anschluss der Schifter an den Gratsparren.

Die maximale Kraft beträgt, vgl. Tabelle 5.2, N = –8,13 kN. Die Kraft tritt in der Scherfuge zwischen Schifter und Gratsparren auf.

Vorhandene Holzdicken Schifter $t = 80$ mm
Gratsparren $t = 100$ mm
$\Sigma t = 180$ mm

Damit ergeben sich nach [2, S. 162, Tabelle 12.17] für *Nägel* 5,5 · 140 mm, mit R_d = 1230 N, Einschlagtiefe $t_{req} = 77 + 50 = 127$ mm, eine Nagelanzahl von

$n = 8{,}13 \cdot 1{,}4/1{,}23 = 9{,}25 \rightarrow n = 10$

Aufgrund der Nagelabstände müssten genaue Nagelbilder angelegt werden, was für ein handwerklich ausgeführtes Dach nicht besonders praxistauglich ist. Es erscheint daher sinnvoll die Anzahl der Verbindungen zu reduzieren und Stabdübel vorzusehen.

Stabdübel ∅ 10 mm

Die Kräfte wirken in Stabachse, $\alpha = 0°$

Nadelholz, Rohdichte $\rho = 350$ kg/m³

$f_{h,0,k} = 0{,}082 \cdot (1 - 0{,}01 \cdot d) \cdot \rho$ EC5, Gl. (8.32)

$f_{h,0,k} = 0{,}082 \cdot (1 - 0{,}01 \cdot 10) \cdot 350 = 25{,}83$ N/mm²

$M_{y,k} = 0{,}3 \cdot f_{uk} \cdot d^{2,6}$ EC5, Gl. (8.30)

f_{uk} = 360 N/mm², S 235 nach [5.2, S. 153, Tabelle 12.6] wird
$M_{y,k} = 0{,}3 \cdot 360 \cdot 10^{2,6} = 42\,995$ N/mm

Mindestholzdicke

$t_{2,req} = 1{,}15 \cdot [(2/(1/1 + \beta)^{1/2} + 2] \cdot (M_{y,k}/f_{h,2,k} \cdot d)^{1/2}$ EC5, Gl. (NA104)

$\beta = f_{h,2,k}/f_{h,1,k}$

$\beta = f_{h,2,k}/f_{h,1,k} = 1$ wird

$t_{2,req} = 1{,}15 \cdot [(2 \cdot (1/1 + 1)^{1/2} + 2] \cdot (42\,995/25{,}83 \cdot 10)^{1/2} = 50{,}6 \text{ mm} < 80 \text{ mm}$

$R_K = [2 \cdot \beta/(1 + \beta)]^{1/2} \cdot (2 \cdot M_{y,k} \cdot f_{h,0,k} \cdot d)^{1/2}$ EC5, Gl. (NA102)

$R_K = [2 \cdot 1{,}0/(1 + 1{,}0)^{1/2} \cdot (2 \cdot 42\,995 \cdot 25{,}83 \cdot 10)^{1/2}] = 4712 \text{ N} = 4{,}71 \text{ kN}$

Da die Stabdübel nebeneinander liegen, entfällt $n_{ef} = n^{0,8} \cdot (a_1/13 \cdot d)^{1/4}$. Damit wird die Anzahl der erforderlichen Stabdübel Ø 10 mm. EC5 Gl. (8.34)

$n = 8{,}13 \cdot 1{,}4/4{,}71 = 2{,}42 \rightarrow n = 3$

Abstände EC5 Tabelle 8.5

a_1	|| zur Faserrichtung	$(3 + 2 \cdot \cos 0^\circ) \cdot 10$	50 mm
a_2	⊥ zur Faserrichtung	$3 \cdot 10$	30 mm
a_3	|| zum Hirnholzende	$7 \cdot 10$	70 mm
$a_{2,t}$	⊥ beanspruchter Rand	$3 \cdot 10$	30 mm
a_{2ct}	⊥ unbeanspruchter Rand	$3 \cdot 10$	30 mm

---

gewählt: Anschluss mit 3 Stabdübeln Ø 10 mm
aufgrund des besseren Verbundes
wird empfohlen Gewindestangen
auszuführen, vgl. Abbildung 5.12, 5.13
Anzahl der Stabdübel übereinander
erf. $d = 30 + 30 + 30 + 30 = 120$ mm < 230 mm
Länge $L = 80 + 80 = 160$ mm $> 2 \cdot 50{,}6$ mm

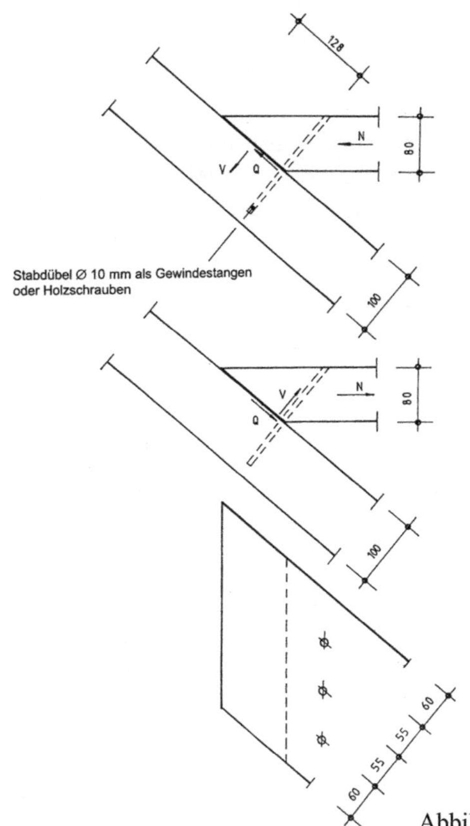

Abbildung 5.12: Anschluss Schifter an Gratsparren

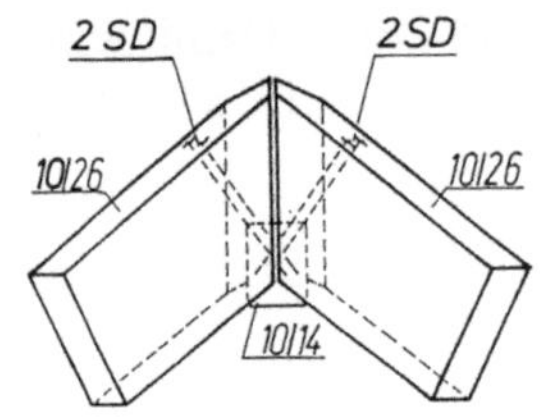

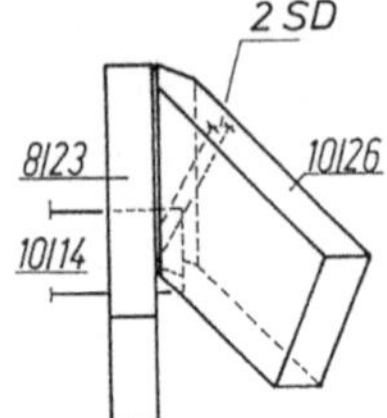

SD: Stabdübel ø 10mm

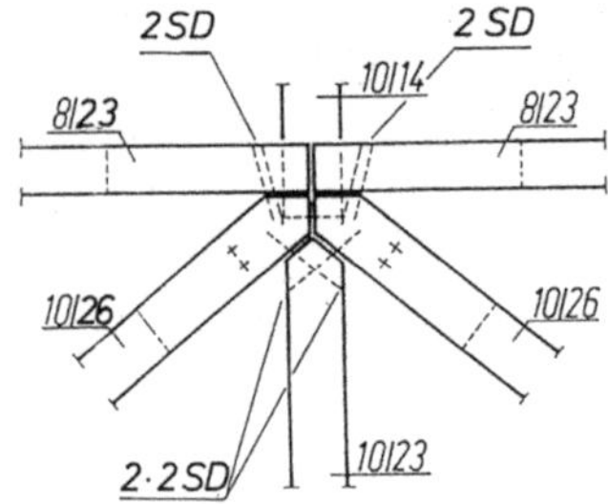

Abbildung 5.13:
Anschluss Schifter an Gratsparren im First

Literatur

[1] Böttcher, Detlef: Stützenfreie Dächer, Berechnung und Konstruktion. Ernst & Sohn, Verlag für Architektur und technische Wissenschaften, Berlin, 1986.

[2] Steck, Günther; Nebgen, Nikolaus: Holzbau kompakt, 2. Auflage. Bauwerk Verlag, Berlin, 2008.

Inserentenverzeichnis

Die inserierenden Firmen und die Aussagen in Inseraten stehen nicht notwendigerweise in einem Zusammenhang mit den in diesem Buch abgedruckten Normen. Aus dem Nebeneinander von Inseraten und redaktionellem Teil kann weder auf die Normgerechtheit der beworbenen Produkte oder Verfahren geschlossen werden, noch stehen die Inserenten notwendigerweise in einem besonderen Zusammenhang mit den wiedergegebenen Normen. Die Inserenten dieses Buches müssen auch nicht Mitarbeiter eines Normenausschusses oder Mitglied von DIN sein. Inhalt und Gestaltung der Inserate liegen außerhalb der Verantwortung von DIN.

mb AEC Software GmbH
67657 Kaiserslautern — Umschlagseite 2

Zuschriften bezüglich des Anzeigenteils werden erbeten an:

Beuth Verlag GmbH
Anzeigenverwaltung
Am DIN-Platz
Burggrafenstraße 6
10787 Berlin